职业教育机电类
系列教材

SOLIDWORKS
中文版基础教程

微课版｜SOLIDWORKS

张华英 梅杨／主编

刘桂花 肖铁忠 常洋 杨振英 傅宝根／副主编

ELECTROMECHANICAL

人民邮电出版社

北 京

图书在版编目（CIP）数据

SOLIDWORKS 中文版基础教程 ： 微课版 ： SOLIDWORKS 2020 / 张华英, 梅杨主编. -- 北京 ： 人民邮电出版社, 2025. -- （职业教育机电类系列教材）. -- ISBN 978-7 -115-66379-5

Ⅰ. TH122

中国国家版本馆 CIP 数据核字第 2025HU8652 号

内 容 提 要

本书重点介绍 SOLIDWORKS 2020 在工程制图应用方面的基本操作方法和技巧，在讲解知识点时，不仅列举了大量的工程制图实例，还设计了上机操作，以帮助读者通过实践掌握 SOLIDWORKS 2020 的操作方法和技巧。全书共 6 个项目，分别是 SOLIDWORKS 2020 概述、草图绘制、基本三维造型绘制、复杂三维造型绘制、装配建模和工程图。

本书可作为高校机械、电子、工业设计等专业计算机辅助绘图课程的教材，也可作为广大工程技术人员的自学用书。

◆ 主 编 张华英 梅 杨

副 主 编 刘桂花 肖铁忠 常 洋 杨振英 傅宝根

责任编辑 刘晓东

责任印制 王 郁 焦志炜

◆ 人民邮电出版社出版发行 北京市丰台区成寿寺路 11 号

邮编 100164 电子邮件 315@ptpress.com.cn

网址 https://www.ptpress.com.cn

北京市艺辉印刷有限公司印刷

◆ 开本：787×1092 1/16

印张：15.25 2025 年 8 月第 1 版

字数：381 千字 2025 年 8 月北京第 1 次印刷

定价：59.80 元

读者服务热线：(010)81055256 印装质量热线：(010)81055316

反盗版热线：(010)81055315

前　言

党的二十大报告指出："实施科教兴国战略，强化现代化建设人才支撑"。为了贯彻落实党的二十大精神，我们在进行充分调研和论证的基础上，精心编写了本书。

SOLIDWORKS 是一个基于 Windows 开发的三维 CAD 软件，也是一个以设计功能为主的 CAD、CAM、CAE 软件，它采用直观、一体化的三维开发环境，可覆盖产品开发流程的各个环节，如零件设计、钣金设计、装配体设计、工程图设计、仿真分析、产品数据管理和技术沟通等，提供了将创意转化为上市产品所需的多种资源。

SOLIDWORKS 因其功能强大、易学易用和技术不断更新等特点，成为市场上领先的主流三维 CAD 解决方案。其应用涉及平面工程制图、三维造型、求逆运算、加工制造、工业标准交互传输、模拟加工过程、电缆布线和电子线路等领域。

一、本书特点

1. 循序渐进，由浅入深

本书首先介绍 SOLIDWORKS 2020 基础入门与草图绘制等知识，接着介绍零件建模方法，最后讲解装配建模和工程图相关知识。

2. 案例丰富，简单易懂

本书从帮助读者快速熟悉和应用三维建模技巧的角度出发，注重理论与实际应用相结合，力求将最常见的方法与技巧通过大量实例全面、细致地介绍给读者，使读者轻松入门。

3. 技能与素质教育紧密结合

本书在讲解三维建模专业知识的同时，紧密结合素质教育主旋律，从专业知识角度丰富学生知识面，提升学生相关素养。

4. 项目式教学，实操性强

本书采用项目式教学方式，把三维建模的应用知识分解到一个个实践操作的训练项目中，实操性强。

二、本书内容

本书包括 SOLIDWORKS 2020 概述、草图绘制、基本三维造型绘制、复杂三维造型绘制、装配建模和工程图 6 个项目，每个项目都包含了具体的学习内容与实战，能够帮助读者更全面地了解并深入学习 SOLIDWORKS 2020 的各项功能。

三、适用读者

本书既可作为高校机械、电子、工业设计等专业计算机辅助绘图课程的教材，也可作为广大工程技术人员的自学用书。

本书由河南建筑职业技术学院张华英、梅杨担任主编；四川工程职业技术大学刘桂花、肖铁忠，河南建筑职业技术学院常洋、杨振英，南京航空航天大学金城学院傅宝根担任副主编。

由于编者水平有限，书中难免存在不足之处，望广大读者批评指正。

编　者

2025 年 3 月

目　录

项目导读

　　SOLIDWORKS 2020 是一款机械设计自动化软件，它采用大家熟悉的 Microsoft Windows 图形用户界面。使用这一简单易学的工具，机械设计工程师能快速地按照其设计思想绘制出草图，并运用特征与尺寸绘制模型实体、装配体及详细的工程图。

素质目标

- 通过介绍 SOLIDWORKS 2020 的整体结构，培养学生的全局意识和大局观念。
- 通过介绍 SOLIDWORKS 2020 升级后的一些新功能，培养学生的科学探索精神。

技能目标

- 熟悉软件的操作界面和各个区域的大致功能。
- 了解如何设置系统属性。
- 熟悉建立新的图形文件、打开已有文件的方法等。
- 了解如何设置零件的外观颜色和材质。

任务 1　熟悉 SOLIDWORKS 2020 界面

任务引入

　　小明是一名实习机械设计工程师，在未来的工作中经常需要利用 SOLIDWORKS 2020 进行设计，但是要想熟练地使用 SOLIDWORKS 2020，必须先了解该软件的界面。只有对界面有了宏观的认识，才能更好更快地创建所需文件。那么 SOLIDWORKS 2020 的界面由哪几部分组成？各部分的功能是什么呢？

知识准备

　　SOLIDWORKS 2020 安装完成后，即可启动该软件。在 Windows 操作环境下，选择"开始"→"所有程序"→SOLIDWORKS 2020 命令，或者双击桌面上 SOLIDWORKS 2020 快捷方式，启动该软件。SOLIDWORKS 2020 的启动界面如图 1-1 所示。

启动界面消失后，系统进入 SOLIDWORKS 2020 的初始界面，初始界面只显示了菜单栏和"标准"工具栏，如图 1-2 所示，用户可在设计过程中根据自己的需要打开其他工具栏。

图 1-1　SOLIDWORKS 2020 的启动界面　　　　图 1-2　SOLIDWORKS 2020 的初始界面

新建一个零件文件后，进入 SOLIDWORKS 2020（以下所称 SOLIDWORKS 均指 SOLIDWORKS 2020）操作界面，如图 1-3 所示，其中包括菜单栏、"标准"工具栏、状态栏、FeatureManager 设计树、绘图区、任务窗格等。

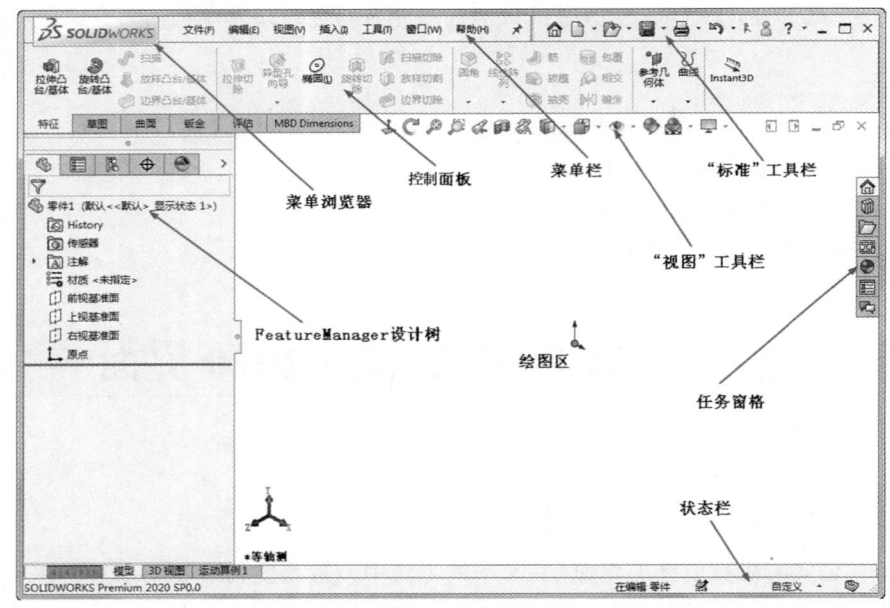

图 1-3　SOLIDWORKS 2020 的操作界面

一、菜单栏

菜单栏展开时显示在"标准"工具栏左侧，默认情况下菜单栏是隐藏的，如图 1-4 所示。

图 1-4　默认菜单栏隐藏

要显示菜单栏需要将鼠标指针移动到 SOLIDWORKS 图标  旁的展开按钮 ▶ 上并单击，显示的菜单栏如图 1-5 所示。若要始终保持菜单栏可见，需要单击 ✈ 图标使其变为 📌。菜单栏最关键的功能集中在"插入"菜单和"工具"菜单中。

| 🎴 SOLIDWORKS | 文件(F) 编辑(E) 视图(V) 插入(I) 工具(T) 窗口(W) 帮助(H) 📌 |

图 1-5 菜单栏

SOLIDWORKS 的菜单对应着不同的工作环境，工作环境不同，相应的菜单以及其中的命令也会有所不同。

二、工具栏

SOLIDWORKS 中有很多可以按需显示或隐藏的内置工具栏。例如，执行菜单栏中的 "工具"→"自定义"命令，打开"自定义"对话框，如图 1-6 所示，在"工具栏"选项卡中选择"视图"选项，便会出现浮动的"视图"工具栏，以后绘图时，可以自由拖动该工具栏并放置在需要的位置。或者在工具栏空白区域右击，显示图 1-7 所示的快捷菜单，选择"视图"命令，也可显示"视图"工具栏。

图 1-6 "自定义"对话框　　　　图 1-7 快捷菜单

单击工具按钮右侧的下拉按钮，在弹出的下拉菜单中选择相应命令，可以执行对应的附加功能。例如，单击"保存"按钮 💾 右侧的下拉按钮，弹出的下拉菜单中包括"保存""另存为""保存所有""发布到 eDrawings"4 个命令，如图 1-8 所示。

当文档在指定间隔（分钟或更改次数）内未保存时，系统将出现一个提示对话框，其中包含"保存文档"选项，如图 1-9 所示，该对话框将在几秒后消失。

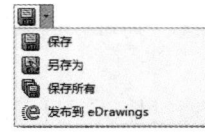
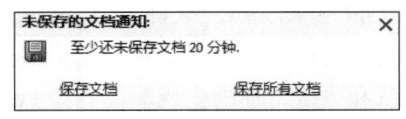

图 1-8 "保存"按钮的下拉菜单　　　图 1-9 "未保存的文档通知"提示对话框

　　此外，还可以设定在没有文件打开时可显示的工具栏，或者根据文件类型（零件、装配体或工程图）来放置工具栏并设定其显示状态（自定义、显示或隐藏）。例如，在"自定义"对话框中选择"命令"选项卡，在其中进行相应的设置，便可对工具按钮执行如下操作。

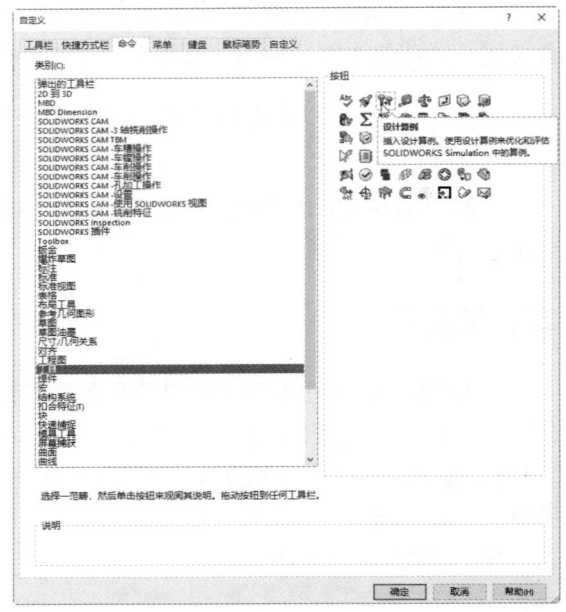

　　（1）改变工具按钮在工具栏中的位置。

　　（2）将工具按钮从一个工具栏拖动到另一个工具栏。

　　（3）将工具按钮从工具栏拖动到绘图区中，以将其从工具栏中移除。

　　各种工具栏的具体操作方法和功能将在后面的内容中进行详细的介绍。

　　将鼠标指针悬停在工具按钮上时，会出现一个浮动提示框，其中显示了该工具的名称及相应的功能简介，如图 1-10 所示。显示一段时间后，该浮动提示框会自动消失。

图 1-10　浮动提示框

三、状态栏

　　状态栏位于 SOLIDWORKS 操作界面的底端，提供当前窗口中正在编辑内容的状态、鼠标指针位置坐标，以及草图状态等信息。典型信息如下。

　　（1）重建模型图标 ⑧：在更改了草图或零件而需要重建模型时，该图标会显示在状态栏中。

　　（2）草图状态：在编辑草图的过程中，状态栏中会出现 5 种草图状态，即完全定义、过定义、欠定义、没有找到解、发现无效的解。在完成零件设计之前，最好完全定义草图。

四、FeatureManager 设计树

　　FeatureManager 设计树位于 SOLIDWORKS 操作界面的左侧，是 SOLIDWORKS 中比较常用的部分。它提供了激活的零件、装配体或工程图的大纲视图，用户可以很方便地查看模型或装配体的构造情况，或者查看工程图中的不同图纸和视图。

　　FeatureManager 设计树和绘图区是动态链接的，使用时可以在任意窗格中选择特征、草图、工程视图和构造几何线。FeatureManager 设计树可以用来组织和记录模型中各个要素及要素之间的参数信息和相互关系，以及模型、特征和零件之间的约束关系等，几乎包含了所有设计信息。FeatureManager 设计树如图 1-11 所示。

　　FeatureManager 设计树的功能主要有以下几个方面。

　　（1）以名称来选择模型中的项目。可通过在模型中选择名称来选择特征、草图、基准面及基准轴。该功能与 Windows 软件类似，若在选择的同时按住 Shift 键，则可以选取多个连续项目，在选择的同时按住 Ctrl 键，可以选取多个非连续项目。

　　（2）确认和更改特征的生成顺序。在 FeatureManager 设计树中通过拖动项目可以重新调整特征的生成顺序，这将更改重建模型时特征重建的顺序。

（3）单击特征的名称，可以显示特征的尺寸。

（4）在名称上双击，使名称变为可编辑状态，然后输入新的名称，可以更改项目名称，如图 1-12 所示。

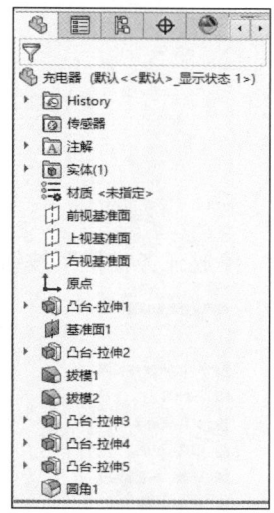

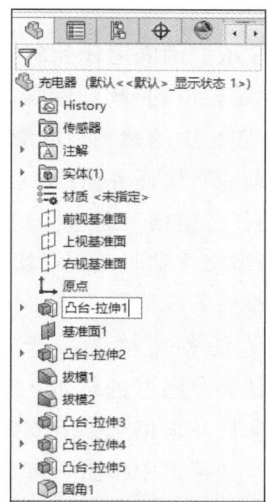

图 1-11　FeatureManager 设计树　　　　图 1-12　在 FeatureManager 设计树中更改项目名称

（5）压缩和解压缩零件特征及装配体零件。这在零件装配时很常用。同样，如果要选择多个特征，在选择的时候按住 Ctrl 键即可。

（6）右击特征，在弹出的快捷菜单中选择父子关系，可以方便地查看特征的父子关系。

（7）可以将文件夹添加到 FeatureManager 设计树中。

熟练操作 FeatureManager 设计树不仅是应用 SOLIDWORKS 的基础，也是应用 SOLIDWORKS 的重点。由于 FeatureManager 设计树的功能众多，在此不能一一列举，在后面的内容中会多次用到，到时候再详细展开介绍。只有在学习的过程中熟练应用 FeatureManager 设计树的功能，才能加快建模的速度，提高工作效率。

五、绘图区

绘图区是进行零件设计、零件装配、工程图制作的主要操作窗口。后文提到的草图绘制、零件装配、工程图的绘制等操作，均是在这个区域中完成的。

六、任务窗格

任务窗格提供对 SOLIDWORKS 2020 资源、可重用设计元素库、可拖到工程图图纸上的视图以及其他有用项目和信息的访问。用户可以重新排序、显示或隐藏任务窗格中的选项卡，还可以指定当打开任务窗格时要打开的默认选项卡。

1. 要控制任务窗格的外观可进行的操作

（1）要显示或隐藏任务窗格。

① 单击菜单栏中的"视图"→"用户界面"→"任务窗格"命令。

② 在绘图区以上或以下的边界中单击鼠标右键，在弹出的快捷菜单中选择显示或隐藏"任

务窗格"。

（2）要扩展任务窗格的大小：单击任务窗格标签，即可弹出扩大的任务窗格。

（3）要折叠任务窗格：单击绘图区或 FeatureManager 设计树。如果任务窗格被固定就不会被折叠。

（4）要固定或取消固定任务窗格。

① 单击标题栏中的 ➡ 图标固定任务窗格。

② 单击标题栏中的 ★ 图标取消固定任务窗格。

（5）要浮动或对接任务窗格。

① 要浮动任务窗格，通过标题栏将其拖动到绘图区。

② 当任务窗格浮动时，要对接任务窗格，单击标题栏中的"停放任务窗格"按钮 ➡ 。

（6）要调整任务窗格的大小：拖动未对接的任意边框。

2．自定义任务窗格选项卡

要自定义任务窗格可进行如下操作。

（1）在任何任务窗格选项卡或任务窗格的标题单击鼠标右键，在弹出的快捷菜单中单击"自定义"命令，系统弹出"自定义任务窗格选项卡"对话框，如图 1-13 所示。

（2）在"自定义任务窗格选项卡"对话框中，可以执行以下操作。

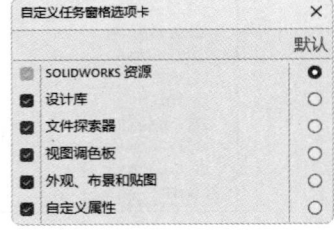

图 1-13　"自定义任务窗格选项卡"
对话框

① 要显示或隐藏任务窗格选项卡，勾选或取消勾选相应复选框。

② 要重新排序选项卡，拖动选项卡标题。

③ 要指定默认选项卡，在"默认"下，单击相应的单选按钮。

（3）单击图形区域中的任何位置以关闭"自定义任务窗格选项卡"对话框。

自定义完成后，SOLIDWORKS 软件将保存新设置。当重新启动软件时，任务窗格选项卡将使用自定义设置。

任务 2　文件管理

任务引入

小明已经对 SOLIDWORKS 2020 的界面有了初步的认识。接下来开始学习怎样进行文件管理，具体包括怎么创建新的文件，怎么打开已有的文件，绘制好的文件怎么保存到设定位置，文件保存好之后怎么退出软件。

知识准备

常见的文件管理工作有新建文件、打开文件、保存文件、退出 SOLIDWORKS 2020 等。

一、新建文件

创建新的 SOLIDWORKS 文件。

1. 执行方式

- 工具栏: 单击"标准"工具栏中的"新建"按钮🗋。
- 菜单栏: 选择"文件"→"新建"菜单命令。

2. 操作步骤

执行"新建"命令, 系统弹出"新建 SOLIDWORKS 文件"对话框 (新手版本), 如图 1-14 所示。

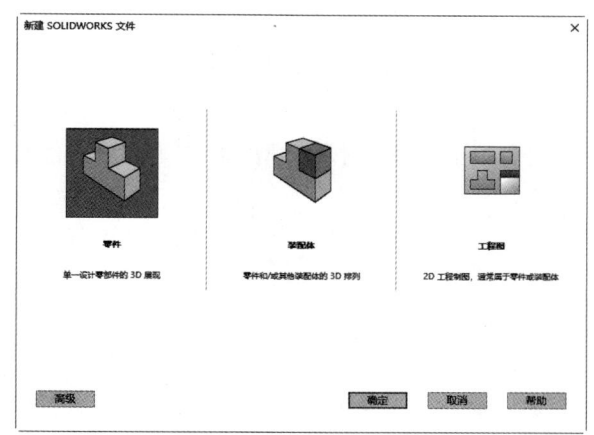

图 1-14　"新建 SOLIDWORKS 文件"对话框 (新手版本)

3. 选项说明

在 SOLIDWORKS 2020 中,"新建 SOLIDWORKS 文件"对话框有两个版本可供选择: 一个是新手版本, 另一个是高级版本。

图 1-14 所示是新手版本的"新建 SOLIDWORKS 文件"对话框, 相对比较简单。其中, 主要包括"零件""装配体""工程图"3 个按钮, 各按钮下方还有文字说明。各按钮的功能如下。

（1）"零件"按钮🗋: 单击该按钮, 可以生成单一的三维零部件文件。

（2）"装配体"按钮🗋: 单击该按钮, 可以生成零件或其他装配体的排列文件。

（3）"工程图"按钮🗋: 单击该按钮, 可以生成属于零件或装配体的二维工程图文件。

在图 1-14 所示的"新建 SOLIDWORKS 文件"（新手版本）对话框中单击"高级"按钮, 可打开"新建 SOLIDWORKS 文件"对话框（高级版本）, 如图 1-15 所示。

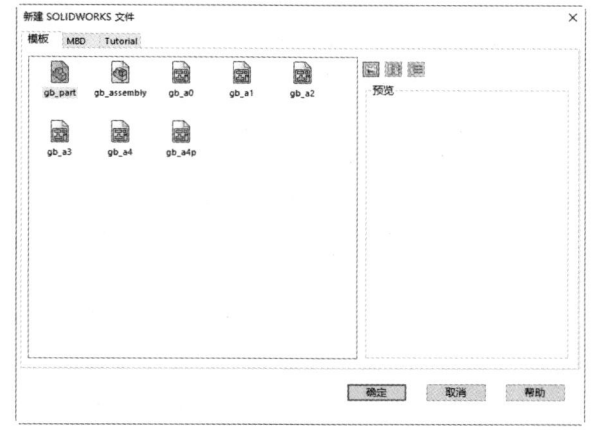

图 1-15　"新建 SOLIDWORKS 文件"对话框（高级版本）

二、打开文件

在 SOLIDWORKS 2020 中，可以打开已有的文件，对其进行相应的编辑。

1. 执行方式
- 工具栏：单击"标准"工具栏中的"打开"按钮。
- 菜单栏：选择"文件"→"打开"菜单命令。

2. 操作步骤

执行"打开"命令，系统弹出图 1-16 所示的"打开"对话框。

3. 选项说明

（1）"文件类型"下拉列表用于选择文件的类型。选择不同的文件类型，对话框中会显示所选文件夹中对应文件类型的文件。

（2）单击"显示预览窗口"按钮，选择的文件就会显示在右侧的预览区域中，但是并不打开该文件。

在"文件类型"下拉列表中，除可以选择 SOLIDWORKS 自有的文件类型（如*.sldprt、*.sldasm 和*.slddrw）外，还可以选择其他文件类型，换言之，SOLIDWORKS 还可以调用其他软件所生成的图形并对其进行编辑，"文件类型"下拉列表如图 1-17 所示。

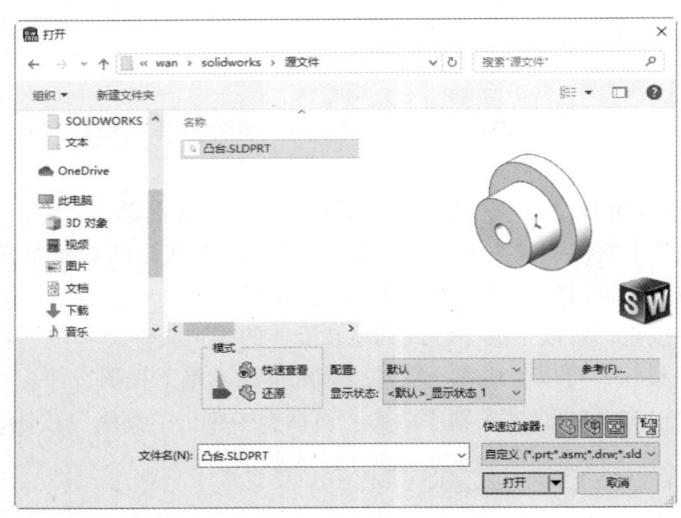

图 1-16　"打开"对话框　　　　　　　图 1-17　"文件类型"下拉列表

三、保存文件

已编辑的文件只有在保存后，才能在需要时再次打开，并对其进行相应的编辑和操作。

1. 执行方式
- 工具栏：单击"标准"工具栏中的"保存"按钮、"另存为"按钮或"保存所有"按钮。
- 菜单栏：选择"文件"→"保存"、"另存为"或"保存所有"菜单命令。

2. 操作步骤

执行"保存"命令，系统弹出图 1-18 所示的"另存为"对话框。

3. 选项说明

（1）"保存类型"下拉列表用于选择文件的保存类型。在"保存类型"下拉列表中，除可以选择 SOLIDWORKS 自有的文件类型（如*.prt*.sldprt）外，还可以选择其他类型。也就是说，SOLIDWORKS 不但可以把文件保存为自有类型，还可以保存为其他类型，方便其他软件调用并进行编辑，"保存类型"下拉列表如图 1-19 所示。在不同的工作模式下，通常系统会自动设置文件的保存类型。

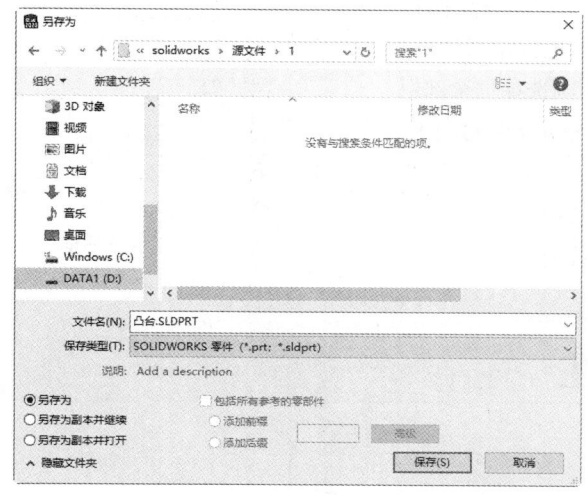

图 1-18 "另存为"对话框

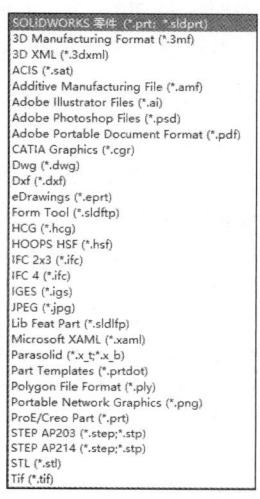

图 1-19 "保存类型"下拉列表

（2）"系统选项"对话框用于设置保存的文件目录。

在图 1-18 所示的"另存为"对话框中，可以在保存文件的同时保存一份备份文件。保存备份文件需要预先设置保存文件的目录。选择"工具"→"选项"菜单命令。系统弹出"系统选项"对话框，在其"系统选项"选项卡中选择左侧树形列表中的"备份/恢复"选项，勾选"每个文档的备份数"复选框，在"备份文件夹"文本框中可以修改保存备份文件的目录，如图 1-20 所示。

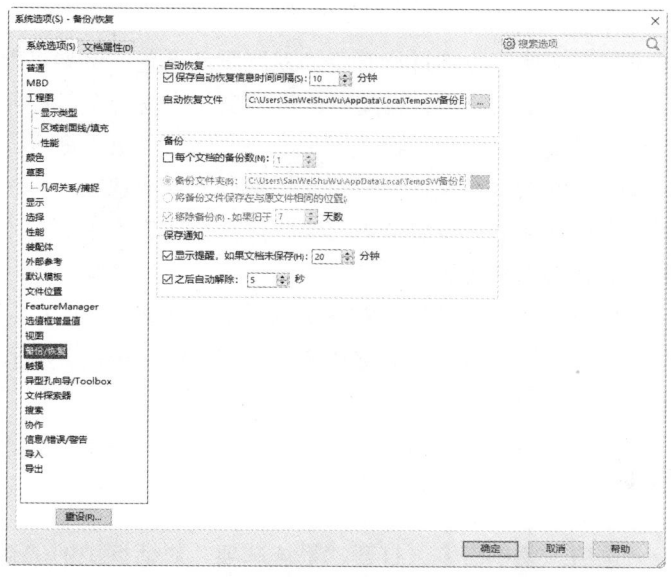

图 1-20 "系统选项"对话框

四、退出 SOLIDWORKS 2020

在文件编辑并保存完成后，就可以退出 SOLIDWORKS 2020 了。选择"文件"→"退出"菜单命令，或者单击操作界面右上角的"关闭"按钮 ✕，可直接退出。

如果对文件进行了编辑而没有保存文件，或者在操作过程中不小心执行了"退出"命令，系统会弹出提示对话框，如图 1-21 所示。如果要保存修改过的文档，则选择"全部保存"选项，系统会保存修改后的文件，并退出 SOLIDWORKS；如果不保存对文件的修改，则选择"不保存"选项，系统不保存修改后的文件，并退出 SOLIDWORKS；单击"取消"按钮，则取消退出操作，回到原来的操作界面。

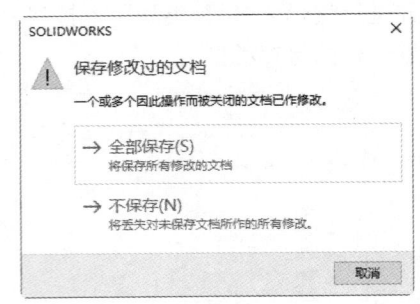

图 1-21　提示对话框

任务 3　设置系统属性

任务引入

小明已经新建了一个零件文件，在开始零件模型的创建之前需要对系统属性进行设置，一般情况下，可以采用默认的系统属性设置，但有时需要根据国家标准或使用习惯进行必要的设置。那么如何设置系统选项，如何设置文档属性呢？

知识准备

用户可以根据国家标准或使用习惯进行必要的系统属性设置。例如可以在"文档属性"中设置绘图标准为"GB"，当设置生效后，在随后的设计工作中就会全部按照中华人民共和国国家标准来绘制图形。设置系统的属性，选择"工具"→"选项"菜单命令，弹出"系统选项"对话框。SOLIDWORKS 2020 的"系统选项"对话框强调了系统选项和文档属性之间的不同。

（1）"系统选项"：在该选项卡中设置的内容都将保存在注册表中。它不是文件的一部分，因此这些更改会影响当前和将来的所有文件。

（2）"文档属性"：在该选项卡中设置的内容仅应用于当前文件。

每个选项卡中列出的选项以树形格式显示在选项卡的左侧。单击其中一个项目时，该项目的选项就会出现在选项卡的右侧。

一、设置系统选项

选择"工具"→"选项"菜单命令，打开"系统选项"对话框中的"系统选项"选项卡，如图 1-22 所示。

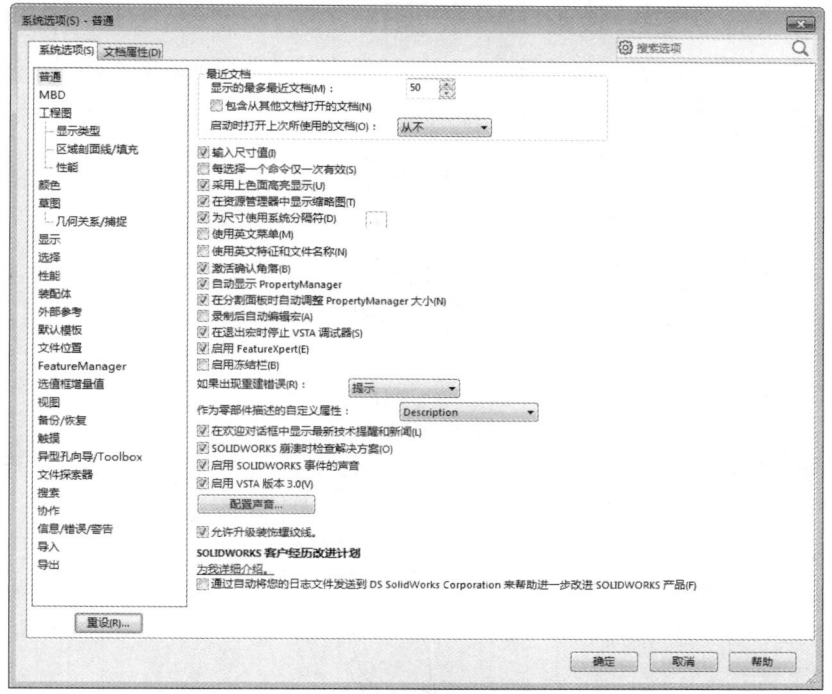

图 1-22　"系统选项"选项卡

"系统选项"选项卡中有很多项目，它们以树形格式显示在选项卡的左侧，对应的选项出现在右侧。下面介绍几个常用的项目。

1. "普通"项目的设定

"普通"项目包含了一系列可配置的设置，这些设置对于调整软件的默认行为以满足用户的个性化需求和提高工作效率至关重要。

（1）启动时打开上次所使用的文档：如果希望在打开 SOLIDWORKS 时自动打开上次使用的文件，则在其下拉列表中选择"始终"，否则选择"从不"。

（2）输入尺寸值：建议勾选该复选框。勾选该复选框后，在对一个新的尺寸进行标注后，系统会自动显示尺寸值修改框；否则，必须在双击标注尺寸后才会显示尺寸值修改框。

（3）每选择一个命令仅一次有效：勾选该复选框后，每次使用草图绘制或者尺寸标注工具进行操作之后，系统会自动取消对象的选择状态，从而避免命令的连续执行。此外，双击某工具可使其保持为选择状态以继续使用。

（4）在资源管理器中显示缩略图：在建立装配体文件时，经常会遇到"只知其名，不知何物"的尴尬情况，如果勾选该复选框，则在 Windows 资源管理器中会显示每个 SOLIDWORKS 零件或装配体文件的缩略图，而不是软件默认图标。该缩略图将以文件保存时的模型视图为基础，并使用 16 色的调色板，如果其中没有模型使用的颜色，则用相似的颜色代替。此外，该缩略图也可以在"打开"对话框中使用。

（5）为尺寸使用系统分隔符：勾选该复选框后，系统将使用默认的小数分隔符来显示小数数值。如果要使用不同于系统默认的小数分隔符，可取消勾选该复选框，此时其右侧的文本框被激活，可以在其中输入作为小数分隔符的符号。

（6）使用英文菜单：SOLIDWORKS 支持多种语言，如中文、俄文和西班牙文等。如果在安装 SOLIDWORKS 时已指定使用其他语言，通过勾选此复选框可以改为使用英文。

（7）激活确认角落：勾选该复选框后，当进行某些需要进行确认的操作时，在绘图区右上角会显示确认角落，如图 1-23 所示。

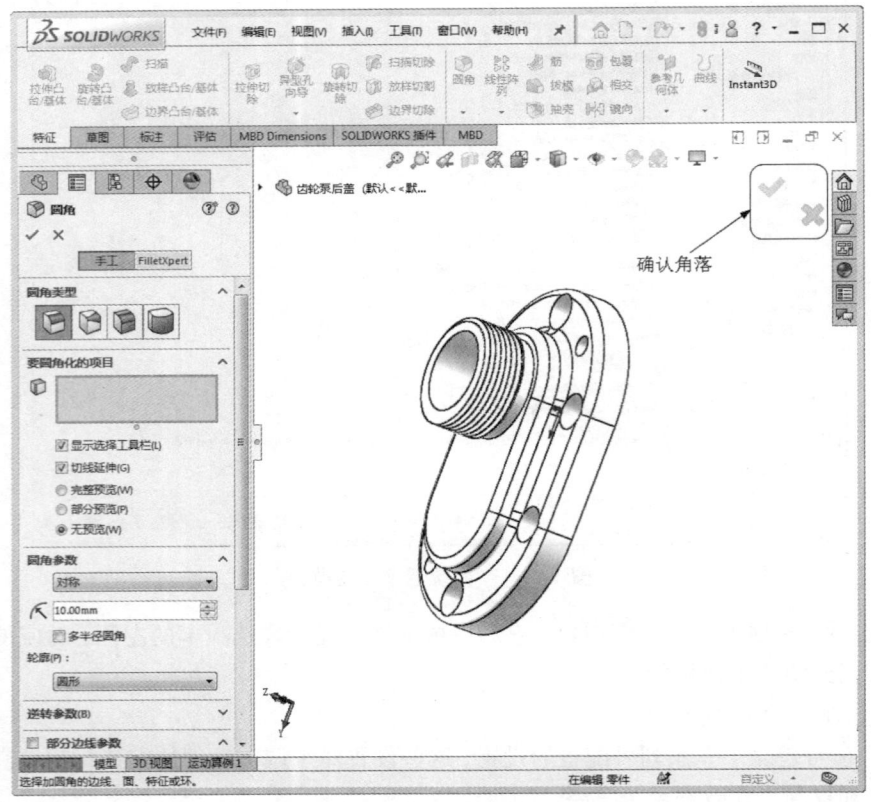

图 1-23　确认角落

（8）自动显示 PropertyManager：勾选该复选框后，在对特征进行编辑时，系统将自动显示该特征的属性管理器。例如，如果选择了一个草图特征进行编辑，则所选草图特征的属性管理器将自动出现。

2. "工程图"项目的设定

SOLIDWORKS 是一个基于造型的三维机械设计软件，它的基本设计思路是：实体造型→虚拟装配→二维图纸。

SOLIDWORKS 2020 推出了更加省事的二维转换工具，通过它能够在保留原有数据的基础上，让用户方便地将二维图纸转换到 SOLIDWORKS 的环境中，从而完成详细的工程图。此外，利用它独有的快速制图功能，可迅速生成与三维零件和装配体暂时脱开的二维工程图，但依然保持与三维的全相关性。

下面介绍"工程图"项目中的部分选项。"工程图"项目中的选项如图 1-24 所示。

（1）自动缩放新工程视图比例：勾选此复选框后，将零件或装配体的标准三视图插入工程图时，会调整三视图的比例以适合工程图纸的大小，原本选择的图纸大小将会被替代。

（2）选取隐藏的实体：勾选该复选框后，用户可以选择隐藏实体的切边和边线。当鼠标指针经过隐藏的边线时，边线将以双点画线显示。

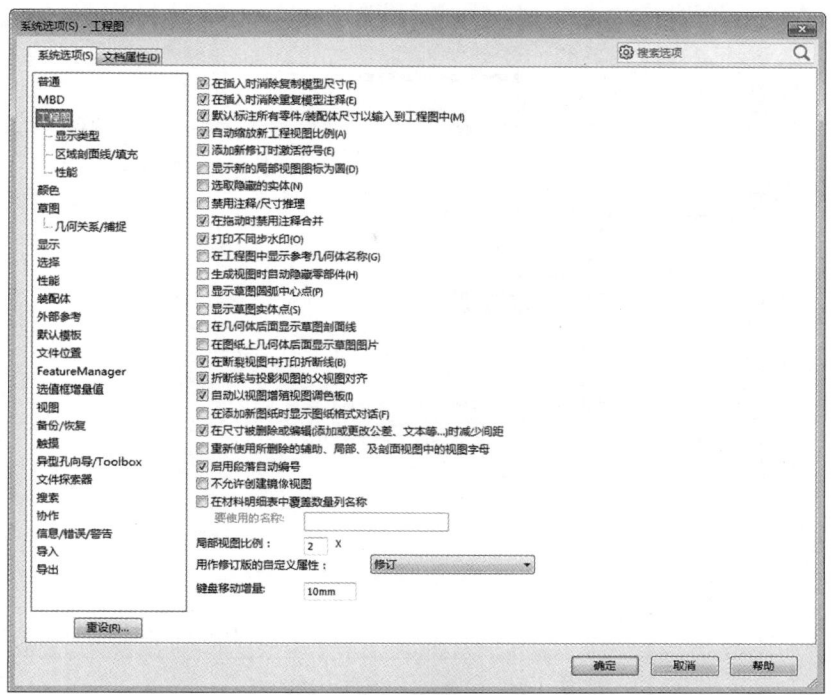

图 1-24   "工程图"项目中的选项

（3）显示新的局部视图图标为圆：勾选该复选框后，新的局部视图轮廓显示为圆。取消勾选此复选框后，其显示为草图轮廓。这样做可以提高系统的显示性能。

（4）在工程图中显示参考几何体名称：勾选该复选框后，当将参考几何体输入工程图中时，它们的名称将在工程图中显示出来。

（5）生成视图时自动隐藏零部件：勾选该复选框后，当生成新的视图时，装配体的任何隐藏零部件将自动列举在"工程视图属性"对话框中的"隐藏/显示零部件"选项卡上。

（6）显示草图圆弧中心点：勾选该复选框后，将在工程图中显示模型中草图圆弧的中心点。

（7）显示草图实体点：勾选该复选框后，草图中的实体点将在工程图中一同显示。

（8）局部视图比例：指局部视图相对于原工程图的比例，在其右侧的文本框中指定该比例。

3．"草图"项目的设定

SOLIDWORKS 所有的零件都是建立在草图基础上的，大部分 SOLIDWORKS 的特征也都是由二维草图绘制开始的。草图的绘制会直接影响到对零件的编辑能力，所以能够熟练地使用"草图"相关命令绘制草图是一件非常重要的事。而进行恰当的"草图"项目设定有助于提高绘图效率。

下面介绍"草图"项目中的部分选项。"草图"项目中的选项如图 1-25 所示。

（1）在创建草图以及编辑草图时自动旋转视图以垂直于草图基准面：勾选该复选框后，则在选择基准面进入草图绘制环境时，系统自动将草图基准面与视图垂直。否则，要单击"视图"工具栏中"视图定向"下拉菜单中的"正视于"按钮↥。

（2）使用完全定义草图：所谓完全定义草图是指草图中所有的直线和曲线及其位置均由尺寸或几何关系两者说明。勾选此复选框后，草图在用来生成特征之前必须是完全定义的。

（3）在零件/装配体草图中显示圆弧中心点：勾选此复选框后，草图中所有圆弧的圆心都将显示在草图中。

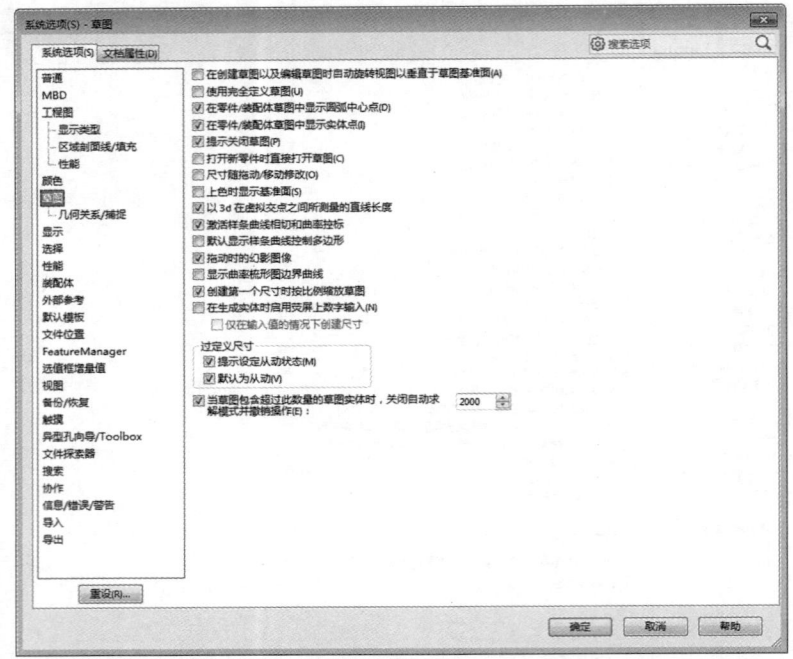

图 1-25　"草图"项目中的选项

（4）在零件/装配体草图中显示实体点：勾选此复选框后，草图中实体的端点将以实心圆点的方式显示。

（5）提示关闭草图：勾选此复选框后，当利用具有开环轮廓的草图来生成凸台时，如果草图可以用模型的边线来封闭，系统就会弹出"封闭草图到模型边线？"对话框，单击"是"按钮，即选择用模型的边线来封闭草图轮廓，同时还可选择封闭草图的方向。

（6）打开新零件时直接打开草图：勾选此复选框后，新建零件时可以直接使用草图绘制区域和草图绘制工具。

（7）尺寸随拖动/移动修改：勾选此复选框后，可以通过拖动草图中的实体或在"移动/复制"属性管理器中移动实体来修改尺寸值。拖动或移动完成后，尺寸会自动更新。

（8）上色时显示基准面：勾选此复选框后，如果在上色模式下编辑草图，网格线和草图基准面会显示，基准面看起来也上了色。

（9）在"过定义尺寸"选项组中有以下两个复选框。

① 提示设定从动状态：所谓从动尺寸是指该尺寸是由其他尺寸或条件驱动的，不能被修改。勾选此复选框后，当添加一个过定义尺寸到草图时，会出现图 1-26 所示的对话框，询问该尺寸是否应设为从动尺寸。

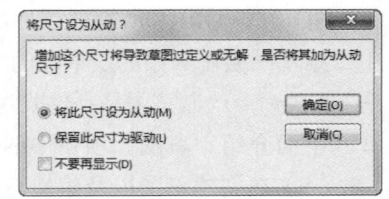

图 1-26　将尺寸设为从动

② 默认为从动：勾选此复选框后，当添加一个过定义尺寸到草图时，尺寸会被默认设为从动尺寸。

4. "显示"项目和"选择"项目的设定

任何一个零件的轮廓都是一个复杂的闭合边线回路，因此在 SOLIDWORKS 的操作中离不开对边线的操作。这两个项目就用于为边线显示和边线选择设定系统默认值。

下面介绍"显示"项目和"选择"项目中的部分选项。"显示"项目和"选择"项目中的选项如图 1-27 所示。

（a）"显示"项目　　　　　　　　　　（b）"选择"项目

图 1-27　　"显示"项目和"选择"项目中的选项

（1）隐藏边线显示为：这组单选按钮只有在隐藏线变暗模式下才有效。单击"实线"单选按钮，则将零件或装配体中的隐藏线以实线显示。单击"虚线"单选按钮，则以浅灰色线显示视图中不可见的边线，而可见的边线仍正常显示。

（2）"隐藏边线选择"选项组中有两个复选框。

① 允许在线架图及隐藏线可见模式下选择：勾选该复选框，则在线架图和隐藏线可见这两种模式下可以选择隐藏的边线或顶点。线架图模式是指显示零件或装配体的所有边线。

② 允许在消除隐藏线及上色模式下选择：勾选该复选框，则在消除隐藏线和上色这两种模式下可以选择隐藏的边线或顶点。消除隐藏线模式是指系统仅显示在模型旋转到的角度下可见的线条，不可见的线条将被消除。上色模式是指系统将对模型使用颜色渲染。

（3）零件/装配体上的相切边线显示：这组单选按钮用来控制在消除隐藏线和隐藏线变暗模式下模型切边的显示状态。

（4）在带边线上色模式下的边线显示：这组选项用来控制在上色模式下模型边线的显示状态。

（5）关联编辑中的装配体透明度：下拉列表用来设置在关联编辑中装配体的透明度，可以选择"保持装配体透明度"或"强制装配体透明度"，其右边的滑块用来设置透明度的值。所谓关联是指在装配体、零部件中生成一个参考其他零部件几何特征的关联特征，此关联特征对其他零部件进行了外部参考。如果改变参考零部件的几何特征，则关联特征也会相应改变。

（6）高亮显示所有图形区域中选中特征的边线：勾选此复选框后，在单击模型特征时，所选特征的所有边线会以高亮显示。

（7）图形视区中动态高亮显示：勾选此复选框后，当移动鼠标指针经过草图、模型或工程图时，系统将以高亮显示模型的边线、面及顶点。

（8）以不同的颜色显示曲面的开环边线：勾选此复选框后，系统将以不同的颜色显示曲面的开环边线，这样可以更容易地区分曲面开环边线和任何相切边线或侧影轮廓边线。

（9）显示上色基准面：勾选此复选框后，系统将显示上色基准面。

（10）显示参考三重轴：勾选此复选框后，绘图区中显示参考三重轴。

（11）启用通过透明度选择：勾选此复选框后，就可以通过装配体中零部件透明度的不同而选择需要的零件了。

微课

案例——设置背景颜色

■ 案例——设置背景颜色

本例更改操作界面的背景颜色，以设置个性化的操作界面。

（1）执行命令。选择"工具"→"选项"菜单命令，打开"系统选项"对话框。

（2）设置颜色。选择"系统选项"选项卡，在左侧的树形列表中选择"颜色"项目，如图 1-28 所示。

图 1-28 "颜色"项目

（3）在右侧"颜色方案设置"选项组的下拉列表中选择"视区背景"，然后单击"编辑"按钮，在弹出的图 1-29 所示的"颜色"对话框中选择"白色"，然后单击"确定"按钮。同理，可以使用该方式设置其他颜色。

（4）在"背景外观"选项组中选择"素色"。

（5）单击"确定"按钮，背景颜色设置成功，如图 1-30 所示。

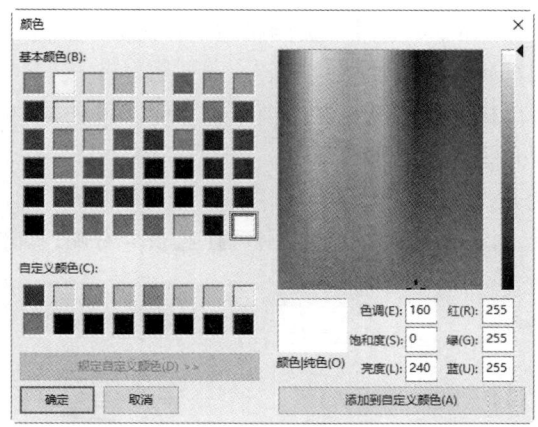

图 1-29　"颜色"对话框

（6）若要只设置当前文件的背景，可以在"视图"工具栏中单击"应用布景"按钮右侧的下拉按钮，在弹出的下拉菜单中选择"单白色"命令，如图 1-31 所示。

（1）在"系统选项"对话框中设置好背景颜色后，如果另新建文件，则新文件背景均为设置后的背景颜色。

（2）在"视图"工具栏中设置的背景颜色，只能适用于当前文件，在新建文件时，需要重新设置背景。

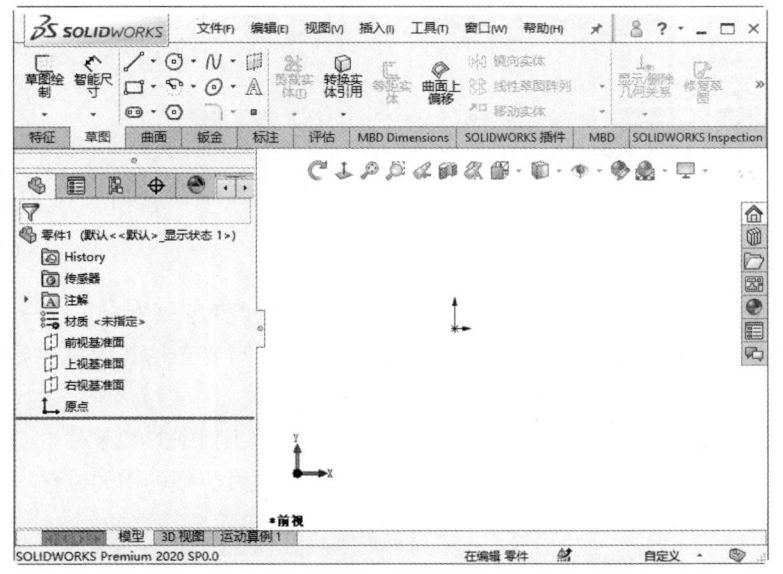

图 1-30　设置背景颜色后的界面

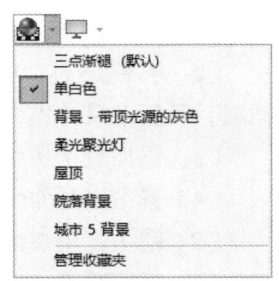

图 1-31　设置背景颜色

二、设置文档属性

"文档属性"选项卡中设置的内容仅应用于当前的文件，该选项卡仅在文件打开时可用。对于新建的文件，如果没有特别指定该文档属性，将使用建立该文件套用的模板中的文件设置（如网格线、边线显示和单位等）。

选择"工具"→"选项"命令，打开"文档属性"对话框，单击"文档属性"标签，在"文档属性"选项卡中设置文档属性。

选项卡中列出的项目以树形格式显示在选项卡的左侧。单击其中一个项目时，该项目的选项就会出现在右侧。下面介绍两个常用的项目。

1．"尺寸"项目的设定

单击"尺寸"项目后，该项目的选项就会出现在选项卡右侧，如图1-32所示。

图 1-32 "尺寸"项目中的选项

（1）主要精度：用来设置主要尺寸、角度尺寸以及替换单位的尺寸精度和公差值。

（2）水平折线："引线长度"是指在工程图中如果尺寸界线彼此交叉，需要穿越其他尺寸界线时，可折断尺寸界线。

（3）添加默认括号：勾选该复选框后，将添加默认括号并在括号中显示工程图的参考尺寸。

（4）置中于延伸线之间：勾选该复选框后，标注的尺寸文字将被置于尺寸界线的中间位置。

（5）箭头：用来指定标注尺寸中箭头的显示状态。

（6）等距距离：用来设置标准尺寸间的距离。

2．"单位"项目的设定

"单位"项目用来指定激活的零件、装配体或工程图文件中所使用的线性单位类型和角度单位类型，系统默认的单位系统为"MMGS"，用户可以根据需要自定义其他类型的单位系统和具体的单位，如图1-33所示。

（1）单位系统：用来设置文件的单位系统。如果单击"自定义"单选按钮，就会激活其余的选项。

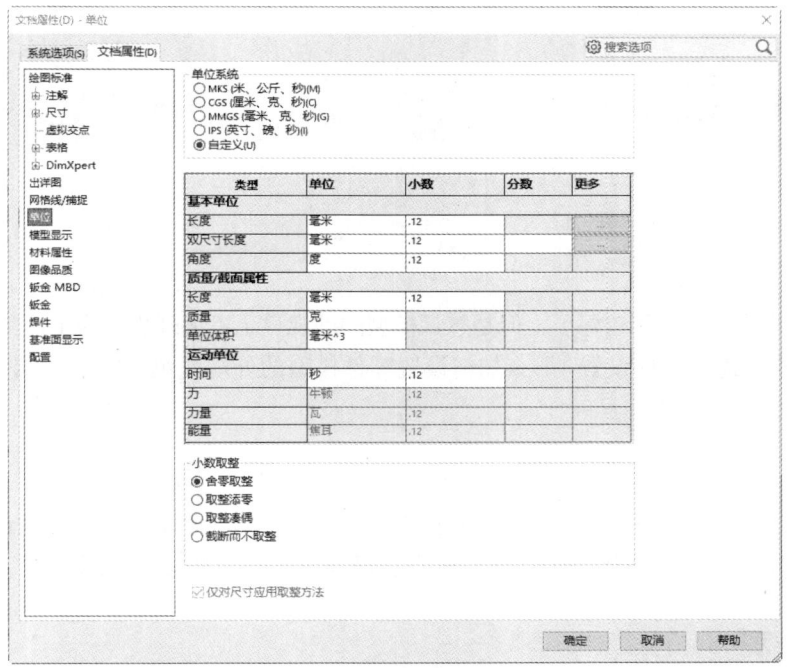

图 1-33　"单位"项目中的选项

（2）双尺寸长度：用来指定系统的第二种长度单位。

（3）角度：用来设置角度单位的类型。其中可选择的单位有度、度/分、度/分/秒或弧度。只有在选择单位为度或弧度时，才可以选择"小数位数"。

■ 案例——设置绘图单位

本例介绍绘图单位的设置。

（1）单击"标准"工具栏中的"打开"按钮，打开本书配套资源"源文件\项目1"中的相应文件，选择"工具"→"选项"菜单命令。

（2）在弹出的"文档属性"对话框中选择"文档属性"选项卡，然后在左侧树形列表框中选择"单位"选项（见图 1-33）。

（3）将图 1-33 中所示的"基本单位"选项组中"长度"的"小数"设置为"无"，然后单击"确定"按钮。图 1-34 所示为设置单位前后的图形比较。

微课

案例——设置绘图
单位

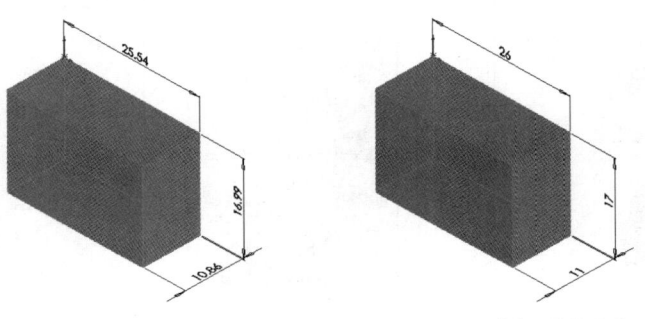

（a）设置单位前的图形　　　　（b）设置单位后的图形

图 1-34　设置单位前后的图形比较

任务 4 模型显示

任务引入

小明已经将零件模型创建好了，但是感觉模型的外观显示不太理想，为了使其更加接近实际情况，需要对模型进行一些设置。那么如何设置零件模型的外观颜色，如何给零件添加材质呢？

知识准备

在使用 SOLIDWORKS 2020 绘制实体模型的过程中，模型显示是不可或缺的一部分。

常见的模型显示包括实体外观、零件材质、局部放大、动态放大/缩小、平移和剖切等。

一、实体外观

在 FeatareManager 设计树中或者绘图区中选择整个模型实体、特征或面，单击"视图"工具栏中的"编辑外观"按钮 ，即可在"外观、布景和贴图"任务窗格［见图 1-35（a）］选择外观，在"颜色"属性管理器中编辑实体颜色效果了，如图 1-35（b）所示。

（1）外观：打开材质文件路径。

（2）颜色：可以通过调整滑块或数字的方式以 RGB（红、绿、蓝）或 HSV（色调、饱和度、明度）的方法对颜色进行精确配置。

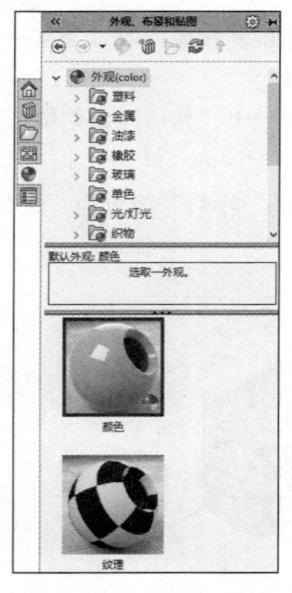

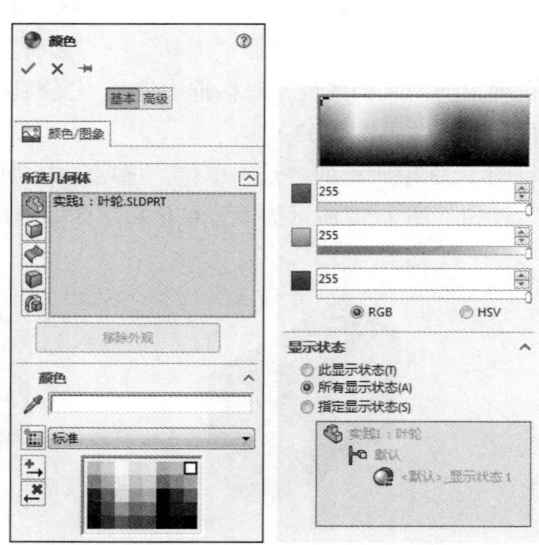

（a）"外观、布景和贴图"任务窗格　　　　　　　（b）颜色管理器

图 1-35　"外观、布景和贴图"任务窗格和"颜色"属性管理器

二、零件材质

材质是零件的重要设计数据。材质的选用是综合考虑受力、几何形状和工艺等之后的结果；而且材质在后期设计中，如在装配工程图和零件工程图中构建有关数据表（如明细表）时必须用到。SOLIDWORKS 2020 中还带有简单的应力分析工具——SimulationXpress，从而可以快速完成零件的应力分析。

选择"编辑"→"外观"→"材质"菜单命令就可以打开"材料"对话框，如图 1-36 所示。

在材料选项中的"SOLIDWORKS 材质"中选择要赋予的材质，右侧"属性"选项卡中会显示该种材料具体属性。

SOLIDWORKS 提供的材质很有限，自定义材质是必需的操作。对材质的定义将涉及下列参数，如表 1-1 所示。

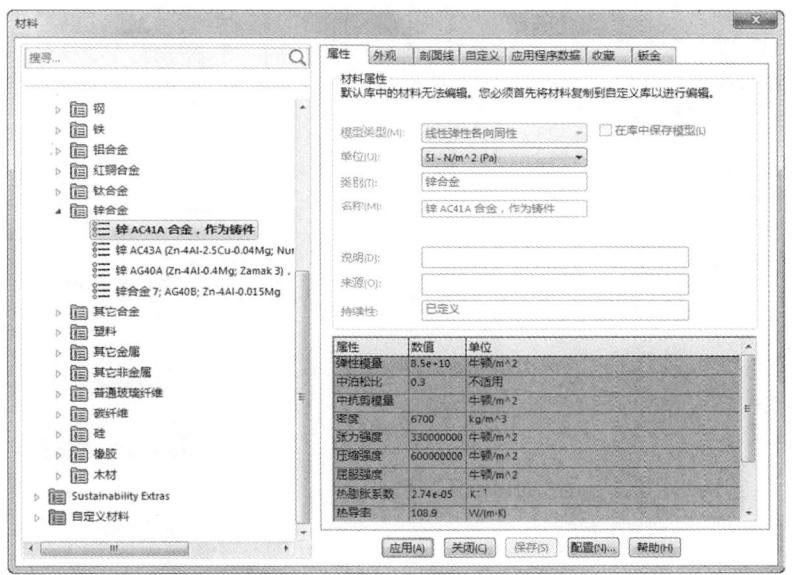

图 1-36　"材料"对话框

表 1-1　材质的定义参数

符号	物理名称	单位
EX	弹性模量	N/m^2
NUXY	泊松比	
GXY	抗剪模量	N/m^2
ALPX	热膨胀系数	K^{-1}
DENS	密度	kg/m^3
KX	热导率	W/（m·K）
C	比热容	J/（kg·K）
SIGXT	压缩强度	N/m^2
SIGYLD	屈服强度	N/m^2

■ 案例——设置轴承外观颜色

本例进行颜色设置。

（1）执行命令。打开"源文件\设置实体颜色.sldprt"文件。在 FeatureManager
设计树中选择要改变颜色的特征，此时绘图区中相应的特征会自动改变颜色，
表示已选中；然后单击鼠标右键，在弹出的快捷菜单中选择"外观"命令，
如图 1-37 所示。

（2）设置实体颜色。打开图 1-38 所示"颜色"属性管理器，从中进行相应的设置。

（3）确认设置。单击"确定"按钮，完成实体颜色的设置。

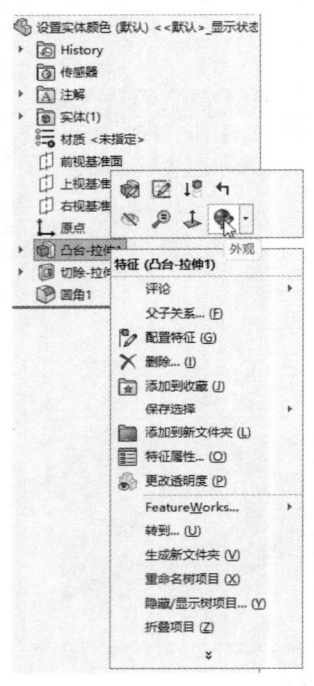

图 1-37　快捷菜单（1）

图 1-38　"颜色"属性管理器

三、局部放大

"局部放大"命令用于放大所选的局部区域。

1. 执行方式

- 工具栏：在"视图"工具栏中单击"局部放大"按钮 ，如图 1-39 所示。

图 1-39　"视图"工具栏

- 菜单栏：选择"视图"→"修改"→"局部放大"菜单命令，如图 1-40 所示。
- 快捷菜单：在需要放大处右击，在弹出的快捷菜单中选择"局部放大"命令，如图 1-41
  所示。

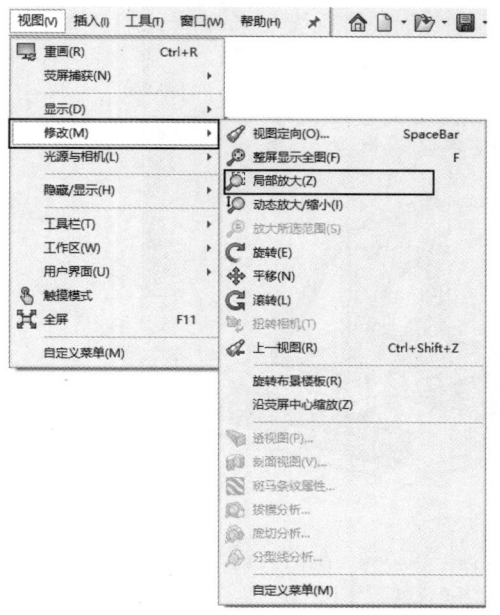

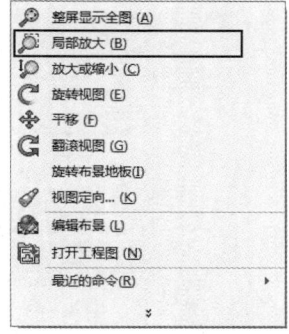

图 1-40　"视图"→"修改"→"局部放大"　　　　图 1-41　快捷菜单（2）

2. 操作步骤

执行"局部放大"命令，在绘图区出现 🔍 图标，按住鼠标左键拖动鼠标出现蓝色透明矩形框，框选需要放大的区域，松开鼠标左键，完成"局部放大"命令。

使用此命令，可放大模型局部，如图 1-42 所示。

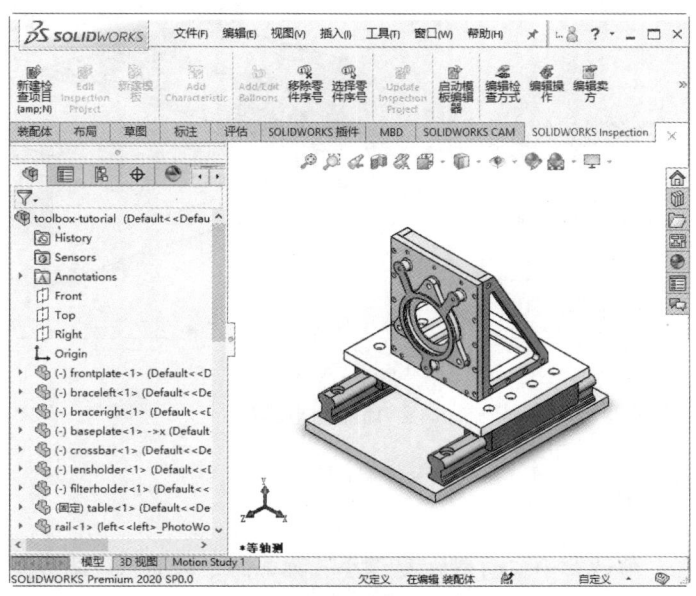

（a）放大前

图 1-42　局部放大

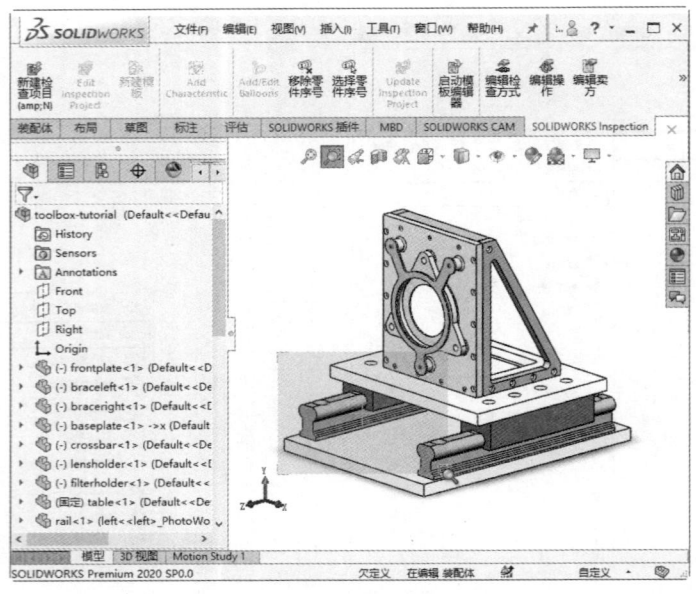

（b）选择放大区域

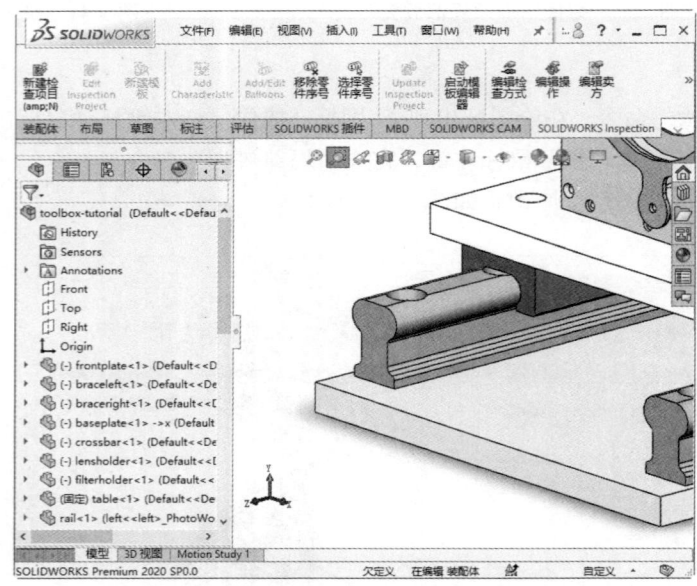

（c）放大后

图 1-42　局部放大（续）

四、动态放大/缩小

选择"视图"→"修改"→"动态放大/缩小"菜单命令可动态地调整模型的显示大小。绘图区出现🔍图标，将鼠标指针移至模型上，按住鼠标左键，向下拖动缩小模型，向上拖动放大模型，如图 1-43 所示。

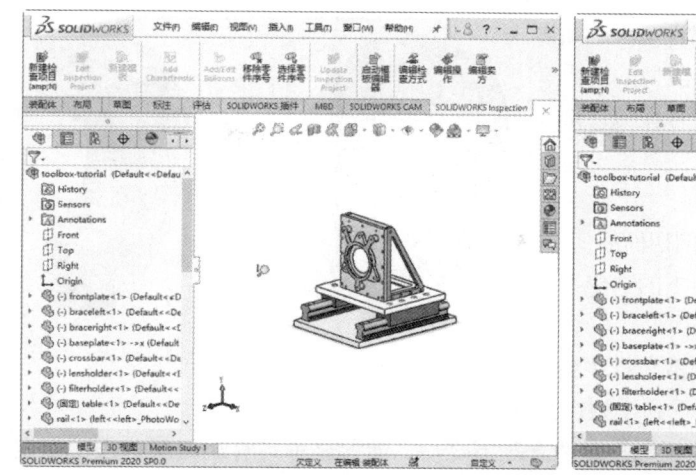 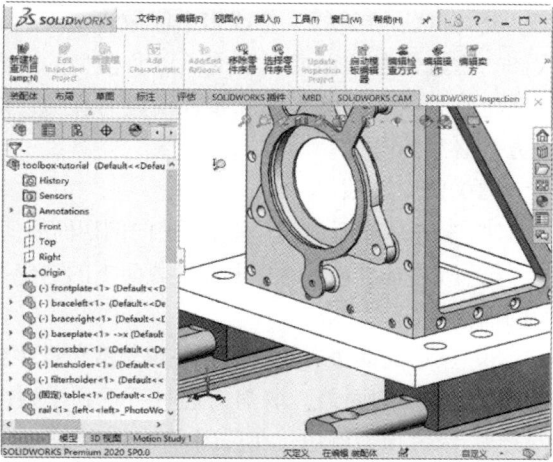

（a）缩小 （b）放大

图 1-43 动态放大/缩小

五、平移

"平移"命令用于移动模型零件。

1. 执行方式

- 菜单栏：选择"视图"→"修改"→"平移"菜单命令。
- 快捷菜单：在绘图区右击，在弹出的快捷菜单中选择"平移"命令。

2. 操作步骤

执行"平移"命令，绘图区出现 图标，将鼠标指针移至模型上，按住鼠标左键并拖曳，模型随着鼠标指针向不同方向移动。

六、剖切

"剖面视图"命令用于剖切模型零件。

1. 执行方式

- 工具栏：在"视图"工具栏中单击"剖面视图"按钮 。
- 菜单栏：选择"视图"→"修改"→"剖面视图"菜单命令。

2. 操作步骤

执行"剖面视图"命令，系统弹出"剖面视图"属性管理器，如图 1-44 所示。使用此命令剖切的模型如图 1-45 所示。

3. 选项说明

（1）工程图剖面视图：在该栏可以更改使用自动出现的剖面视图字母。

（2）剖面方法。

① 平面副：在用户选择一个、两个、三个基准面或平面时定义剖面视图。

图 1-44 "剖面视图"
属性管理器

② 分区：在选择一个或多个区域时定义剖面视图。由选定基准面或面的交点以及模型的边界框来定义分区。要将实体和零件设置为透明，剖面方法必须为分区。

（3）剖面选项。

① 参考基准面：计算垂直于定向剖切面的值。

② 所选基准面：计算垂直于截面 1 的选定平面的值。

③ 显示剖面盖：勾选时以在编辑颜色框中指定的颜色显示剖面盖。取消勾选时可看到模型内部。

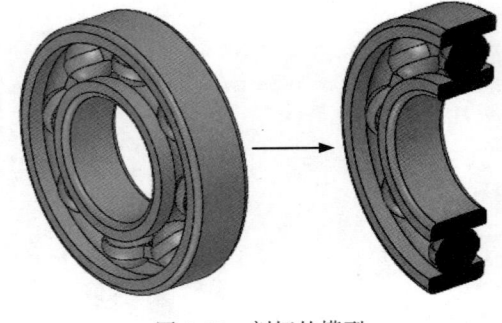

图 1-45　剖切的模型

④ 保留顶盖颜色：在关闭"剖面视图"属性管理器之后，继续显示具有编辑颜色框中指定的颜色的剖面盖。

（4）剖面 1/剖面 2/剖面 3。

① 截面平面/面：指定一个基准面或面，或单击前视基准面 、上视基准面 或者右视基准面 来生成剖面视图。单击"反转截面方向"按钮 将更改切割的方向。

② 反转截面方向 ：单击"反转截面方向"按钮，将更改切割的方向。

③ 等距距离 ：指剖切面（如剖面视图或剖切拉伸特征）相对于某个参考（如基准面、边线或曲面）的平行偏移距离。

④ X/Y 旋转 / ：指定由基准面沿 X-轴/Y-轴旋转的角度。

项目总结

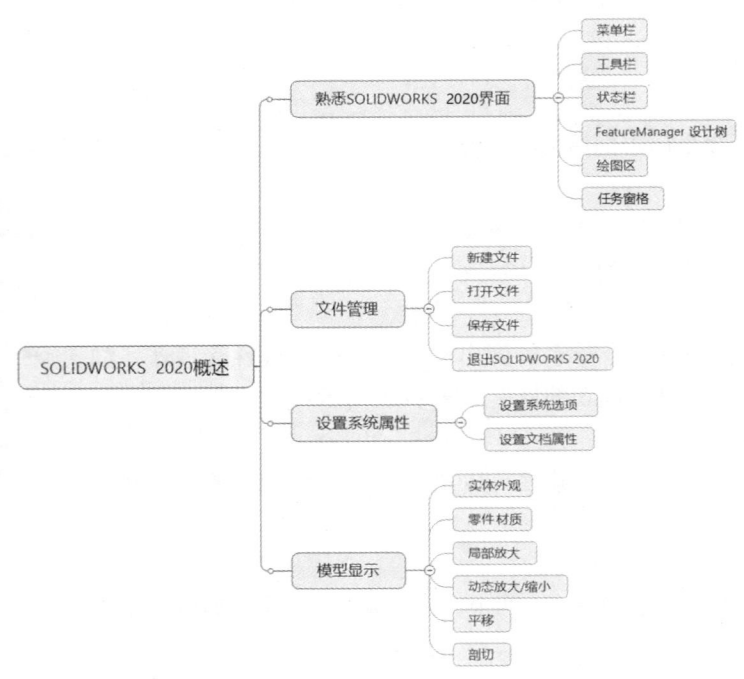

项目实战

实战一　熟悉操作界面

（1）启动 SOLIDWORKS 2020，进入操作界面。

（2）调整操作界面大小。

（3）打开、移动、关闭工具栏。

实战二　打开、保存文件

（1）启动 SOLIDWORKS 2020，新建一个文件，进入操作界面。

（2）打开已经保存过的零件图形。

（3）进行自动保存设置。

（4）将图形以新的名称保存。

（5）退出该图形。

（6）尝试重新打开按新名称保存的零件图形文件。

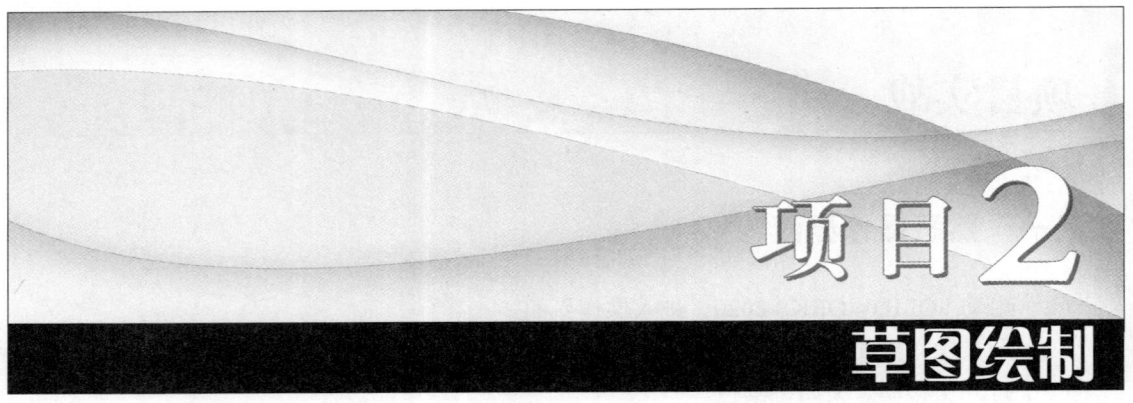

项目2
草图绘制

项目导读

　　草图（Sketch）是一个平面轮廓，用于定义特征的截面形状、尺寸和位置。通常，SOLIDWORKS 的模型创建都是从绘制平面草图开始，然后生成基体特征，并在模型上添加更多的特征。所以，能够熟练地使用草图绘制工具绘制草图是一件非常重要的事。

素质目标

- 通过学习怎样绘制草图，培养学生严谨的态度。
- 通过学习怎样绘制草图，培养学生精益求精的工匠精神。

技能目标

- 掌握草图的绘制。
- 掌握草图的编辑。
- 掌握草图尺寸的标注。
- 掌握草图几何关系的添加。

任务1　绘制各种图形草图

任务引入

　　领导提供给小明一张手绘的草图，需要用软件绘制出来，小明观察了一下草图中图形的大体构造，其由直线段、圆、圆弧和多边形等图形元素组成，那么怎么绘制直线段？怎么绘制圆？怎么绘制圆弧和其他的图形元素呢？

知识准备

　　要绘制二维草图，必须进入草图绘制状态。草图必须在平面上绘制，这个平面可以是基准面，也可以是三维模型上的平面。下面分别介绍两种进入草图绘制状态的方式的操作步骤，以及退出草图绘制状态的方法。

1. 以先选择草图绘制实体的方式进入草图绘制状态

（1）执行命令。选择"插入"→"草图绘制"菜单命令，或者单击"草图"控制面板中的"草图绘制"按钮，或者直接单击"草图"控制面板中要绘制的草图实体按钮，此时绘图区将出现图2-1所示的系统默认基准面。

（2）选择基准面。单击绘图区中的3个基准面之一，确定要在哪个面上绘制草图实体。

（3）设置基准面方向。单击"视图"工具栏中的"视图定向"下拉菜单中的"正视于"按钮，将基准面旋转到"正视于"方向，以方便绘图。

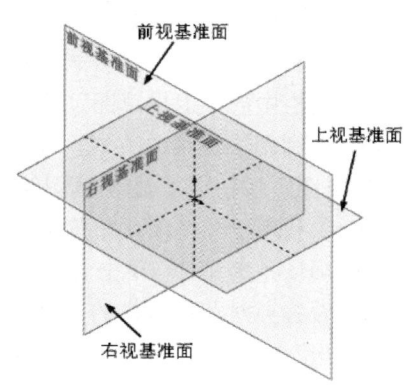

图 2-1 系统默认基准面

2. 以先选择草图绘制基准面的方式进入草图绘制状态

（1）选择基准面。先在左侧 FeatureManager 设计树中选择要绘制的基准面，即前视基准面、右视基准面和上视基准面中的一个面。

（2）设置基准面方向。单击"视图"工具栏中的"视图定向"下拉菜单中的"正视于"按钮，将基准面旋转到"正视于"方向。

（3）执行命令。单击"草图"控制面板中的"草图绘制"按钮，或者直接单击"草图"控制面板中要绘制的草图实体按钮，进入草图绘制状态界面，如图2-2所示。

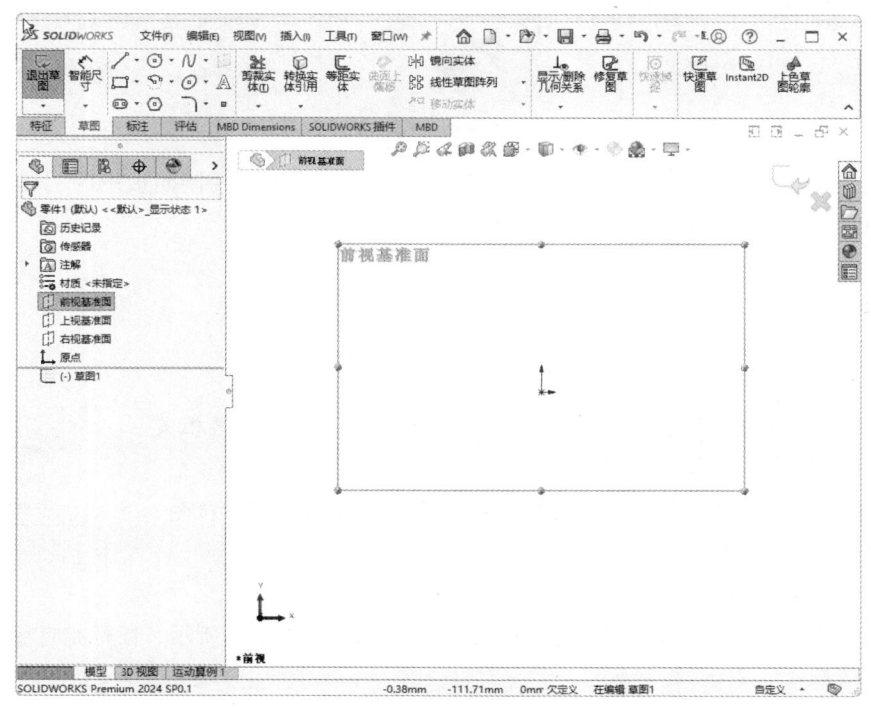

图 2-2 草图绘制状态界面

3. 退出草图绘制状态

草图绘制完成后，可以立即建立特征，也可以退出草图绘制状态再建立特征（有些特征的建立需要多张草图，如扫描实体等），因此需要了解退出草图绘制状态的方式。退出草图绘制状态的方式主要有以下几种。

（1）利用菜单命令方式。选择"插入"→"退出草图"菜单命令，退出草图绘制状态。

（2）利用工具栏按钮方式。单击"标准"工具栏中的"重建模型"按钮 ，或者单击"草图"工具栏中的"退出草图"按钮 ，退出草图绘制状态。

（3）利用快捷菜单方式。在绘图区单击鼠标右键，在弹出的快捷菜单（见图 2-3）中单击"退出草图"按钮 ，退出草图绘制状态。

（4）利用绘图区确认角落图标的方式。在绘制草图的过程中，绘图区的右上角会出现图 2-4所示的确认角落图标。单击 图标，即可退出草图绘制状态。单击 图标，将弹出提示对话框，提示是否丢弃对草图所作的更改，如图 2-5 所示。如果丢弃对草图所作的更改，单击"丢弃更改并退出"按钮，即可直接退出草图绘制状态。

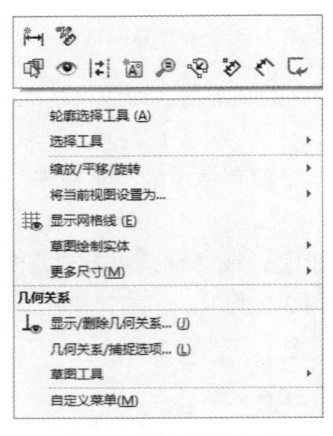

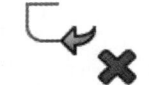

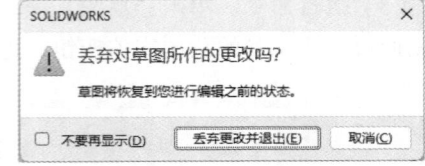

图 2-3　快捷菜单（1）　　　　图 2-4　确认角落图标　　　　图 2-5　提示对话框

（5）利用选项卡方式。在绘制草图的过程中，单击"草图"控制面板中的"退出草图"按钮 ，退出草图绘制状态。

一、直线

1．执行方式

- 工具栏：单击"草图"工具栏中的"直线"按钮 ，直线相关工具如图 2-6 所示。
- 菜单栏：选择"工具"→"草图绘制实体"→"直线"菜单命令。
- 控制面板：单击"草图"控制面板中的"直线"按钮 。

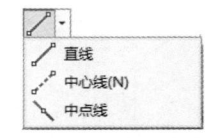

图 2-6　直线相关工具

2．操作步骤

执行"直线"命令，弹出"插入线条"属性管理器，如图 2-7 所示，鼠标指针变为 形状，开始绘制直线段。

3．选项说明

（1）在"方向"选项组中有 4 个单选按钮，默认选中"按绘制原样"单选按钮。单击不同的单选按钮，绘制的直线类型不一样。单击"按绘制原样"单选按钮以外的任意一项，均会要求输入参数。如单击"角度"单选按钮，弹出的"线条属性"属性管理器如图 2-8 所示，要求输入参数。设置好参数以后，单击直线段的起点就可以绘制出所需要的直线段。

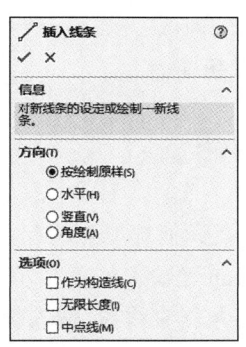

图 2-7　"插入线条"属性管理器（1）

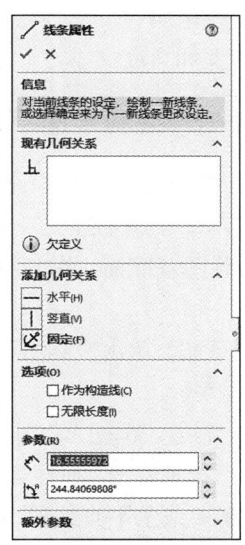

图 2-8　"线条属性"属性管理器（1）

中心线、中点线与直线的绘制方法相同，执行不同的命令，按照类似的操作步骤，在绘图区绘制相应的图形即可。

SOLIDWORKS 2020 中，直线段分为 3 种类型，即水平直线段、竖直直线段和任意角度直线段。在绘制过程中，不同类型的直线段其显示方式不同，下面将分别介绍。

① 水平直线段：在绘制过程中，鼠标指针附近会出现水平直线段图标符号━，如图 2-9 所示。

② 竖直直线段：在绘制过程中，鼠标指针附近会出现竖直直线段图标符号▎，如图 2-10 所示。

③ 任意角度直线段：在绘制过程中，鼠标指针附近会出现任意角度直线段图标符号╱，如图 2-11 所示。

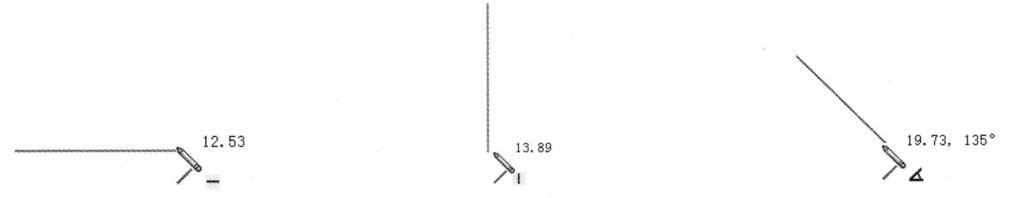

图 2-9　绘制水平直线段　　　　图 2-10　绘制竖直直线段　　　　图 2-11　绘制任意角度直线段

在绘制直线段的过程中，鼠标指针右上方显示的参数，为直线段的长度和角度，可供参考。一般在绘制中，先绘制一条直线段，然后标注尺寸，直线段也随之改变长度和角度。

绘制直线段的方式有 2 种：拖动式和单击式。

① 拖动式就是在直线段的起点处，按住鼠标左键，然后拖动鼠标，直到直线段终点处松开鼠标左键。

② 单击式就是在直线段的起点处单击，然后在直线段终点处单击。

（2）在"线条属性"属性管理器的"选项"选项组中有 2 个复选框，勾选不同的复选框，可以分别绘制构造线和无限长度直线。

（3）在"线条属性"属性管理器的"参数"选项组中有 2 个文本框，分别是长度文本框和角度文本框。通过设置这两个参数可以绘制一条直线段。

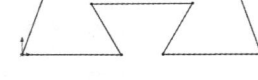
■ 案例——绘制卡座草图

本例绘制图 2-12 所示的卡座草图。

（1）设置草图绘制基准面。在 FeatureManager 设计树中选择"前视基准面"作为绘图基准面。单击"视图"工具栏中的"正视于"按钮 ，旋转基准面。

（2）绘制草图。单击"草图"控制面板中的"草图绘制"按钮 ，进入草图绘制状态。

图 2-12　卡座草图（1）

（3）绘制直线。单击"草图"控制面板中的"直线"按钮 ，捕捉原点为起点，绘制一条斜直线段，在"线条属性"属性管理器中输入长度为 30mm，按 Tab 键输入角度为 70°，如图 2-13 所示；继续绘制一条水平直线段，输入长度为 40mm；继续绘制一条斜直线段，输入长度为 30mm，角度为 290°；继续绘制一条长度为 25mm 的水平直线段；再绘制一条长度为 15mm、角度为 60° 的斜直线段；继续绘制一条长度为 25.47mm 的水平直线段；然后绘制一条长度为 15mm、角度为 300° 的斜直线段；最后连接到原点，结果如图 2-14 所示。

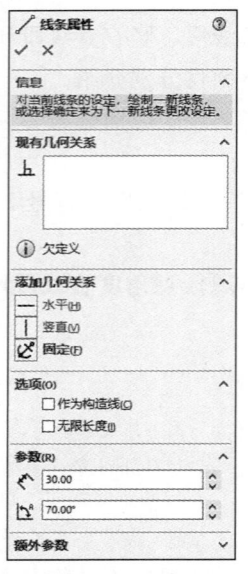

图 2-13　"线条属性"属性管理器（2）

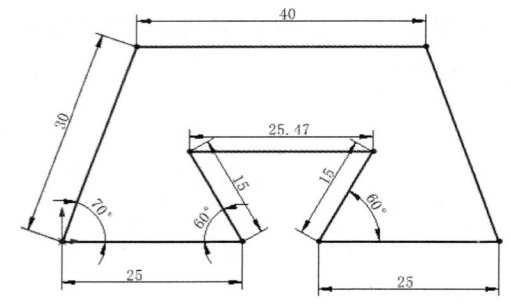

图 2-14　卡座草图（2）

二、圆

1. 执行方式

- 工具栏：单击"草图"工具栏中的"圆"按钮 ，圆相关工具如图 2-15 所示。
- 菜单栏：选择"工具"→"草图绘制实体"→"圆"菜单命令。

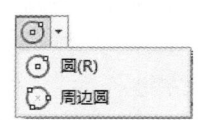

图 2-15　圆相关工具

- 控制面板：单击"草图"控制面板中的"圆"按钮⊙。

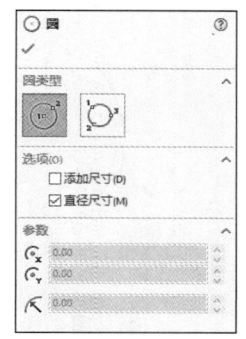

2．操作步骤

当执行"圆"命令时，系统弹出的"圆"属性管理器，如图2-16所示。

3．选项说明

圆也是草图绘制中经常使用的图形实体。SOLIDWORKS 提供了两种绘制圆的方法：一种是绘制基于中心的圆（见图 2-17），另一种是绘制基于周边的圆（见图2-18）。

图 2-16 "圆"属性管理器

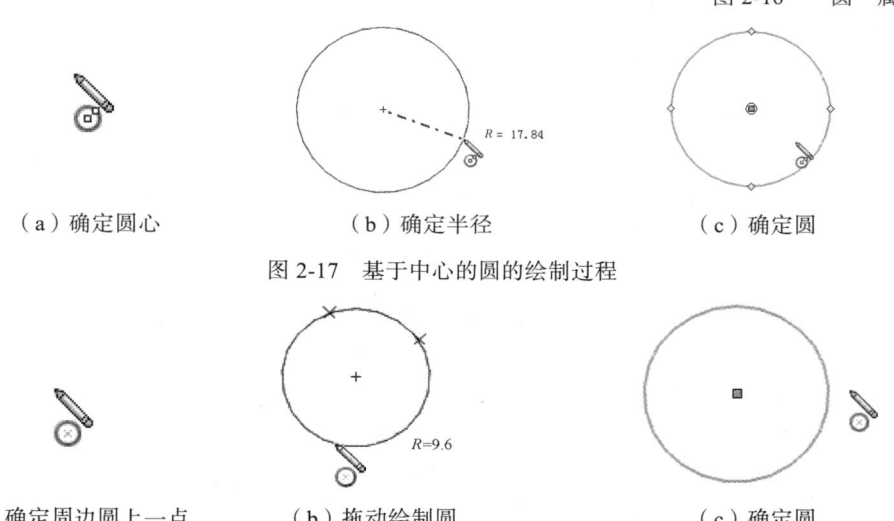

（a）确定圆心　　　　　　（b）确定半径　　　　　　（c）确定圆

图 2-17 基于中心的圆的绘制过程

（a）确定周边圆上一点　　　（b）拖动绘制圆　　　　　（c）确定圆

图 2-18 基于周边的圆的绘制过程

圆绘制完成后，可以通过拖动修改圆草图。按住鼠标左键，拖动圆的周边可以改变圆的半径，拖动圆的圆心可以改变圆的位置。同时，也可以通过图 2-16 所示的"圆"属性管理器修改圆的属性，通过属性管理器中的"参数"选项组修改圆心坐标和圆的半径。

微课

案例——绘制挡圈草图

■ 案例——绘制挡圈草图

本例绘制图 2-19 所示的挡圈草图。

（1）新建文件。启动 SOLIDWORKS 2020，单击"标准"工具栏中的"新建"按钮▯，在弹出的"新建 SOLIDWORKS 文件"对话框中单击"零件"按钮🪟，然后单击"确定"按钮，创建一个新的零件文件。

（2）创建基准面。在 FeatureManager 设计树中选择"前视基准面"作为绘图基准面。单击"草图"控制面板中的"草图绘制"按钮▭，进入草图绘制状态。

（3）绘制中心线。单击"草图"控制面板中的"中心线"按钮✓，绘制竖直和水平中心线，如图 2-20 所示。

（4）绘制圆。单击"草图"控制面板中的"圆"按钮⊙，以原点为圆心绘制 4 个同心圆。结果如图 2-19 所示。

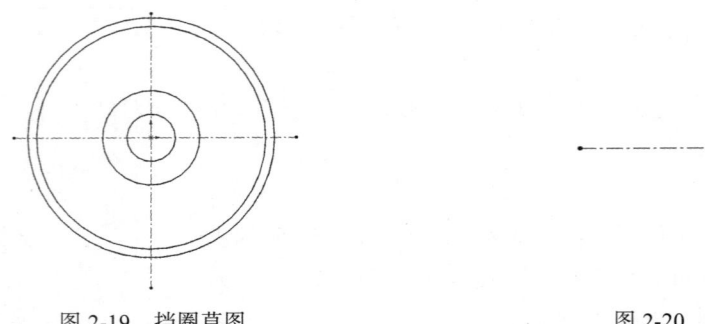

图 2-19　挡圈草图　　　　　　　　　　　　图 2-20　绘制中心线

三、圆弧

1．执行方式

- 工具栏：单击"草图"工具栏中的"圆弧"按钮 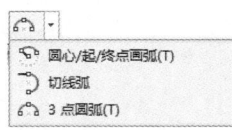，圆弧相关工具如图 2-21 所示。
- 菜单栏：选择"工具"→"草图绘制实体"→"圆弧"菜单命令。
- 控制面板：单击"草图"控制面板中的"圆弧"按钮 。

图 2-21　圆弧相关工具

2．操作步骤

执行"圆弧"命令，弹出"圆弧"属性管理器，如图 2-22 所示。

3．选项说明

圆弧是圆的一部分。SOLIDWORKS 2020 提供了 4 种绘制圆弧的方法：圆心/起/终点画弧、切线弧和 3 点圆弧，还可通过"直线"命令来绘制圆弧。

（1）圆心/起/终点画弧 ：先指定圆弧的圆心，然后拖动鼠标指针顺序指定圆弧的起点和终点，确定圆弧的大小和方向，如图 2-23 所示。

（2）切线弧 ：能生成一条与草图实体相切的圆弧。草图实体可以是直线段、圆弧、椭圆和样条曲线等，如图 2-24 所示。

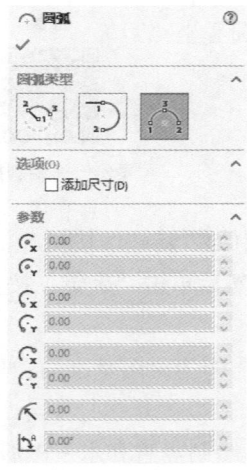

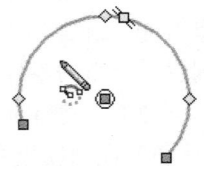

（a）指定圆弧圆心　　　（b）拖动指定起点　　　（c）拖动指定终点

图 2-22　"圆弧"属性管理器（1）　　　图 2-23　用"圆心/起/终点画弧"方法绘制圆弧的过程

（3）3 点圆弧 ：通过指定起点、终点与中点的方式绘制圆弧，如图 2-25 所示。

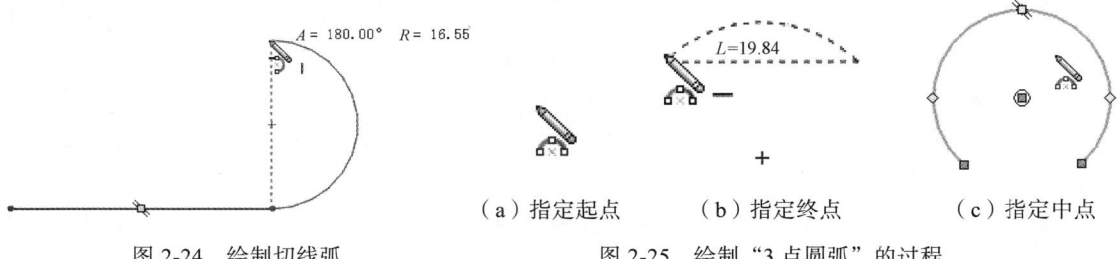

图 2-24 绘制切线弧

（a）指定起点　（b）指定终点　（c）指定中点

图 2-25 绘制"3 点圆弧"的过程

（4）通过"直线"命令和绘制"圆弧"：必须先将鼠标指针拖回至所绘制直线段的终点，然后再拖出才能绘制圆弧，如图 2-26 所示；也可以在此状态下右击，此时系统弹出的快捷菜单如图 2-27 所示，选择"转到圆弧"命令即可绘制圆弧；同样在绘制圆弧的状态下，选择快捷菜单中的"转到直线"命令即可绘制直线段，如图 2-28 所示。

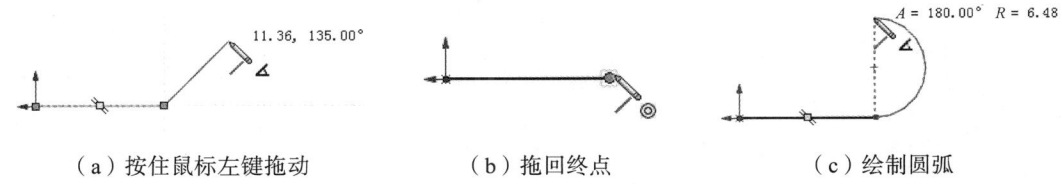

（a）按住鼠标左键拖动　　　（b）拖回终点　　　（c）绘制圆弧

图 2-26 通过"直线"命令绘制圆弧的过程

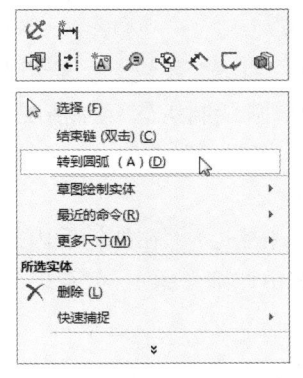

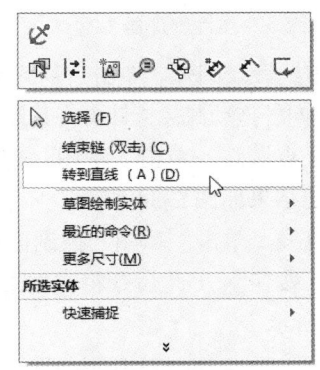

图 2-27 快捷菜单（2）　　　　图 2-28 快捷菜单（3）

■ 案例——绘制垫片草图

本例绘制图 2-29 所示的垫片草图。

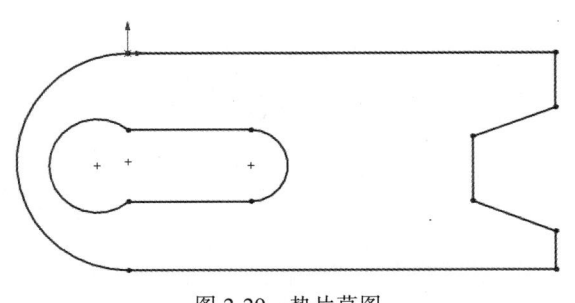

图 2-29 垫片草图

（1）设置草图绘制基准面。在 FeatureManager 设计树中选择"前视基准面"作为绘图基准面，单击"视图"工具栏中的"正视于"按钮 ，旋转基准面。

（2）绘制草图。单击"草图"控制面板中的"草图绘制"按钮 ，进入草图绘制状态。

（3）绘制直线段。单击"草图"控制面板中的"直线"按钮 ，弹出"插入线条"属性管理器，如图 2-30 所示，绘制 3 条直线段，如图 2-31 所示。

（4）绘制圆心圆弧。单击"草图"控制面板中的"圆心/起/终点画弧"按钮 ，在图 2-31 中点 1、点 2 连接线上捕捉中点作为圆心，捕捉图 2-31 中的点 1、点 2 作为圆弧的两个端点，完成圆弧的绘制，结果如图 2-32 所示。

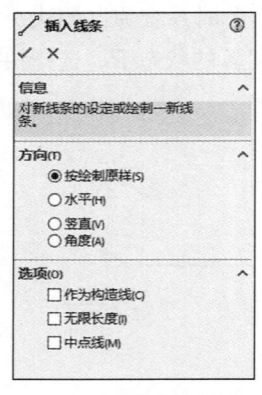 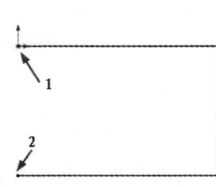 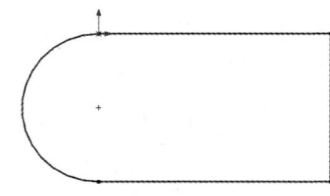

图 2-30 "插入线条"属性管理器（2）　　图 2-31 绘制直线段　　图 2-32 绘制圆心圆弧

（5）绘制直线段及圆弧。单击"草图"控制面板中的"直线"按钮 ，绘制内部轮廓图形，在绘制过程中先向外拖动鼠标指针再将其拖回起点，转换为圆弧绘制状态，绘制结果如图 2-33 所示。

（6）绘制 3 点圆弧。单击"草图"控制面板中的"3 点圆弧"按钮 ，捕捉上步绘制的直线段端点，绘制结果如图 2-34 所示。

（7）绘制直线。单击"草图"控制面板中的"直线"按钮 ，在外轮廓内部绘制直线，利用"剪裁实体"按钮 （此命令将在本书项目 2 任务 3 中详细介绍），剪裁多余线段，完成的图形如图 2-29 所示。

> **注意**　利用后文内容"拉伸凸台/基体"命令拉伸草图，结果如图 2-35 所示。

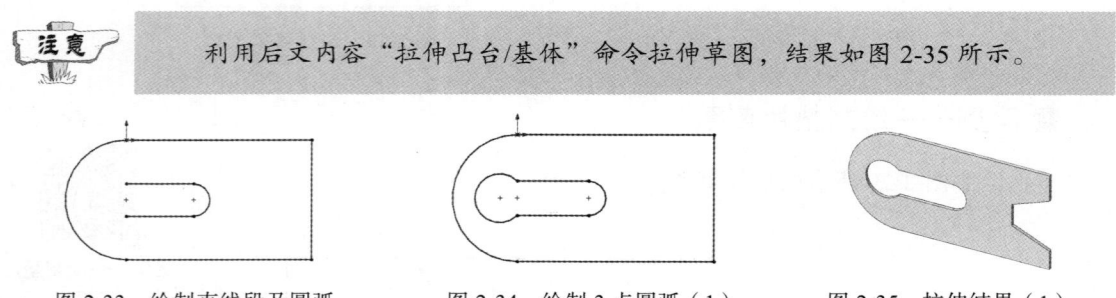

图 2-33 绘制直线段及圆弧　　图 2-34 绘制 3 点圆弧（1）　　图 2-35 拉伸结果（1）

四、矩形

1. 执行方式

- 工具栏：单击"草图"工具栏中的"边角矩形"按钮 等，矩形相关工具如图 2-36 所示。
- 菜单栏：选择"工具"→"草图绘制实体"→"边角矩形"菜单命令等。

● 控制面板：单击"草图"控制面板中的"边角矩形"按钮□等。

2. 操作步骤

执行"矩形"命令，弹出"矩形"属性管理器，如图2-37所示。

图2-36 矩形相关工具   图2-37 "矩形"属性管理器

3. 选项说明

（1）边角矩形□：指定矩形的左下端点1与右上端点2确定矩形的长度和宽度，绘制结果如图2-38所示。

（2）中心矩形□：指定矩形的中心点1与右上端点2确定矩形的中心和4条边线，绘制结果如图2-39所示。

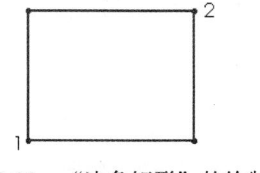 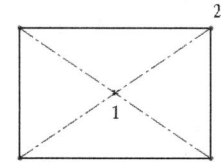

图2-38 "边角矩形"的绘制   图2-39 "中心矩形"的绘制

（3）3点边角矩形◇：通过指定3个点来绘制矩形，前面2个点用于确定角度和一条边，第3个点用于确定另一条边，绘制结果如图2-40所示。

（4）3点中心矩形◇：通过指定3个点来绘制矩形，先指定矩形的中心点1，然后通过后面2个点来定义矩形的长和宽，绘制结果如图2-41所示。

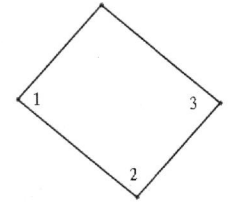 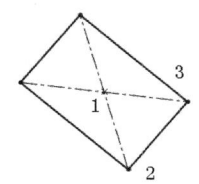

图2-40 "3点边角矩形"的绘制   图2-41 "3点中心矩形"的绘制

（5）平行四边形 ▱：既可以生成平行四边形，也可以生成边线与草图网格线不平行或不垂直的矩形，绘制结果如图2-42（a）所示。

矩形绘制完毕后，按住鼠标左键拖动矩形的一个角点，可以动态地改变4条边的尺寸。按住Ctrl键，拖动角点可以改变平行四边形的形状，如图2-42（b）所示。

微课

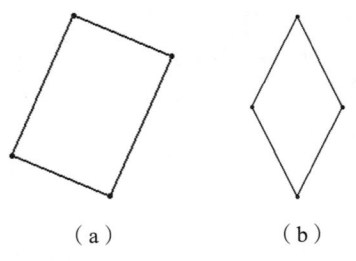

案例——绘制机械零件草图

（a）　　　　（b）

图 2-42　"平行四边形"的绘制

■ 案例——绘制机械零件草图

本例绘制图2-43所示的机械零件草图。

（1）设置草图绘制基准面。在FeatureManager设计树中选择"前视基准面"作为绘图基准面。单击"视图"工具栏中的"正视于"按钮 ↓，旋转基准面。

（2）绘制草图。单击"草图"控制面板中的"草图绘制"按钮 ▭，进入草图绘制状态。

（3）绘制边角矩形。单击"草图"控制面板中的"边角矩形"按钮 ▢，在绘图区绘制适当大小的矩形，如图2-44和图2-45所示。

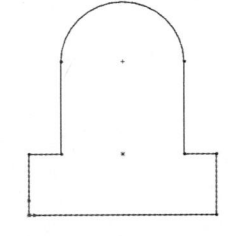

图 2-43　机械零件草图

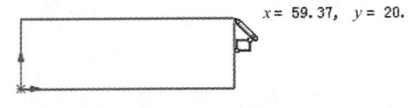

$x= 59.37, \quad y= 20.29$

图 2-44　矩形绘制过程

图 2-45　矩形绘制结果

（4）绘制中心矩形。单击"草图"控制面板中的"中心矩形"按钮 ▣，捕捉步骤（3）绘制的矩形上方水平直线中点作为中心，按住鼠标左键向外拖动绘制矩形，结果如图2-46所示。

（5）绘制3点圆弧。单击"草图"控制面板中的"3点圆弧"按钮 ⌒，捕捉中心矩形上直线段的中点作为圆心，捕捉两个端点作为圆弧起点和终点，绘制结果如图2-47所示。

（6）修剪线段。单击"草图"控制面板中的"剪裁实体"按钮 ✂，修剪多余线段，结果如图2-43所示。

 提示　利用后文内容"拉伸凸台/基体"命令拉伸草图，结果如图2-48所示。

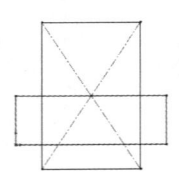

图 2-46　绘制中心矩形

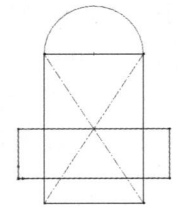

图 2-47　绘制3点圆弧（2）

图 2-48　拉伸结果（2）

五、多边形

多边形功能用于直接绘制正多边形，SOLIDWORKS 2020可绘制的正多边形是由至少3条、至多40条长度相等的边组成的封闭图形。绘制多边形的方式是指定多边形的中心及对应该多边形的内切圆或外接圆的直径。

1．执行方式

- 工具栏：单击"草图"工具栏中的"多边形"按钮⊙。
- 菜单栏：选择"工具"→"草图绘制实体"→"多边形"菜单命令。
- 控制面板：单击"草图"控制面板中的"多边形"按钮⊙。

2．操作步骤

执行"多边形"命令，鼠标指针变为✎形状，弹出的"多边形"属性管理器如图2-49所示。

3．选项说明

（1）作为构造线：勾选该复选框，可将实体转换为构造几何线。

（2）边数⊕：用于指定多边形的边数。一个可绘制的多边形可以有3～40条边。

（3）内切圆：在多边形内显示内切圆以定义多边形的大小。圆为构造几何线。

（4）外接圆：在多边形外显示外接圆以定义多边形的大小。圆为构造几何线。

（5）X坐标置中👁：多边形中心的 x 轴坐标。

（6）Y坐标置中👁：多边形中心的 y 轴坐标。

（7）圆直径⬠：内切圆或外接圆的直径。

（8）角度↻：旋转角度。

（9）新多边形：单击该按钮，绘制另一个多边形。

微课

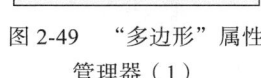

案例——绘制螺母草图

图2-49 "多边形"属性
管理器（1）

■ 案例——绘制螺母草图

本例绘制图2-50所示的螺母草图。

（1）设置草图绘制基准面。在FeatureManager设计树中选择"前视基准面"作为绘图基准面，单击"视图"工具栏中的"正视于"按钮↧，旋转基准面。

（2）绘制草图。单击"草图"控制面板中的"草图绘制"按钮⊏，进入草图绘制状态。

（3）绘制中心线。单击"草图"控制面板中的"中心线"按钮✐，分别绘制一条水平和一条竖直的中心线。

（4）绘制多边形。单击"草图"控制面板中的"多边形"按钮⊙，弹出"多边形"属性管理器，输入边数为6，单击"内切圆"单选按钮，以中心线交点为圆心，将鼠标指针移动一段距离，在圆直径文本框中输入内切圆直径为30mm，如图2-51所示，单击"确定"按钮✓，完成正六边形的绘制，绘制结果如图2-52所示。

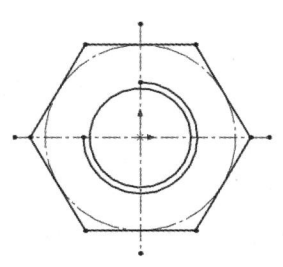

图2-50 螺母草图

图2-51 "多边形"属性管理器（2）

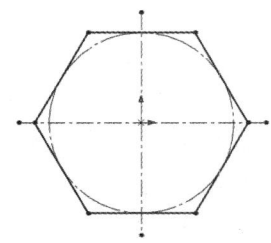

图2-52 绘制多边形

（5）绘制圆。单击"草图"控制面板中的"圆"按钮 ⊙，在原点处绘制一个半径为 8mm 的圆，结果如图 2-53 所示。

（6）绘制圆弧。单击"草图"控制面板中的"圆心/起/终点画弧"按钮 ，以原点为圆心，以竖直中心线为起点，水平中心线为终点，绘制一个四分之三圆弧，在"圆弧"属性管理器中输入 y 轴距离为 9mm，如图 2-54 所示，单击"确定"按钮 ✔，圆弧绘制结果如图 2-55 所示。

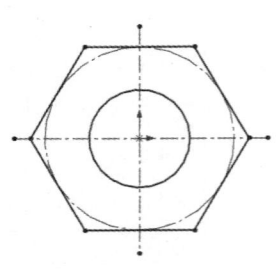
图 2-53　绘制圆

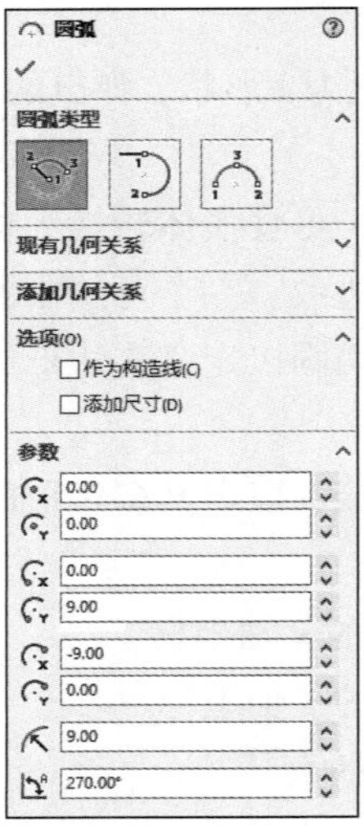

図 2-54　"圆弧"属性管理器（2）

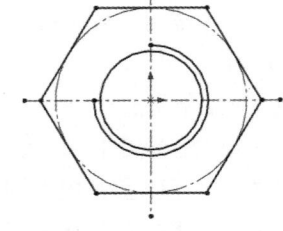
图 2-55　绘制圆弧

六、槽口

1．执行方式

- 工具栏：单击"草图"工具栏中的"直槽口"按钮 。
- 菜单栏：选择"工具"→"草图绘制实体"→"直槽口"菜单命令。
- 控制面板：单击"草图"控制面板中的"直槽口"按钮 。

2．操作步骤

执行"直槽口"命令，系统弹出"槽口"属性管理器，如图 2-56 所示。

（1）槽口类型。

① 直槽口 ：用两个端点绘制直槽口。

② 中心点直槽口 ：从中心点绘制直槽口。

③ 3 点圆弧槽口 ：用 3 个点绘制圆弧槽口。

④ 中心点圆弧槽口 ：用圆弧的中心点和圆弧的两个端点绘制圆弧槽口。

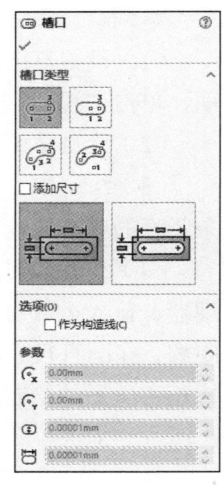
图 2-56　"槽口"
属性管理器

（2）勾选"添加尺寸"复选框，系统自动为槽口添加长度和圆弧尺寸。

（3）槽口的尺寸类型有两种。

① 中心到中心 ：以槽口左右半圆圆心间的长度作为直槽口的长度尺寸。

② 总长度 ：以槽口的总长度作为直槽口的长度尺寸。

（4）如果槽口不受几何关系约束，则可指定"参数"部分的任何适当组合来定义槽口。所有槽口均包括以下几个参数。

① X 坐标置中 $\boxed{\text{x}}$：槽口中心点的 x 轴坐标。

② Y 坐标置中 $\boxed{\text{y}}$：槽口中心点的 y 轴坐标。

③ 槽口宽度 $\boxed{\text{⊕}}$：设置槽口宽度尺寸。

④ 槽口长度 $\boxed{\text{目}}$：设置槽口长度尺寸。

圆弧槽口还包括以下两个参数。

① 圆弧半径 $\boxed{\text{⌒}}$：设置圆弧槽口中心圆弧的半径。

② 圆弧角度 $\boxed{\text{⌒}}$：指圆弧槽的单侧圆弧所对应的圆心角。

■ 案例——绘制圆头平键草图

本例绘制图 2-57 所示的圆头平键草图。

（1）设置草图绘制基准面。在 FeatureManager 设计树中选择"前视基准面"作为绘图基准面。单击"视图"工具栏中的"正视于"按钮 $\boxed{\downarrow}$，旋转基准面。

（2）绘制草图。单击"草图"控制面板中的"草图绘制"按钮 $\boxed{}$，进入草图绘制状态。

（3）绘制直槽口 1。单击"草图"控制面板中的"直槽口"按钮 $\boxed{\text{◎}}$，在绘图区绘制直槽口，绘制结果如图 2-58 所示。

（4）绘制直槽口 2。单击"草图"控制面板中的"直槽口"按钮 $\boxed{\text{◎}}$，捕捉图 2-58 所示的点 1、点 2 为水平线两个端点，绘制结果如图 2-57 所示。

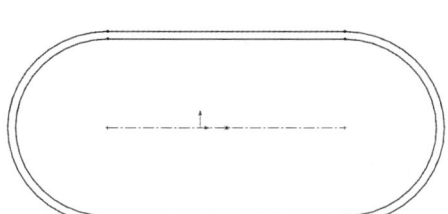

微课

案例——绘制圆头
平键草图

利用后文内容"拉伸凸台/基体"命令拉伸草图并倒角，结果如图 2-59 所示。

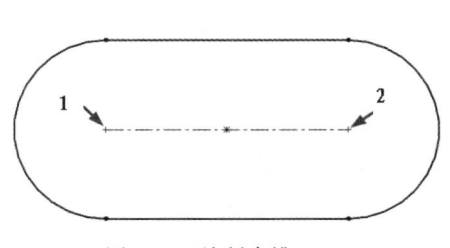

图 2-58　绘制直槽口 1

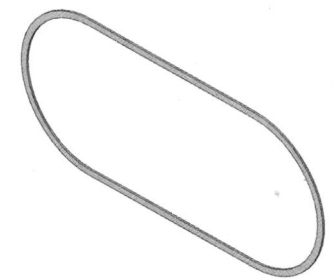

图 2-59　拉伸结果（3）

图 2-57　圆头平键草图

七、样条曲线

样条曲线是由一组点定义的光滑曲线，能够精确地表示对象的造型。在 SOLIDWORKS 中，最少只需两个点即可绘制一条样条曲线，还可以在其端点处指定相切的几何关系。

1．执行方式

- 工具栏：单击"草图"工具栏中的"样条曲线"按钮 $\boxed{\text{N}}$。
- 菜单栏：选择"工具"→"草图绘制实体"→"样条曲线"菜单命令。
- 控制面板：单击"草图"控制面板中的"样条曲线"按钮 $\boxed{\text{N}}$。

2. 操作步骤

执行"样条曲线"命令，此时鼠标指针变为➤形状。在绘图区单击，确定样条曲线的起点，系统弹出"样条曲线"属性管理器，如图 2-60 所示。移动鼠标指针，在图中合适的位置单击，确定样条曲线上的第 2 点。继续移动鼠标指针，确定样条曲线上的其他点。按 Esc 键，或者双击退出样条曲线的绘制。图 2-61 所示为绘制样条曲线的过程。

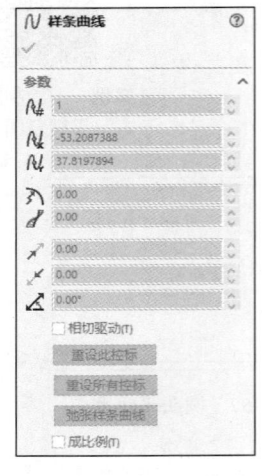

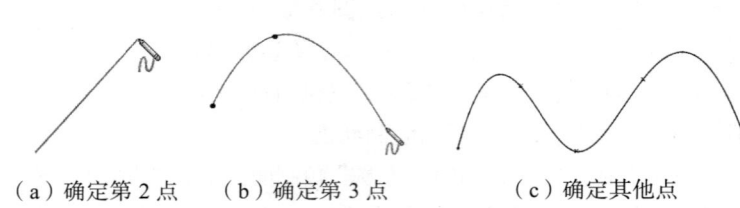

（a）确定第 2 点　　（b）确定第 3 点　　（c）确定其他点

图 2-60　"样条曲线"属性管理器　　　　图 2-61　绘制样条曲线的过程

SOLIDWORKS 提供了强大的样条曲线绘制功能，样条曲线至少需要两个点，并且可以在端点指定相切的几何关系。

3. 样条曲线说明

样条曲线绘制完毕后，可以通过以下方式，对样条曲线进行编辑和修改。

（1）"样条曲线"属性管理器。

"样条曲线"属性管理器的"参数"选项组中可以实现对样条曲线各种参数的修改。

（2）样条曲线上的点。

选择要修改的样条曲线，此时样条曲线上会出现点，按住鼠标左键拖动这些点就可以实现对样条曲线的修改，如图 2-62 所示，拖动点 1 到点 2 位置，图 2-62（a）所示为修改前的图形，图 2-62（b）所示为修改后的图形。

（a）修改前的图形　　（b）修改后的图形

图 2-62　样条曲线的修改过程

（3）插入样条曲线型值点。

确定样条曲线形状的点称为型值点，即除样条曲线端点以外的点。在样条曲线绘制完成以后，可以插入一些型值点。右击样条曲线，在弹出的快捷菜单中选择"插入样条曲线型值点"命令，然后在需要添加的位置单击即可。

（4）删除样条曲线型值点。

若要删除样条曲线上的型值点，则单击要删除的点，然后按 Delete 键即可。

样条曲线的编辑还涉及其他一些功能，如显示样条曲线控标、显示拐点、显示最小半径与显示曲率检查等，在此不一一介绍，用户可以右击样条曲线，在弹出的快捷菜单中选择相应的命令，进行尝试。

■ 案例——绘制空间连杆草图

本例绘制图 2-63 所示的空间连杆草图。

（1）设置草图绘制基准面。在 FeatureManager 设计树中选择"前视基准面"作为绘图基准面。单击"视图"工具栏中的"正视于"按钮 ，旋转基准面。

（2）绘制草图。单击"草图"控制面板中的"草图绘制"按钮 ，进入草图绘制状态。

微课

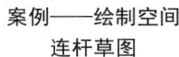

案例——绘制空间
连杆草图

（3）绘制矩形。单击"草图"控制面板中的"边角矩形"按钮 ，绘制适当大小的矩形，如图 2-64 所示。

（4）绘制同心圆。单击"草图"控制面板中的"圆"按钮 ，在矩形左上方绘制同心圆，结果如图 2-65 所示。

（5）绘制样条曲线。单击"草图"控制面板中的"样条曲线"按钮 ，捕捉矩形及圆上的点，绘制两条样条曲线，结果如图 2-66 所示。

（6）剪裁实体。单击"草图"控制面板中的"剪裁实体"按钮 ，修剪多余图形，结果如图 2-63 所示。

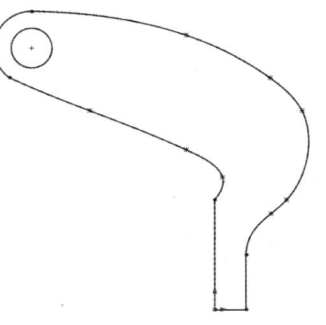

图 2-63　空间连杆草图

> **提示**
>
> 利用后文内容"拉伸凸台/基体"命令拉伸草图，结果如图 2-67 所示。

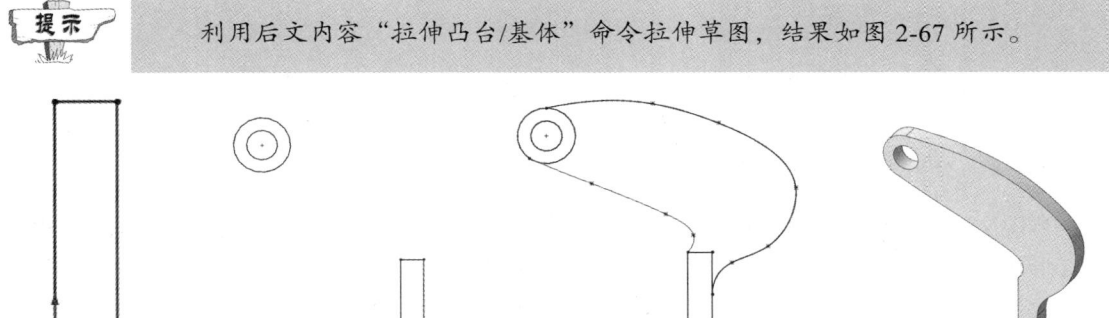

图 2-64　绘制矩形　　图 2-65　绘制同心圆　　图 2-66　绘制样条曲线　　图 2-67　拉伸结果（4）

八、文本

SOLIDWORKS 可以在一个零件上通过"拉伸切除"命令生成文字。

1. 执行方式

- 工具栏：单击"草图"工具栏中的"文字"按钮 。
- 菜单栏：选择"工具"→"草图绘制实体"→"文本"菜单命令。
- 控制面板：单击"草图"控制面板中的"文字"按钮 。

2. 操作步骤

执行"文本"命令，系统弹出"草图文字"属性管理器，如图 2-68 所示。

3. 选项说明

（1）曲线：选择边线、曲线、草图及草图段，所选实体的名称显示在文本框中。

（2）文字：在文本框中输入文字。文字在绘图区中沿所选实体出现。如果没有选取实体，文字从原点开始水平出现。

① 链接到属性 ：将草图文字链接到自定义属性。

② 旋转 $\mathbf{C}$：在文本框中选取文字，然后单击"旋转"按钮 $\mathbf{C}$，将所选文字逆时针旋转30°。对于其他旋转角度，选取文字，单击"旋转"按钮 $\mathbf{C}$，然后在文本框内编码。例如，若顺时针旋转角度为10°，将<r30>替换为<r-10>。欲返回到零度旋转，删除编码和括号即可。若旋转角度为180°，使用"竖直反转"或"水平反转"按钮。

③ 使用文档字体：取消勾选该复选框，则激活"字体"按钮。

④ 字体：单击该按钮，系统弹出"选择字体"对话框，如图2-69所示，按照需要进行设置。

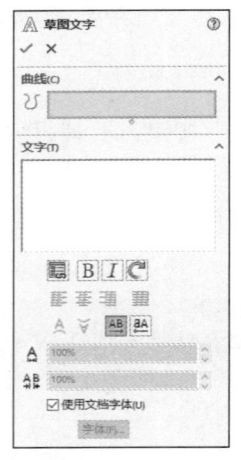

图2-68　"草图文字"属性管理器（1）

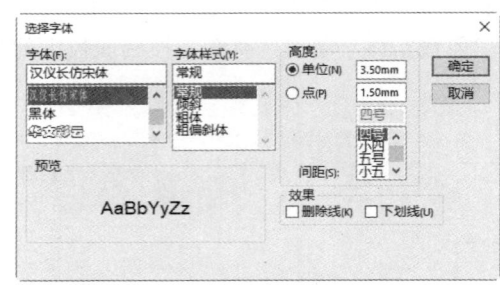

图2-69　"选择字体"对话框

草图文字可以在零件特征面上添加，利用"拉伸"命令或"包覆"命令进行拉伸和切除文字，形成立体效果。文字可以添加在任何连续曲线或边线组中，例如由直线段、圆弧或样条曲线组成的圆或轮廓。

> **注意**　在草图绘制模式下，双击已绘制的草图文字，在系统弹出的"草图文字"属性管理器中，可以对其进行修改。

■ 案例——绘制文字模具草图

本例绘制图2-70所示的文字模具草图。

（1）设置草图绘制基准面。在FeatureManager设计树中选择"前视基准面"作为绘图基准面。单击"视图"工具栏中的"正视于"按钮 $\downarrow$，旋转基准面。

（2）绘制草图。单击"草图"控制面板中的"草图绘制"按钮 $\Box$，进入草图绘制状态。

（3）输入文字。单击"草图"控制面板中的"文字"按钮 $\mathbb{A}$，弹出"草图文字"属性管理器，如图2-71所示，在"文字"选项组中的文本框中输入"三维书屋"，单击"确定"按钮 $\checkmark$，绘制结果如图2-70所示。

微课

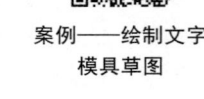

案例——绘制文字模具草图

图2-70　文字模具草图

 利用后文内容"拉伸凸台/基体"拉伸草图文字，结果如图 2-72 所示。

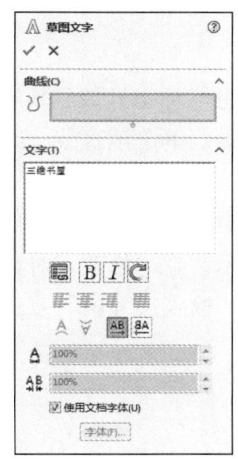
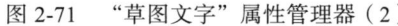

图 2-71 "草图文字"属性管理器（2）

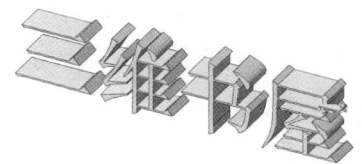

图 2-72 拉伸结果（5）

任务 2 智能尺寸与几何关系

任务引入

小明已经完成了部分草图的绘制，确定了零件图的大体位置，为了表示各部分的真实大小和各部分之间的确切位置，需要做不同类型尺寸的标注和几何关系的添加，那么，怎么标注长度型尺寸、直径和半径尺寸、角度尺寸以及其他类型的尺寸呢？怎么添加几何关系使其位置固定呢？

知识准备

SOLIDWORKS 是一种尺寸驱动式系统，用户可以指定尺寸及各实体间的几何关系，从而改变零件的尺寸与形状。智能尺寸标注是草图绘制过程中会用到的重要功能。SOLIDWORKS虽然可以捕捉用户的设计意图，自动进行智能尺寸标注，但由于各种原因有时自动标注的尺寸并不理想，此时用户必须自己进行标注。

几何关系为草图实体之间或草图实体与基准面、基准轴、边线或顶点之间的几何约束。

一、智能尺寸的标注

SOLIDWORKS 提供了 4 种进入智能尺寸标注的方法，下面将分别介绍。

1. 执行方式

● 菜单栏：选择"工具"→"尺寸"→"智能尺寸"菜单命令。

- 工具栏：单击"草图"工具栏中的"智能尺寸"按钮 ✎。
- 快捷菜单：在草图绘制状态下右击，在弹出的快捷菜单中，选择"智能尺寸"命令，如图 2-73 所示。
- 控制面板：单击"草图"控制面板中的"智能尺寸"按钮 ✎。

2. 操作步骤

执行"智能尺寸"命令，此时鼠标指针变为 ➤✎ 形状。将鼠标指针放到要标注的直线段上，这时鼠标指针变为 ➤↓ 形状，要标注的直线段以黄色高亮显示。单击该直线，则标注尺寸线出现并随着鼠标指针移动，将尺寸线移动到适当的位置后单击，则尺寸线被固定下来。

如果在"系统选项"对话框的"系统选项"选项卡中勾选了"输入尺寸值"复选框，则当尺寸线被固定下来时会弹出"修改"对话框，如图 2-74 所示。在"修改"对话框中输入直线段的长度，单击"确定"按钮 ✓，完成标注。如果取消勾选"输入尺寸值"复选框，则需要双击尺寸值，打开"修改"对话框对尺寸进行修改。

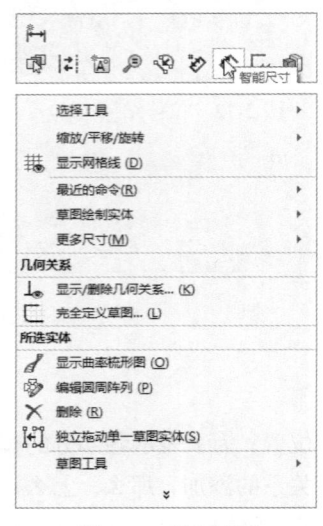

图 2-73　快捷菜单

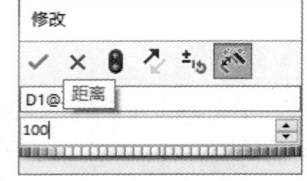

图 2-74　"修改"对话框

进入尺寸标注模式，鼠标指针将变为 ➤✎ 形状。退出尺寸标注模式有 3 种方式。

（1）按 Esc 键。

（2）单击"草图"控制面板中的"智能尺寸"按钮 ✎。

（3）单击鼠标右键，在弹出的快捷菜单中选择"选择"命令。

3. 选项说明

在 SOLIDWORKS 中，主要有以下几种标注类型：线性尺寸标注、角度尺寸标注、圆弧尺寸标注与圆尺寸标注等。

（1）线性尺寸标注。

线性尺寸标注不仅是指标注直线段的长度，还包括标注点与点之间、点与线段之间的距离。标注直线段长度尺寸时，根据鼠标指针所在的位置，可以标注不同的尺寸形式，有水平形式、垂直形式与平行形式，如图 2-75 所示。

标注直线段长度的方法比较简单，在标注模式下，直接单击直线段，然后拖动鼠标即可，在此不赘述。

下面以标注图 2-76 所示两圆心之间的距离为例，说明线性尺寸的标注方法。进入尺寸标注模式，鼠标先后单击圆 1 和圆 2 的圆心，然后向下拖动鼠标，完成线性尺寸标注。

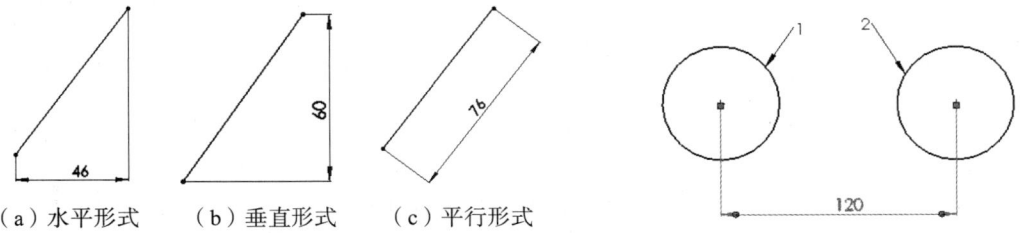

（a）水平形式　（b）垂直形式　（c）平行形式

图 2-75　直线段标注形式　　　　　　图 2-76　两圆心之间距离的线性尺寸标注

（2）角度尺寸标注。

角度尺寸标注分为 3 种：第 1 种为标注两条直线段之间的夹角；第 2 种为标注直线段与点之间的夹角；第 3 种为标注圆弧的角度。

① 标注两条直线段之间的夹角：直接选取两条直线条，没有顺序要求。根据鼠标指针放置位置的不同，有 4 种不同的标注形式，如图 2-77 所示。

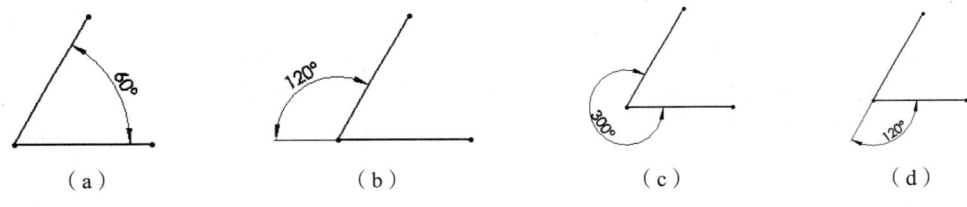

（a）　　　　　（b）　　　　　（c）　　　　　（d）

图 2-77　两条直线段之间夹角的标注形式

② 标注直线段与点之间的夹角：选取的顺序为直线段的一个端点→直线段的另一个端点→点。一般有 4 种标注形式，如图 2-78 所示。

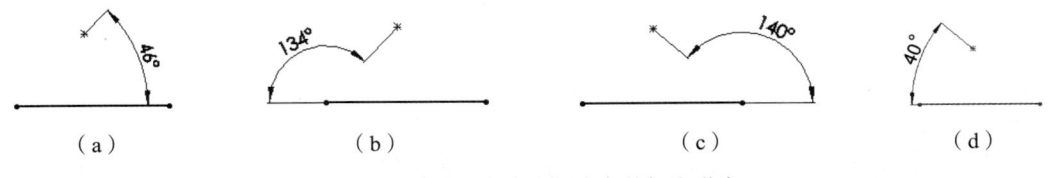

（a）　　　　　（b）　　　　　（c）　　　　　（d）

图 2-78　直线段与点之间夹角的标注形式

③ 标注圆弧的角度：对于圆弧角度的标注，选取顺序没有严格要求，一般顺序为起点→终点→圆心（顺序颠倒标注的结果是一样的）。

（3）圆弧尺寸标注。

圆弧尺寸标注分为 3 种形式：第 1 种为标注圆弧半径；第 2 种为标注圆弧弧长；第 3 种为标注圆弧弦长。下面分别说明各种标注形式。

① 标注圆弧半径：直接选取圆弧，在"修改"对话框中输入要标注的半径值，然后单击放置标注的位置即可。图 2-79 所示为圆弧半径的标注过程。

② 标注圆弧弧长：依次选取圆弧的两个端点与圆弧，在"修改"对话框中输入要标注的弧长值，然后单击放置标注的位置即可。图 2-80 所示为圆弧弧长的标注过程。

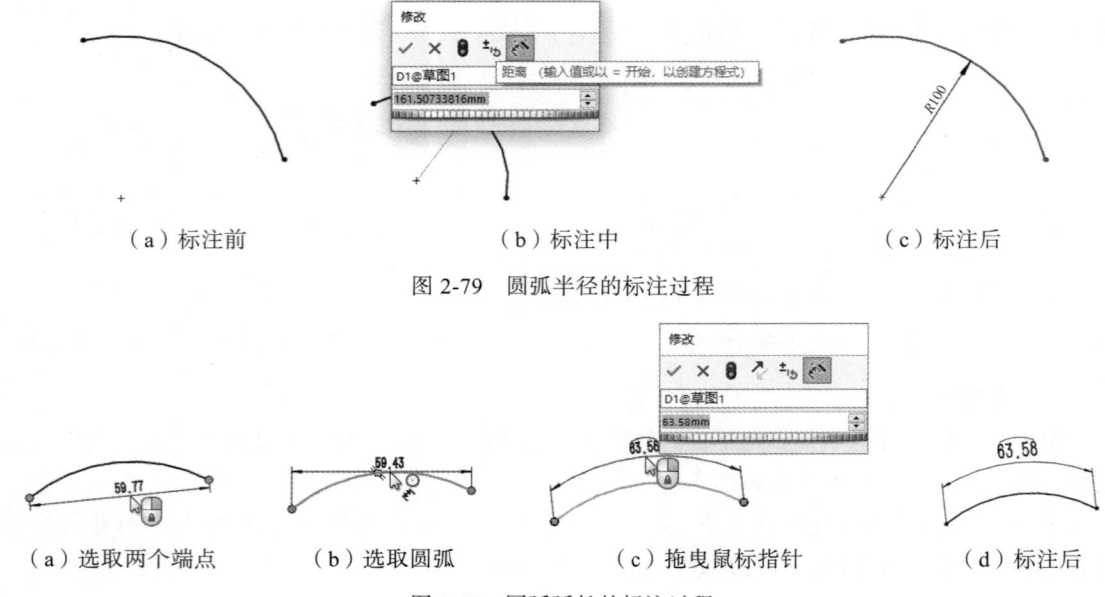

（a）标注前　　　　　　　　　（b）标注中　　　　　　　　　（c）标注后

图 2-79　圆弧半径的标注过程

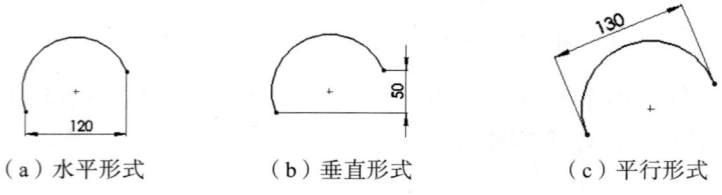

（a）选取两个端点　　　（b）选取圆弧　　　（c）拖曳鼠标指针　　　（d）标注后

图 2-80　圆弧弧长的标注过程

③ 标注圆弧端点间的距离：依次选取圆弧的两个端点，然后拖动鼠标将尺寸标注放置到适当的位置上。根据尺寸放置的位置不同，圆弧弦长标注主要有 3 种形式，即水平形式、垂直形式与平行形式，如图 2-81 所示。

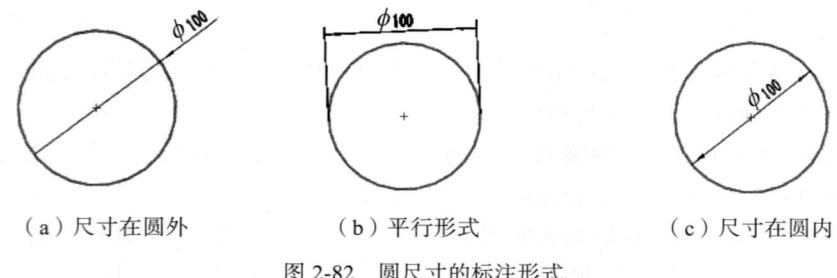

（a）水平形式　　　　　　（b）垂直形式　　　　　　（c）平行形式

图 2-81　圆弧弦长的标注形式

（4）圆尺寸标注。

圆尺寸标注比较简单，标注操作如下，在标注模式下，直接选取圆上任意点，然后拖动鼠标将尺寸标注放置到适当的位置上，单击鼠标左键，在"修改"对话框中输入直径数值。单击对话框中的"确定"按钮 ✔，即可完成圆尺寸的标注。根据尺寸放置的位置不同，圆尺寸标注主要有 3 种形式，如图 2-82 所示。

（a）尺寸在圆外　　　　　　（b）平行形式　　　　　　（c）尺寸在圆内

图 2-82　圆尺寸的标注形式

■ 案例——绘制并标注拨叉草图

本例标注图 2-83 所示的拨叉草图。

（1）打开文件。单击"标准"工具栏中的"打开"按钮 ，打开本书配套资源中的"源文件\项目 2\拨叉草图"图形文件，如图 2-84 所示。

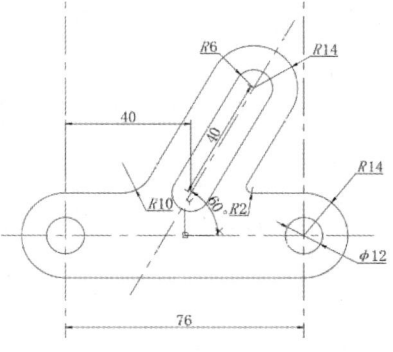

图 2-83　拨叉草图标注效果

微课

案例——绘制并标
注拨叉草图

（2）标注距离尺寸。单击"草图"控制面板中的"智能尺寸"按钮，在视图中选取两条竖直中心线，拖动尺寸到适当位置，单击放置尺寸，弹出图 2-85 所示的"修改"对话框，输入尺寸值为 76，单击"确定"按钮，两条中心线之间的距离随尺寸值变化；同理标注其他距离尺寸，如图 2-86 所示。

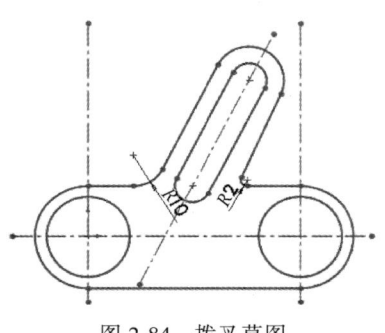

图 2-84　拨叉草图

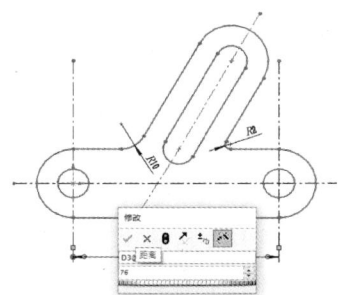

图 2-85　"修改"对话框

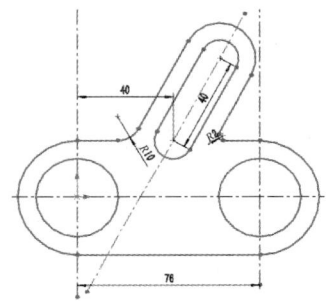

图 2-86　标注距离尺寸

（3）标注半径尺寸。单击"草图"控制面板中的"智能尺寸"按钮，在视图中选取圆弧，拖动尺寸到适当位置，单击放置尺寸，弹出"修改"对话框，输入图 2-83 所示的尺寸值，单击"确定"按钮，圆半径随尺寸值变化；同理标注其他圆弧半径尺寸，如图 2-87 所示。

（4）标注直径尺寸。单击"草图"控制面板中的"智能尺寸"按钮，在视图中选取圆，拖动尺寸到适当位置，单击放置尺寸，弹出"修改"对话框，输入尺寸值为 12，单击"确定"按钮，圆直径随尺寸值变化，如图 2-88 所示。

（5）标注角度尺寸。单击"草图"控制面板中的"智能尺寸"按钮，在视图中选取斜中心线和水平中心线，拖动尺寸到斜中心线右侧适当位置，单击放置尺寸，弹出"修改"对话框，输入角度值为 60°，单击"确定"按钮，中心线位置随角度值变化，如图 2-89 所示。

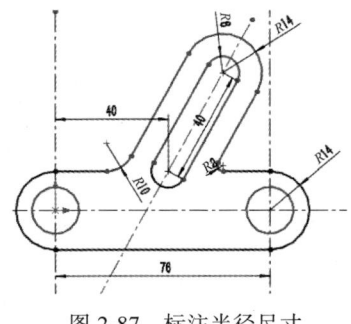

图 2-87　标注半径尺寸

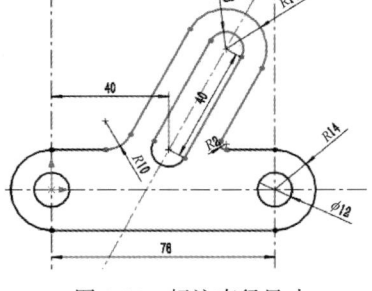

图 2-88　标注直径尺寸

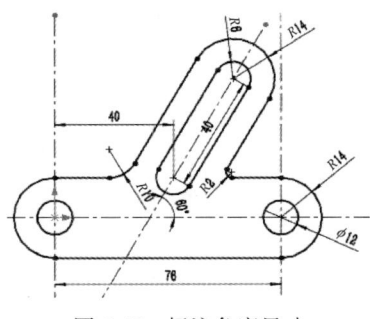

图 2-89　标注角度尺寸

二、几何关系的添加

（一）自动添加几何关系

自动添加几何关系是指在绘制图形的过程中，系统根据绘制实体的相关位置，自动赋予草图实体几何关系，而无须手动添加。

自动添加几何关系需要通过系统选项设置。设置的方法如下：选择"工具"→"选项"菜单命令，此时系统会弹出"系统选项"对话框，选择"系统选项"选项卡，在左侧树形列表中选择"几何关系/捕捉"选项，然后在右侧勾选"自动几何关系"复选框，并勾选"草图捕捉"选项组中相应复选框，如图 2-90 所示。

图 2-90 设置自动添加几何关系

如果取消勾选"自动几何关系"复选框，虽然在绘图过程中有限制鼠标指针出现，但是并未真正赋予该实体几何关系。图 2-91 所示为几种常见的自动几何关系类型。

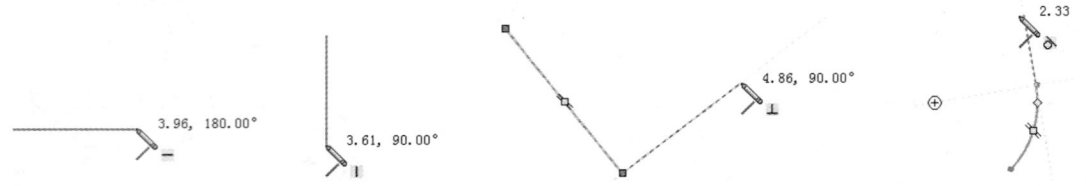

（a）自动水平几何关系 （b）自动竖直几何关系 （c）自动垂直几何关系 （d）自动相切几何关系

图 2-91 几种常见的自动几何关系类型

（二）手动添加几何关系

利用"添加几何关系"按钮 ⼂ 可以在草图实体之间或草图实体与基准面、基准轴、边线或顶点之间生成几何关系。

1. 执行方式

- 工具栏：单击"草图"工具栏中的"添加几何关系"按钮 ⼂。
- 菜单栏：选择"工具"→"关系"→"添加"菜单命令。
- 控制面板：单击"草图"控制面板中的"添加几何关系"按钮 ⼂。

2. 操作步骤

执行"添加几何关系"命令，选择实体后，系统弹出"添加几何关系"属性管理器，如图 2-92 所示。

3. 选项说明

（1）所选实体：通过在绘图区中选择实体将其添加到列表框中。如果要移除该列表框中的所有实体，在"所选实体"列表框中右击，在弹出的快捷菜单中选择"清除选择"命令即可。如果仅移除一个实体，则只需选中该实体右击，在弹出的快捷菜单中选择"删除"命令即可。

（2）现有几何关系 ⼂：显示所选草图实体现存的几何关系。如果要删除添加了的几何关系，在"现有几何关系"列表框中右击相应几何关系，在弹出的快捷菜单中选择"删除"/"删除所有"命令即可。

（3）信息 ⓘ：显示所选草图实体的状态为完全定义或欠定义。

（4）添加几何关系：在"添加几何关系"选项组中单击要添加的几何关系类型（相切或固定等），这时添加的几何关系类型就会显示在"现有几何关系"列表框中。表 2-1 中对各种几何关系进行了说明。

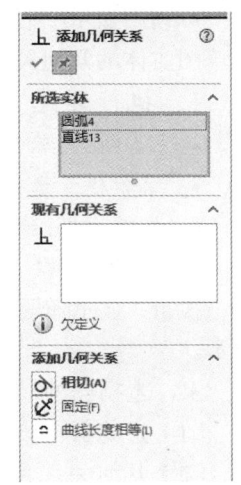

图 2-92 "添加几何关系"
属性管理器

表 2-1 几何关系说明

几何关系	要选择的实体	所产生的几何关系
水平或竖直	一条或多条直线段，两个或多个点	直线段会变成水平或竖直（由当前草图的空间定义），而点会水平或竖直对齐
共线	两条或多条直线段	实体位于同一条可无限延长的直线上
全等	两段或多段圆弧	实体会共用相同的圆心和半径
垂直	两条直线段	两条直线段相互垂直
平行	两条或多条直线	实体相互平行
相切	圆弧、椭圆和样条曲线，直线段和圆弧，直线段和曲面或三维草图中的曲面	两个实体保持相切
同心	两段或多段圆弧，一个点和一段圆弧	圆弧共用同一个圆心
中点	一个点和一条直线段	点位于直线段的中点
交叉	两条直线段和一个点	点位于直线段的交叉点处
重合	一个点和一条直线、一段圆弧或一个椭圆	点位于直线段、圆弧或椭圆上
相等	两条或多条直线段，两段或多段圆弧	直线段长度或圆弧半径保持相等
对称	一条中心线和两个点、直线、圆弧或椭圆	实体保持与中心线相等距离，并位于一条与中心线垂直的直线上

续表

几何关系	要选择的实体	所产生的几何关系
固定	任何实体	实体的大小和位置被固定
穿透	一个草图点和一个基准轴、一条边线、直线段或样条曲线	草图点与基准轴、边线、直线段或样条曲线在草图基准面上穿透的位置重合
合并点	两个草图点或端点	两个点合并成一个点

（三）显示/删除几何关系

可利用显示/删除几何关系工具来显示手动和自动应用到草图实体的几何关系，查看有疑问的草图实体的几何关系，或删除不再需要的几何关系。

1. 执行方式

- 工具栏：单击"草图"工具栏中的"显示/删除几何关系"按钮 ⊥。
- 菜单栏：选择"工具"→"关系"→"显示/删除"菜单命令。
- 控制面板：单击"草图"控制面板中的"显示/删除几何关系"按钮 ⊥。

2. 操作步骤

执行"显示/删除几何关系"命令，系统弹出"显示/删除几何关系"属性管理器，如图 2-93 所示。

3. 选项说明

（1）过滤器：该列表用于选择显示几何关系的准则。

（2）几何关系 ⊥：显示基于所选过滤器的现有几何关系。当从列表中选择一种几何关系时，相关实体的名称显示在实体之下，此时草图实体在绘图区中高亮显示。

（3）信息 ⓘ：显示所选草图实体的状态。

（4）压缩：勾选该复选框，则为当前的配置压缩几何关系。几何关系的名称变成灰色，信息状态更改，如从满足变为从动。

（5）删除和删除所有：删除所选几何关系，或删除所有几何关系。

（6）实体：列表框中会显示草图实体的名称、状态。

图 2-93　"显示/删除几何关系"属性管理器

■ 案例——绘制连接盘草图

本例绘制图 2-94 所示的连接盘草图。

（1）设置草图绘制基准面。在 FeatureManager 设计树中选择"前视基准面"作为绘图基准面。单击"视图"工具栏中的"正视于"按钮 ⊥，旋转基准面。

（2）绘制草图。单击"草图"控制面板中的"草图绘制"按钮 □，进入草图绘制状态。

（3）绘制中心线。单击"草图"控制面板中的"中心线"按钮 ✓，绘制相交中心线，如图 2-95 所示。

（4）绘制圆。单击"草图"控制面板中的"圆"按钮 ⊙，弹出"圆"属性管理器，如图 2-96 所示。绘制 3 个适当大小的同心圆，结果如图 2-97 所示。

微课

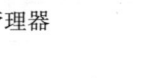

案例——绘制连接盘草图

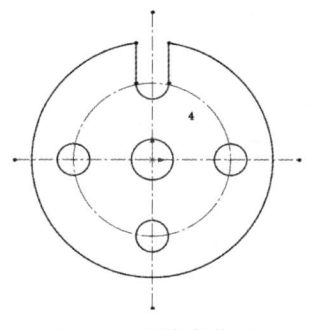

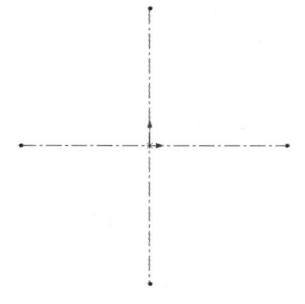

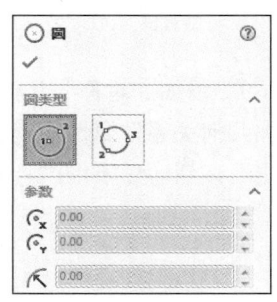

图 2-94　连接盘草图　　　　　　图 2-95　绘制中心线　　　　　　图 2-96　"圆"属性管理器（1）

（5）设置"圆"属性。选择中间圆，弹出"圆"属性管理器，勾选"作为构造线"复选框，如图 2-98 所示。将草图实线转化为构造线，结果如图 2-99 所示。

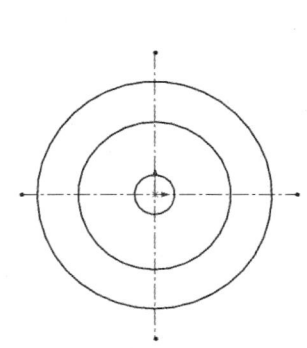

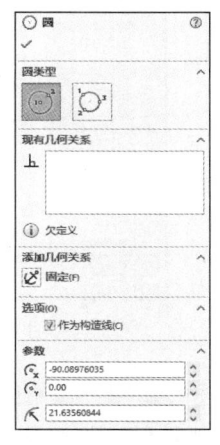

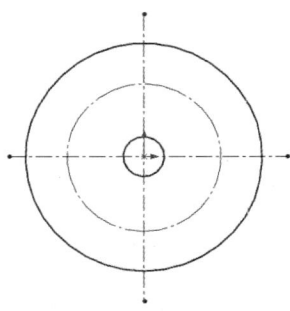

图 2-97　绘制同心圆　　　　　图 2-98　"圆"属性管理器（2）　　　图 2-99　转化为构造线

（6）绘制圆。单击"草图"控制面板中的"圆"按钮 ⊙，捕捉中心线与构造圆的上交点为圆心，绘制圆，结果如图 2-100 所示。

（7）绘制圆周阵列。单击"草图"控制面板中的"圆周草图阵列"按钮 ✿（此命令将在项目 2 任务 3 中详细介绍），弹出"圆周阵列"属性管理器，设置参数，如图 2-101 所示。选择圆心为中心点，输入阵列个数为 4，结果如图 2-102 所示。

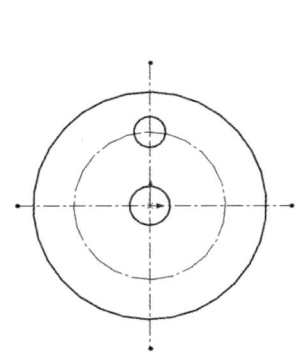

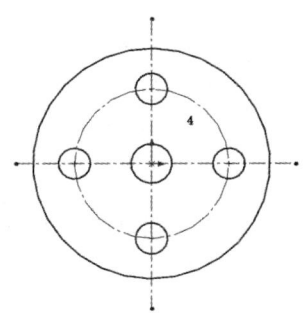

图 2-100　绘制圆　　　　　图 2-101　"圆周阵列"属性管理器　　　图 2-102　绘制圆周阵列结果

（8）绘制矩形。单击"草图"控制面板中的"边角矩形"按钮 $\square$ ，绘制矩形，结果如图 2-103 所示。

（9）添加"对称"几何关系。单击"草图"控制面板中的"添加几何关系"按钮 $\perp$ ，弹出"添加几何关系"属性管理器，选择矩形两竖直侧边及竖直中心线，单击"对称"按钮，再单击"确定"按钮 $\checkmark$ ，如图 2-104 所示。

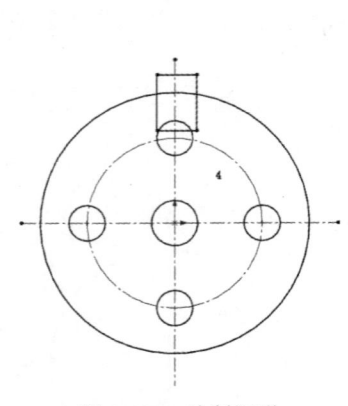

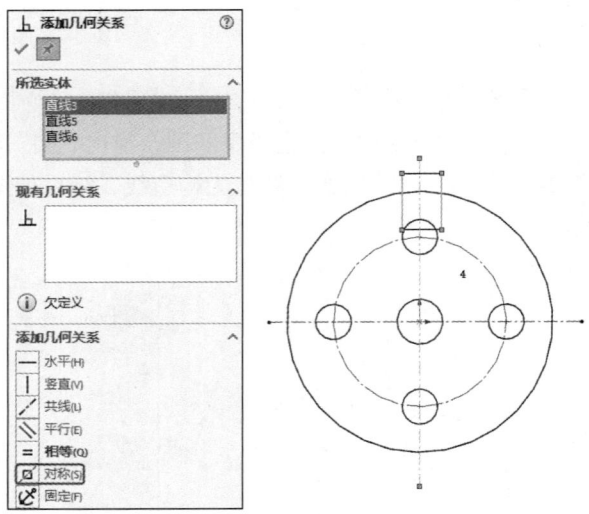

图 2-103　绘制矩形　　　　　　　　　　　图 2-104　添加"对称"几何关系

（10）添加"相切"几何关系。单击"草图"控制面板中的"添加几何关系"按钮 $\perp$ ，弹出"添加几何关系"属性管理器，选择矩形竖直侧边及圆，单击"相切"按钮，再单击"确定"按钮 $\checkmark$ ，如图 2-105 所示，结果如图 2-106 所示。

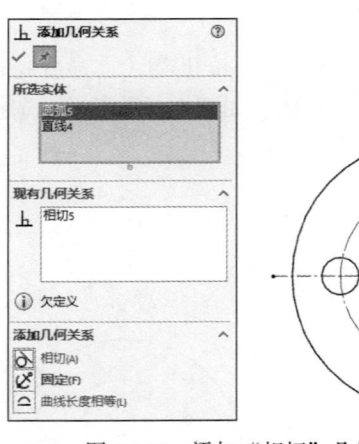

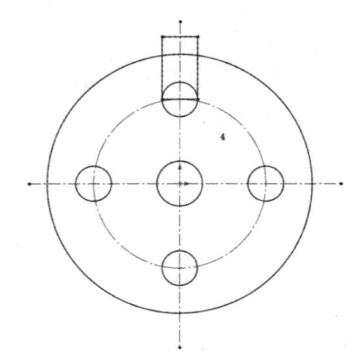

图 2-105　添加"相切"几何关系　　　　　　　　图 2-106　绘制结果

（11）剪裁草图。单击"草图"控制面板中的"剪裁实体"按钮 $\clubsuit$ ，修剪多余图形，结果如图 2-94 所示。

任务3　草图编辑

任务引入

　　小明发现图纸有一定的规律可循，对于对称的图形他使用了镜像命令操作，对于同样的图形使用了阵列命令操作，为了提高绘图效率，他还结合采用了其他的一些编辑命令，那么我们怎么使用这些编辑命令呢？

知识准备

　　草图编辑工具包括圆角、倒角、等距实体、转换实体引用、剪裁、延伸、移动和镜像命令等。

一、圆角

　　绘制圆角是指在两个草图实体的交叉处剪裁掉角部，从而生成一个切线弧。

　　1. 执行方式

- 工具栏：单击"草图"工具栏中的"绘制圆角"按钮 ⌐。
- 菜单栏：选择"工具"→"草图工具"→"圆角"菜单命令。
- 控制面板：单击"草图"控制面板中的"绘制圆角"按钮 ⌐。

　　2. 操作步骤

　　执行"绘制圆角"命令，系统弹出"绘制圆角"属性管理器，如图 2-107 所示。

　　3. 选项说明

　　（1）要圆角化的实体：当选取一个草图实体时，该实体就出现在该列表中。当选取能与第一个草图实体生成圆角的草图实体时，所生成的圆角名称会出现在列表中。

　　（2）半径 ⌒：控制圆角半径。具有相同半径的连续圆角不会单独标注尺寸，它们自动与该系列中的第一个圆角具有相等的几何关系。

　　（3）保持拐角处约束条件：勾选该复选框，如果顶点具有尺寸或几何关系，将保留虚拟交点。如果取消勾选该复选框，且顶点具有尺寸或几何关系，系统将会询问用户是否想在生成圆角时删除这些几何关系。

　　（4）标注每个圆角的尺寸：勾选该复选框，将尺寸添加到每个圆角。当取消勾选该复选框时，在圆角之间添加相等的几何关系。

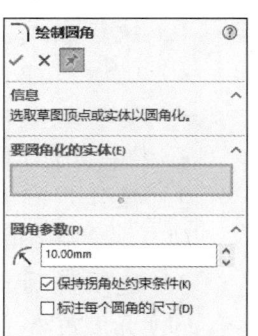

图 2-107　"绘制圆角"
属性管理器（1）

■ 案例——型钢截面草图的圆角化

本例绘制图 2-108 所示的圆角化型钢截面。

（1）设置草图绘制基准面。在 FeatureManager 设计树中选择"前视基准

微课

案例——型钢截面
草图的圆角化

面"作为绘图基准面。单击"视图"工具栏中的"正视于"按钮 ↓，旋转基准面。

（2）进入草图。单击"草图"控制面板中的"草图绘制"按钮 □，进入草图绘制状态。

（3）绘制截面。单击"草图"控制面板中的"直线"按钮 ╱，绘制一系列直线段。

（4）标注尺寸。单击"草图"控制面板中的"智能尺寸"按钮 ╭，标注步骤（3）绘制的草图的尺寸。结果如图 2-109 所示。

（5）绘制圆角。单击"草图"控制面板中的"圆角"按钮 ┐，此时系统弹出"绘制圆角"属性管理器。在"半径"文本框中输入 6mm，然后单击"确定"按钮 ✓。结果如图 2-108 所示。

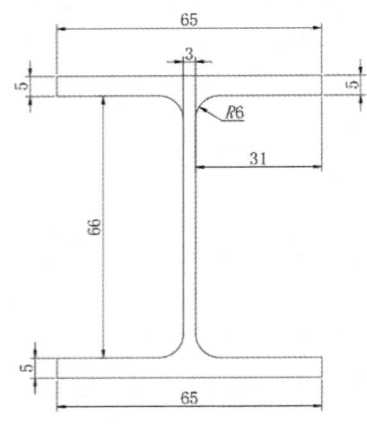

图 2-108　圆角化后的型钢截面

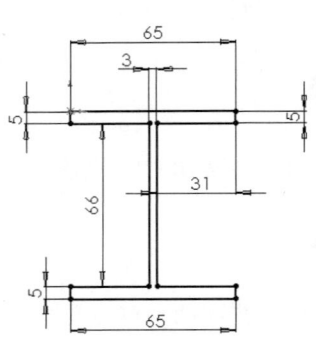

图 2-109　初步绘制并标注尺寸的草图

二、倒角

绘制倒角工具是将倒角应用到相邻的草图实体中。

1. 执行方式

- 工具栏：单击"草图"工具栏中的"绘制倒角"按钮 ┐。
- 菜单栏：选择"工具"→"草图工具"→"倒角"菜单命令。
- 控制面板：单击"草图"控制面板中的"绘制倒角"按钮 ┐。

2. 操作步骤

执行"绘制倒角"命令，系统弹出"绘制倒角"属性管理器，如图 2-110 所示。

3. 选项说明

（1）角度距离：单击"角度距离"单选按钮，然后设置距离和角度，如图 2-111 所示。距离应用到第一个选择的草图实体。

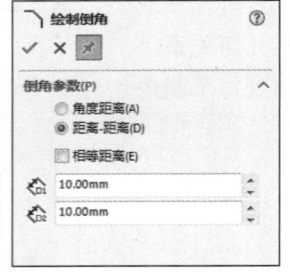

图 2-110　"绘制倒角"属性管理器

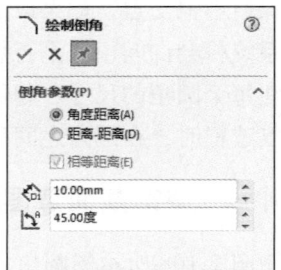

图 2-111　角度距离

（2）距离-距离：单击该单选按钮后，若勾选"相等距离"复选框，则只需设置一个距离尺寸。否则，就要设置两个距离尺寸。

倒角的方法与圆角的相同。"绘制倒角"属性管理器中提供了倒角的两种设置方式，分别是"角度距离"设置倒角方式和"距离-距离"设置倒角方式。

以"距离-距离"方式设置倒角时，如果设置的两个距离不相等，选择不同草图实体的次序不同，绘制的结果也不相同。如图 2-112 所示，设置 D1 = 10、D2 = 20，图 2-112（a）所示为原始图形；图 2-112（b）所示为先选取左侧直线段，后选取右侧直线段形成的倒角；图 2-112（c）所示为先选取右侧直线段，后选取左侧直线段形成的倒角。

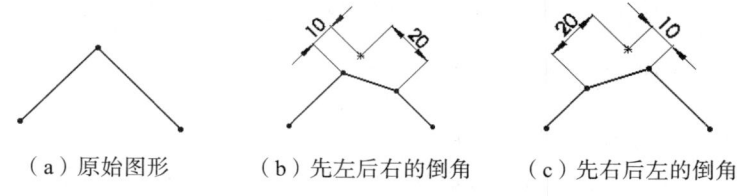

（a）原始图形　　　　（b）先左后右的倒角　　　　（c）先右后左的倒角

图 2-112　选择直线段次序不同时形成的倒角

三、等距实体

等距实体工具是按特定的距离等距绘制一个或者多个草图实体、所选模型边线、模型面等。

1. 执行方式

- 工具栏：单击"草图"工具栏中的"等距实体"按钮 。
- 菜单栏：选择"工具"→"草图工具"→"等距实体"菜单命令。
- 控制面板：单击"草图"控制面板中的"等距实体"按钮 。

2. 操作步骤

执行"等距实体"命令，系统弹出"等距实体"属性管理器，如图 2-113 所示。

3. 选项说明

（1）等距距离 ：设定数值后，以特定距离来绘制等距草图实体。

（2）添加尺寸：勾选该复选框，将在草图中添加等距距离的尺寸标注，这不会影响到在草图实体中的任何原有尺寸。

（3）反向：勾选该复选框，将更改单向等距实体的方向。

（4）选择链：勾选该复选框，将生成所有连续草图实体的等距实体。

（5）双向：勾选该复选框，将在草图中双向生成等距实体。

（6）顶端加盖：勾选该复选框，则在等距偏移开放轮廓时，自动在偏移后的开放端生成封闭端盖（通常为直线或圆弧连接），使轮廓变为封闭状态。

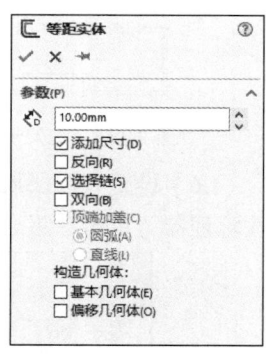

图 2-113　"等距实体"属性管理器（1）

（7）构造几何体：勾选"基本几何体"复选框、"偏移几何体"复选框或两者都勾选，可将原始草图实体转换为构造线。

图 2-114 所示为按照图 2-113 所示进行设置后，选取草图实体中任意一部分得到的图形。

图 2-115 所示为在模型面上添加草图实体的过程，图 2-115（a）所示为原始图形，图 2-115（b）所示为等距实体后的图形。执行过程为先选择图 2-115（a）所示的模型上表面，然后进入草图绘制状态，再执行等距实体命令，不勾选"双向"复选框，勾选"反向"复选框，等距距离为 10mm。

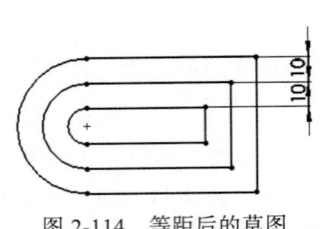

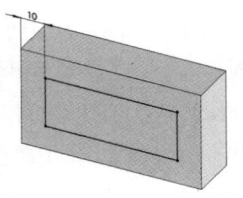

图 2-114　等距后的草图　　　　（a）原始图形　　　　（b）等距实体后的图形

图 2-115　模型面等距实体

　在草图绘制状态下，双击等距距离的尺寸，然后更改数值，就可以修改等距实体的距离。在双向等距中，修改单个数值就可以更改两个等距尺寸。

■ 案例——绘制支架垫片草图

本例绘制图 2-116 所示的支架垫片草图。

（1）设置草图绘制基准面。在 FeatureManager 设计树中选择"前视基准面"作为绘图基准面。

微课

案例——绘制支架垫片草图

（2）绘制草图。单击"草图"控制面板中的"草图绘制"按钮，进入草图绘制状态。

（3）绘制中心线。单击"草图"控制面板中的"中心线"按钮，绘制过原点竖直中心线。

（4）绘制直线段。单击"草图"控制面板中的"直线"按钮，在绘图区绘制图形，结果如图 2-117 所示。

（5）绘制圆弧。单击"草图"控制面板中的"3 点圆弧"按钮，在图形中绘制圆弧，结果如图 2-118 所示。

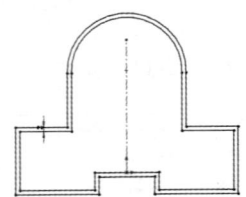

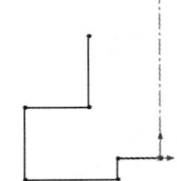

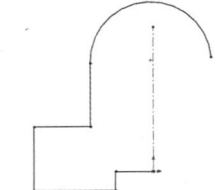

图 2-116　支架垫片草图　　　图 2-117　绘制直线段（1）　　　图 2-118　绘制圆弧（1）

（6）设置直线段属性。按住 Ctrl 键，如图 2-119 所示，选择点 1 及线 2，弹出"属性"属性管理器，单击"重合"按钮，完成几何关系添加，设置结果如图 2-120 所示。

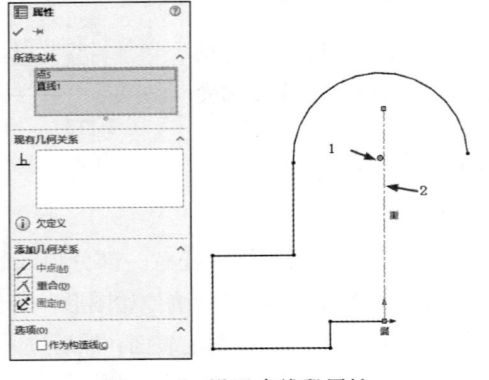

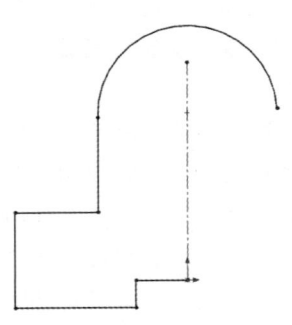

图 2-119　设置直线段属性　　　　图 2-120　设置结果

（7）镜像草图。单击"草图"控制面板中的"镜像实体"按钮，镜像左侧图形，结果如图 2-121 所示。

（8）单击"草图"控制面板中的"等距实体"按钮，弹出"等距实体"属性管理器，如图 2-122 所示，设置等距距离为 2mm，勾选"选择链"复选框，在绘图区选择边线，单击"确定"按钮，完成操作，结果如图 2-116 所示。

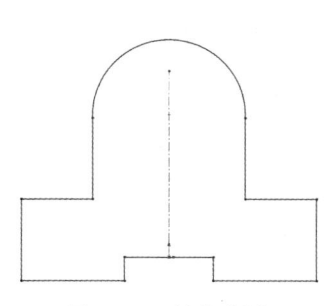
图 2-121　镜像草图

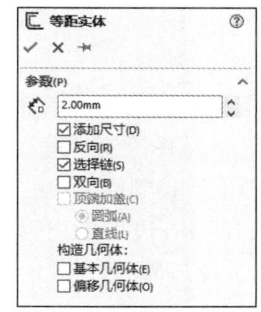

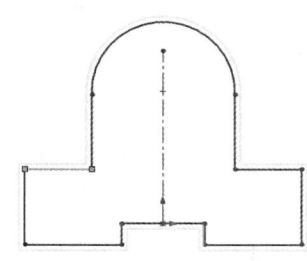
图 2-122　设置等距实体的参数

四、转换实体引用

转换实体引用是将已有模型或草图的边线、环、面、曲线、外部轮廓、一组边线或一组曲线投影到草图基准面上。通过这种方式，可以在草图基准面上生成一个或多个草图实体。使用该命令时，如果引用的实体发生更改，那么转换的草图实体也会相应地改变。

1．执行方式
- 工具栏：单击"草图"工具栏中的"转换实体引用"按钮。
- 菜单栏：选择"工具"→"草图工具"→"转换实体引用"菜单命令。
- 控制面板：单击"草图"控制面板中的"转换实体引用"按钮。

2．操作步骤

执行"转换实体引用"命令，系统弹出"转换实体引用"属性管理器，如图 2-123 所示。

3．选项说明

（1）要转换的实体：当单击模型或草图的边线、环、面、曲线、外部轮廓、一组边线或一组曲线时，选择的内容会出现在列表中。

（2）选择链：勾选该复选框，则与选择实体相邻的实体也将被转换。

（3）逐个内环面：勾选该复选框，则当选择内环面的一条边线时，在列表框中显示为"环"，取消勾选该复选框则显示为"边"。

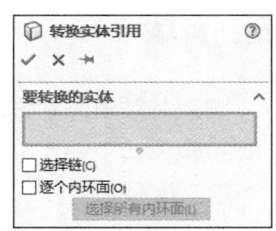
图 2-123　"转换实体引用"
属性管理器

（4）选择所有内环面：只有选择了整个实体面时该选项才能被激活。单击该按钮，实体面上的所有内环面都将被选中。

■ 案例——绘制前盖草图

本例绘制图 2-124 所示的前盖草图。

（1）打开文件。单击"标准"工具栏中的"打开"按钮，打开本书配

微课

案例——绘制前盖
草图

套资源中的"源文件\项目 2\前盖"图形文件，如图 2-125 所示。

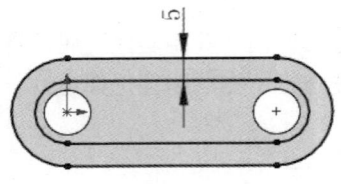

图 2-124　前盖草图

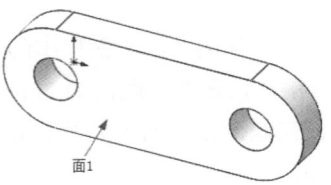

图 2-125　前盖

（2）设置草图绘制基准面。选择图 2-125 中的面 1，进入草图绘制状态。单击"草图"工具栏中的"草图绘制"按钮 🗔，进入草图绘制环境。

（3）转换实体引用。单击"草图"控制面板中的"转换实体引用"按钮 🗍，弹出"转换实体引用"属性管理器，依次选择边线 1、边线 2、边线 3 和边线 4 进行转换，如图 2-126 所示，单击"确定"按钮 ✔，结果如图 2-127 所示。

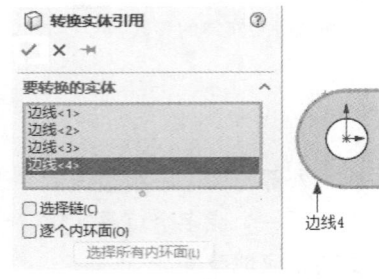

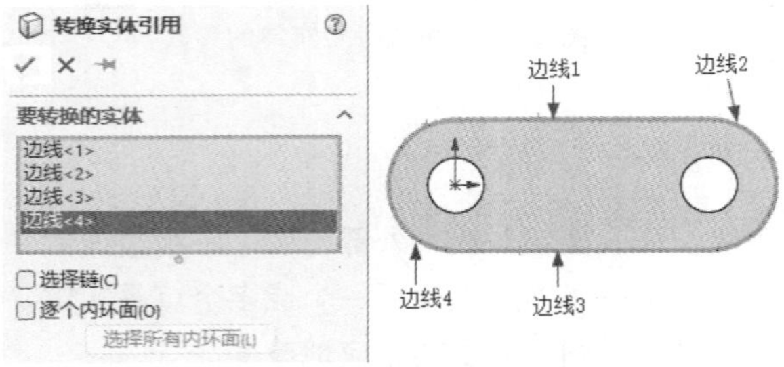

图 2-126　选择要转换的实体

图 2-127　转换草图

（4）等距实体。单击"草图"控制面板中的"等距实体"按钮 🗖，弹出"等距实体"属性管理器，设置等距距离为 5mm，勾选"选择链"和"反向"复选框，选择最外侧轮廓，单击"确定"按钮 ✔，结果如图 2-124 所示。

五、剪裁

剪裁是常用的草图编辑命令。根据剪裁实体的不同，可以选择不同的剪裁模式。

1. 执行方式
- 工具栏：单击"草图"工具栏中的"剪裁实体"按钮 🗲。
- 菜单栏：选择"工具"→"草图工具"→"剪裁"菜单命令。
- 控制面板：单击"草图"控制面板中的"剪裁实体"按钮 🗲。

2. 操作步骤

执行"剪裁实体"命令，系统弹出"剪裁"属性管理器，如图 2-128 所示。

3. 选项说明

（1）强劲剪裁 🗲：通过将鼠标指针拖过每个草图实体来剪裁。

（2）边角 🗲：剪裁两个草图实体，直到它们在虚拟边角处相交。

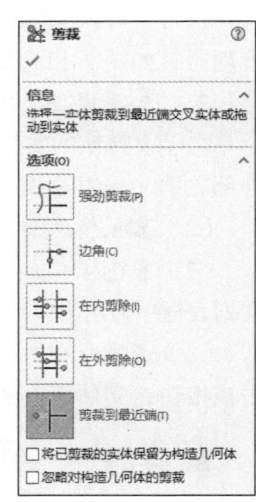

图 2-128　"剪裁"属性管理器（1）

（3）在内剪除╬：选择两个边界实体，然后选择要剪裁的实体，剪裁位于两个边界实体内的草图实体。

（4）在外剪除╬：剪裁位于两个边界实体外的草图实体。

（5）剪裁到最近端┼：将一草图实体剪裁到最近端交叉实体。

（6）将已剪裁的实体保留为构造几何体：勾选该复选框，将要剪裁掉的实体转换为构造几何体。

（7）忽略构造几何体的剪裁：勾选该复选框，剪裁实体时构造几何体将不受影响。

■ 案例——绘制拨叉草图

本例绘制图 2-129 所示的拨叉草图。

（1）新建文件。

启动 SOLIDWORKS 2020，单击"标准"工具栏中的"新建"按钮 🗋，在弹出的图 2-130 所示的"新建 SOLIDWORKS 文件"对话框中单击"零件"按钮 🝿，再单击"确定"按钮，创建一个新的零件文件。

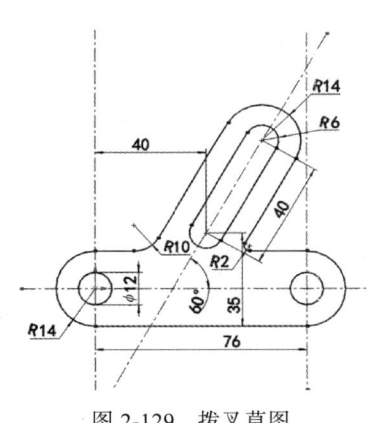

图 2-129　拨叉草图

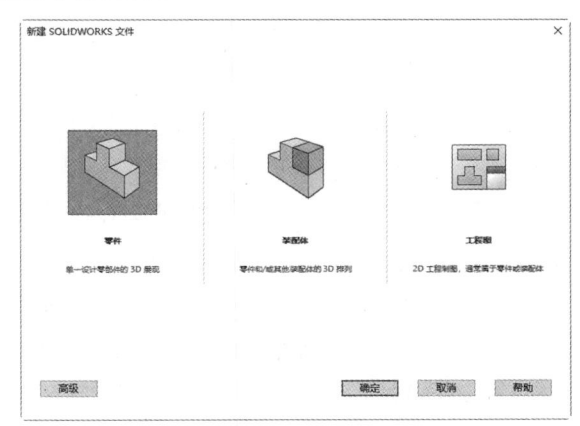

图 2-130　"新建 SOLIDWORKS 文件"对话框

（2）创建草图。

① 在 FeatureManager 设计树中选择"前视基准面"作为绘图基准面。单击"草图"控制面板中的"草图绘制"按钮 🗌，进入草图绘制状态。

② 单击"草图"控制面板中的"中心线"按钮 ✏，弹出"插入线条"属性管理器，如图 2-131 所示。单击"确定"按钮 ✔，绘制的中心线如图 2-132 所示。

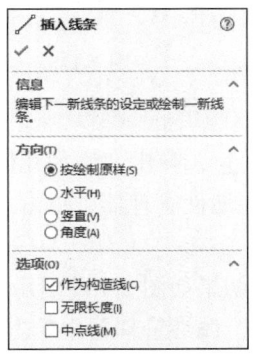

图 2-131　"插入线条"属性管理器（1）

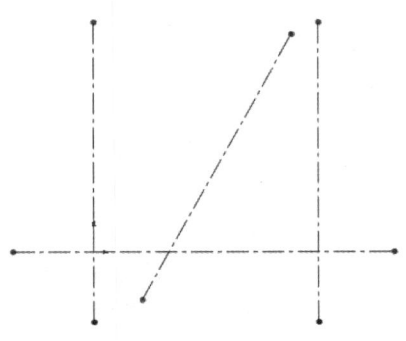

图 2-132　绘制的中心线

③ 单击"草图"控制面板中的"圆"按钮 ⊙，弹出图 2-133 所示的"圆"属性管理器。分别捕捉两条竖直中心线和水平中心线的交点作为圆心（此时鼠标指针变成 ⎇ₓ 形状），单击"确定"按钮 ✔ 绘制圆，如图 2-134 所示。

④ 单击"草图"控制面板中的"圆心/起/终点画弧"按钮 ⎈，弹出图 2-135 所示的"圆弧"属性管理器，分别以上步绘制圆的圆心为圆心绘制两段圆弧，单击"确定"按钮 ✔，结果如图 2-136 所示。

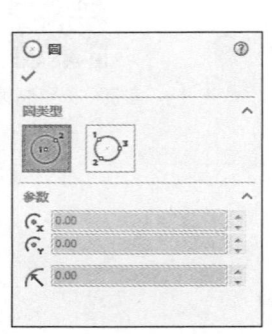

图 2-133 "圆"属性管理器（1）

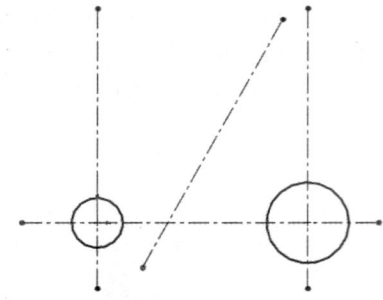

图 2-134 绘制圆（1）

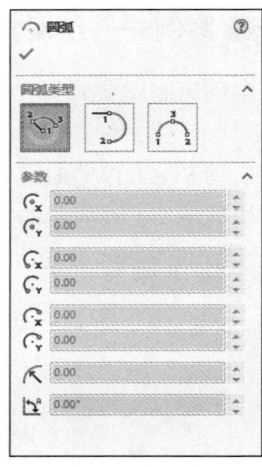

图 2-135 "圆弧"属性管理器（1）

⑤ 单击"草图"控制面板中的"圆"按钮 ⊙，弹出"圆"属性管理器。分别在斜中心线上绘制 3 个圆，单击"确定"按钮 ✔，如图 2-137 所示。

⑥ 单击"草图"控制面板中的"直线"按钮 ✐，弹出"插入线条"属性管理器，绘制直线段，如图 2-138 所示。

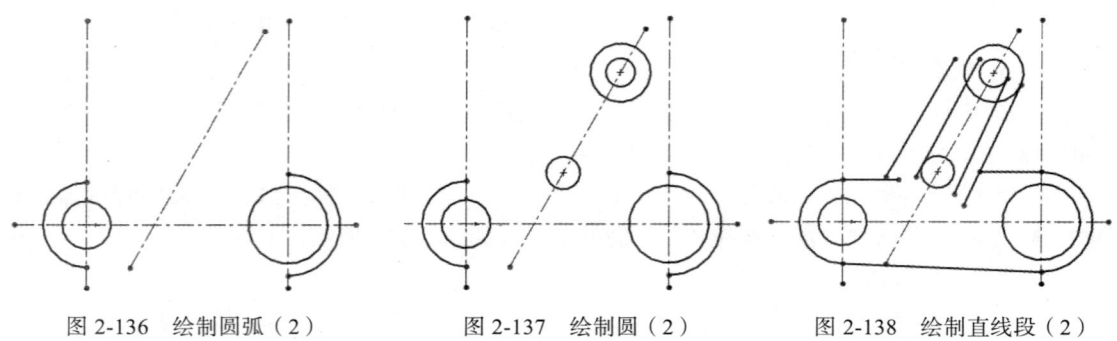

图 2-136 绘制圆弧（2）　　　　图 2-137 绘制圆（2）　　　　图 2-138 绘制直线段（2）

（3）添加几何关系。

① 单击"草图"控制面板中的"添加几何关系"按钮 ⌐，弹出"添加几何关系"属性管理器，如图 2-139 所示。选择图 2-138 中下面的两个圆，在属性管理器中单击"相等"按钮，使两圆相等，如图 2-140 所示。

② 操作同步骤①，分别使两段圆弧和两个小圆相等，结果如图 2-141 所示。

③ 选择小圆和最近的两条直线段，在"添加几何关系"属性管理器中单击"相切"按钮，如图 2-142 所示，使小圆和直线段相切。

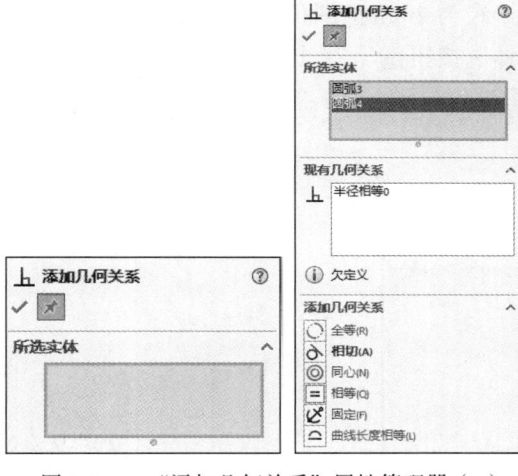

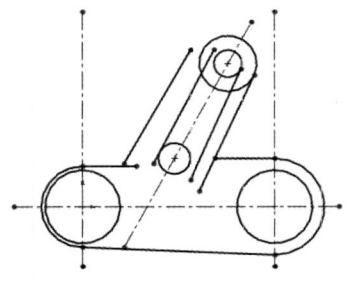

图 2-139   "添加几何关系"属性管理器（1）   图 2-140   添加相等几何关系（1）

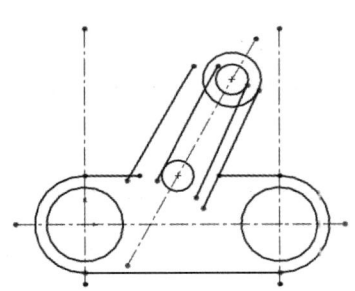

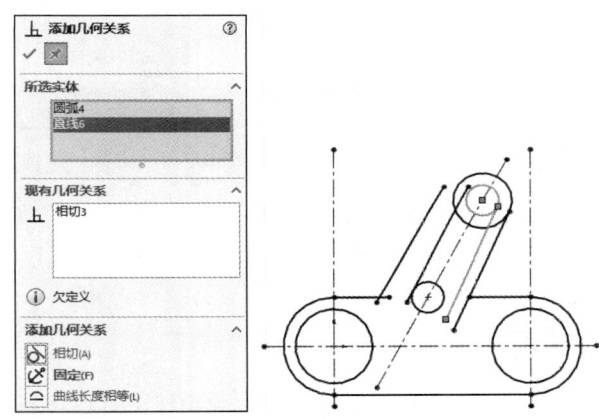

图 2-141   添加相等几何关系（2）   图 2-142   添加相切几何关系

④ 重复上述步骤，分别使直线段和圆相切。

⑤ 选择 4 条斜直线段，在"添加几何关系"属性管理器中单击"平行"按钮，结果如图 2-143 所示。

（4）编辑草图。

① 单击"草图"控制面板中的"绘制圆角"按钮，弹出图 2-144 所示的"绘制圆角"属性管理器，输入圆角半径为 10mm，选择视图中左边的两条直线段，单击"确定"按钮，结果如图 2-145 所示。

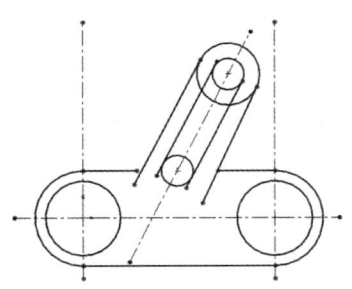

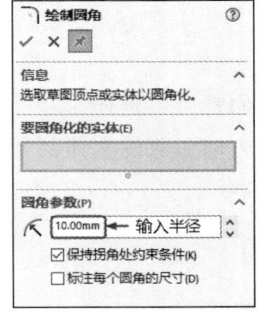

图 2-143   添加平行几何关系   图 2-144   "绘制圆角"属性管理器（2）   图 2-145   绘制圆角（1）

② 重复"绘制圆角"命令，在右侧创建半径为 2mm 的圆角，结果如图 2-146 所示。

③ 单击"草图"控制面板中的"剪裁实体"按钮，弹出图 2-147 所示的"剪裁"属性管理器，选择"剪裁到最近端"选项，剪裁多余的线段，单击"确定"按钮，结果如图 2-148 所示。

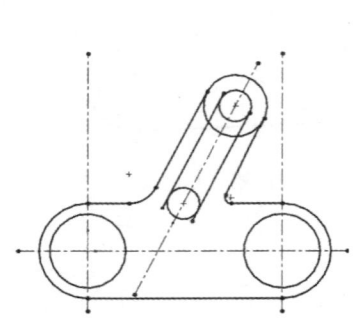

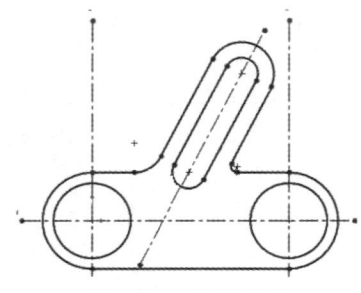

图 2-146 绘制圆角（2）　　图 2-147 "剪裁"属性管理器（2）　　图 2-148 剪裁图形

（5）标注尺寸。单击"草图"控制面板中的"智能尺寸"按钮，选择两条竖直中心线，在弹出的"修改"对话框中修改尺寸为 76mm。同理标注其他尺寸，结果如图 2-129 所示。

六、延伸

延伸是常用的草图编辑工具。利用该工具可以将实体延伸至另一个实体。

1. 执行方式

- 工具栏：单击"草图"工具栏中的"延伸实体"按钮。
- 菜单栏：选择"工具"→"草图工具"→"延伸"菜单命令。
- 控制面板：单击"草图"控制面板中的"延伸实体"按钮。

2. 操作步骤

执行"延伸实体"命令，鼠标指针变为形状，进入草图延伸状态。单击要延伸的实体，系统自动将其延伸至另一实体边界。草图延伸前后的对比如图 2-149 所示。

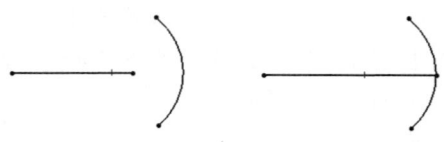

（a）延伸前的图形　　（b）延伸后的图形

图 2-149 草图延伸前后的对比

3. 使用说明

在延伸草图实体时，如果两个方向都可以延伸，而只需要单一方向延伸时，单击延伸方向一侧的实体部分即可，在执行延伸命令过程中，实体延伸的结果在预览时会以红色显示。

■ 案例——绘制轴承座草图

本例绘制图 2-150 所示的轴承座草图。

（1）设置草图绘制基准面。在 FeatureManager 设计树中选择"前视基准面"作为绘图基准面。单击"视图"工具栏中的"正视于"按钮⬛，旋转基准面。

（2）绘制草图。单击"草图"控制面板中的"草图绘制"按钮⬛，进入草图绘制状态。

（3）绘制圆。单击"草图"控制面板中的"圆"按钮⊙，再绘图区绘制适当大小的圆，绘制结果如图 2-151 所示。

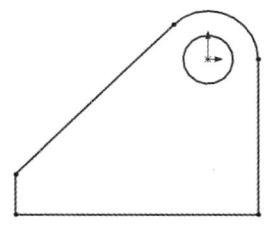

图 2-150　轴承座草图

（4）绘制直线段。单击"草图"控制面板中的"直线"按钮╱，绘制连续直线段，结果如图 2-152 所示。

（5）设置线属性。按住 Ctrl 键，选择图 2-152 所示的直线段 1、圆 1，弹出"属性"属性管理器，如图 2-153 所示，单击"相切"按钮，添加相切关系，用同样的方法为图 2-152 中的直线段 2、圆 1 添加"相切"关系，结果如图 2-154 所示。

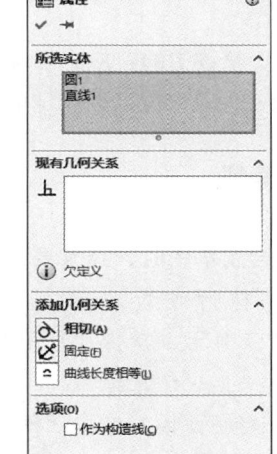

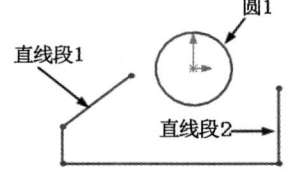

图 2-151　绘制圆（3）　　　图 2-152　绘制直线段（3）　　　图 2-153　"属性"属性管理器

（6）延伸实体。单击"草图"控制面板中的"延伸实体"按钮╦，绘图区显示⬛图标，选择图 2-154 所示的直线段 1、直线段 2，结果如图 2-155 所示。

（7）剪裁实体。单击"草图"控制面板中的"剪裁实体"按钮⬛，修剪多余图形，如图 2-156 所示。

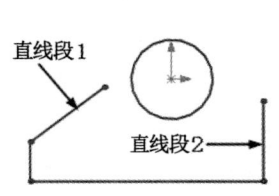

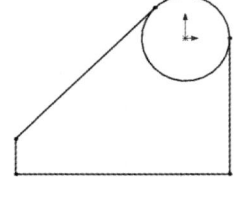

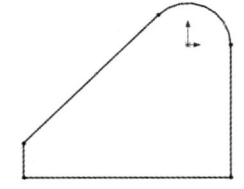

图 2-154　添加几何关系（1）　　　图 2-155　延伸结果　　　图 2-156　修剪图形（1）

（8）绘制圆。单击"草图"控制面板中的"圆"按钮⊙，捕捉原点作为圆心，绘制圆，结果如图 2-150 所示。

七、移动

"移动实体"命令用于移动一个或者多个实体。

1. 执行方式

- 工具栏：单击"草图"工具栏中的"移动实体"按钮 ⌐⌐。
- 菜单栏：选择"工具"→"草图工具"→"移动"菜单命令。
- 控制面板：单击"草图"控制面板中的"移动实体"按钮 ⌐⌐。

2. 操作步骤

执行该命令时，系统会弹出图 2-157 所示的"移动"属性管理器。

3. 选项说明

（1）要移动的实体：用于选取要移动的实体。

（2）参数中的"从/到"：用于指定移动的开始点和目标点，是一个相对参数。

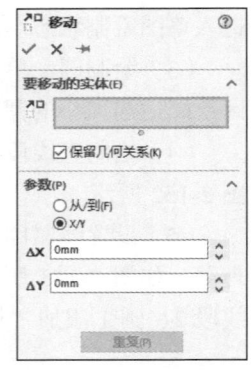

图 2-157 "移动"属性管理器

（3）参数中的"X/Y"：单击此单选按钮会弹出新的对话框，在其中输入相应的参数可以以设定的数值生成相应的目标。

八、镜像

在绘制草图时，经常要绘制对称的图形，这时可以使用镜像命令来实现。

1. 执行方式

- 工具栏：单击"草图"工具栏中的"镜像实体/动态镜像实体"按钮 ⋈ / ⋈。
- 菜单栏：选择"工具"→"草图工具"→"镜像/动态镜像"菜单命令。
- 控制面板：单击"草图"控制面板中的"镜像实体"按钮 ⋈。

2. 操作步骤

执行"镜像实体"命令，系统弹出"镜像"属性管理器，如图 2-158 所示。

3. 选项说明

（1）要镜像的实体 ⋈：选择要镜像的某些或所有实体。

（2）复制：勾选该复选框，镜像后保留原始实体和镜像实体。

（3）镜像轴 ⊡：任意直线、模型的线性边线、参考基准面、平面模型面或线性边线均可作为镜像轴。

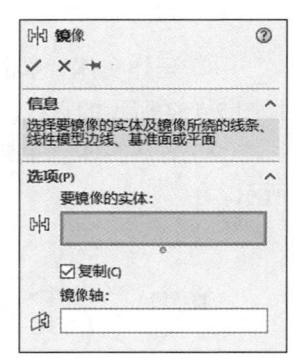

图 2-158 "镜像"属性管理器

动态镜像实体是在草图绘制状态下，先在绘图区中绘制一条中心线，并选取该中心线，然后绘制草图，此时另一侧会动态地镜像出同样的草图。

微课

案例——绘制底座草图

■ 案例——绘制底座草图

本例绘制图 2-159 所示的底座草图。

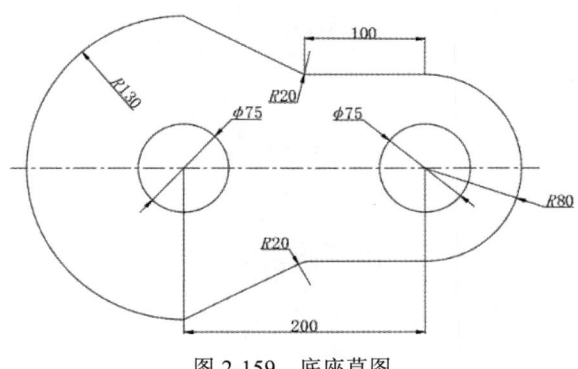

图 2-159　底座草图

（1）进入 SOLIDWORKS 2020，选择"文件"→"新建"菜单命令，或者单击"标准"工具栏中的"新建"按钮![按钮]，在弹出的"新建 SOLIDWORKS 文件"对话框中单击"零件"按钮，再单击"确定"按钮，创建一个新的零件文件。在 FeatureManager 设计树中选择"前视基准面"作为绘图基准面。

（2）单击"草图"控制面板中的"草图绘制"按钮![按钮]，进入草图绘制状态。

（3）单击"草图"控制面板中的"中心线"按钮![按钮]，绘制水平中心线，定义长度为 200。

（4）单击"草图"控制面板中的"圆"按钮![按钮]，在中心线两头绘制两个圆。设置半径都为 R37.5，结果如图 2-160 所示。

（5）以同样的方法绘制两个同心圆，半径分别为 R130 和 R80。

（6）单击"草图"控制面板中的"添加几何关系"按钮![按钮]，弹出"添加几何关系"属性管理器，如图 2-161 所示。

（7）选择两个圆，在"添加几何关系"属性管理器中添加同心及固定几何关系。此时图形中出现约束几何关系图标，如图 2-162 所示。

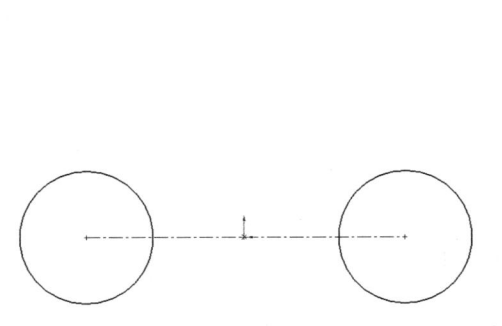

图 2-160　绘制圆（4）

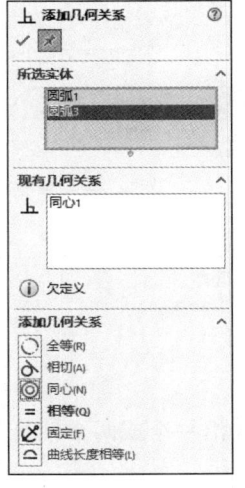

图 2-161　"添加几何关系"
属性管理器（2）

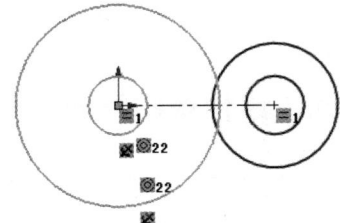

图 2-162　添加几何关系（2）

（8）单击"草图"控制面板中的"直线"按钮![按钮]，沿着 R80 圆的顶部绘制切线，设定长度为 100，然后连接 $R130$ 圆的顶端端点，绘制直线段如图 2-163 所示。

（9）单击"草图"控制面板中的"镜像实体"按钮，选择刚绘制的两条直线段，镜像轴选择中心线，如图 2-164 所示。

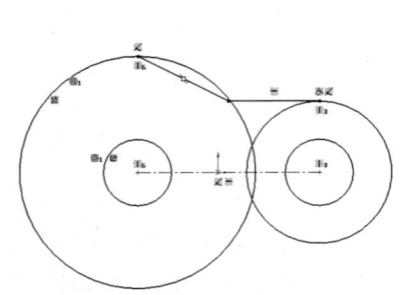

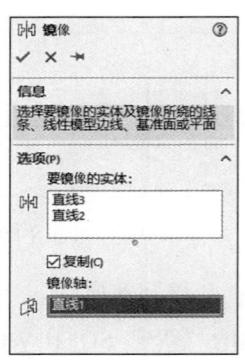

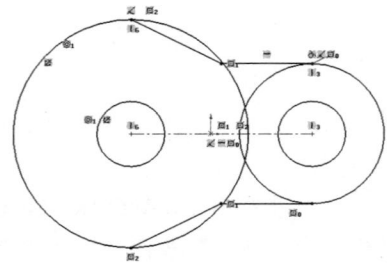

图 2-163　绘制直线段（4）　　　　　　　图 2-164　镜像绘制另一侧直线段

（10）单击"草图"控制面板中的"剪裁实体"按钮，选择"剪裁到最近端"选项，剪裁草图实体中多余的线条，如图 2-165 所示。

（11）单击"草图"控制面板中的"绘制圆角"按钮，绘制半径为 $R20$ 的圆角，结果如图 2-166 所示。

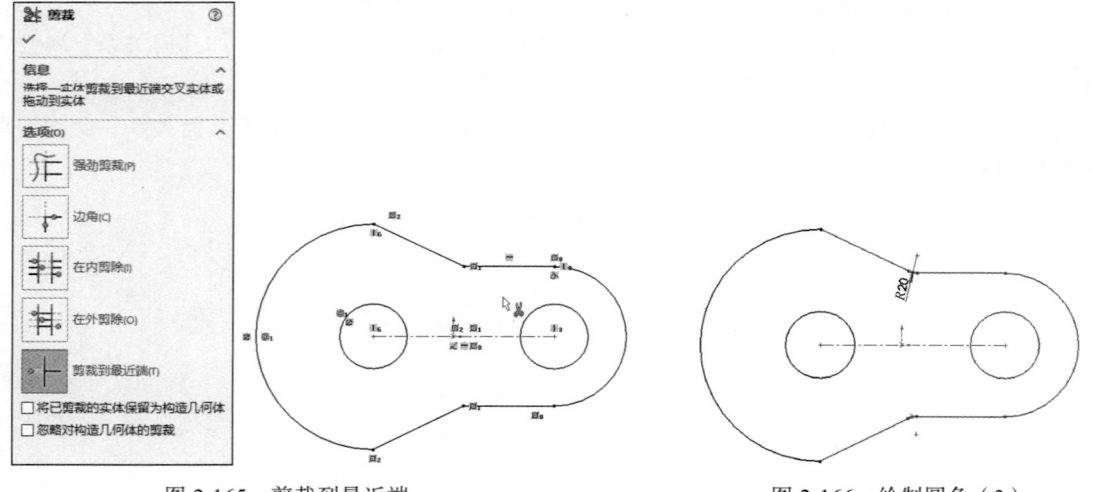

图 2-165　剪裁到最近端　　　　　　　　　图 2-166　绘制圆角（3）

九、线性草图阵列

线性草图阵列是将草图实体沿一个或两个轴复制生成多个按一定顺序排列的图形。

1. 执行方式

- 工具栏：单击"草图"工具栏中的"线性草图阵列"按钮。
- 菜单栏：选择"工具"→"草图工具"→"线性阵列"菜单命令。
- 控制面板：单击"草图"控制面板中的"线性草图阵列"按钮。

2. 操作步骤

执行"线性草图阵列"命令，系统弹出"线性阵列"属性管理器，如图 2-167 所示。

3. 选项说明

（1）方向 1 和方向 2：选择 X 轴或 Y 轴、线性实体或模型边线来作为两个方向的参考。

（2）反向：单击该按钮，调整阵列方向为相反方向。

（3）间距：设定阵列实例间的距离。

（4）标注 X/Y 间距：勾选该复选框，则显示阵列实例之间的横向距离。

（5）实例数：设定阵列实例的数量。

（6）显示实例记数：勾选该复选框，则显示阵列的实例个数。

（7）角度：设定水平角度方向（x 轴/ y 轴）。

（8）固定 X 轴方向：应用约束以固定实例沿 x 轴旋转。

（9）在轴之间标注角度：勾选该复选框，则为阵列之间的角度显示尺寸。

（10）要阵列的实体：在绘图区选取草图实体。

（11）可跳过的实例：单击列表框，当鼠标指针变为时单击要移除的实例。

图 2-167　"线性阵列"
属性管理器

■ 案例——绘制固定板草图

本例绘制图 2-168 所示的固定板草图。

（1）设置草图绘制基准面。在 FeatureManager 设计树中选择"前视基准面"作为绘图基准面。单击"视图"工具栏中的"正视于"按钮，旋转基准面。

（2）绘制草图。单击"草图"控制面板中的"草图绘制"按钮，进入草图绘制状态。

（3）绘制矩形。单击"草图"控制面板中的"中心矩形"按钮，在绘图区绘制大小为 30mm×60mm 的矩形，绘制结果如图 2-169 所示。

（4）绘制圆。单击"草图"控制面板中的"圆"按钮，捕捉原点作为圆心，在矩形内部绘制圆，半径为 3mm，结果如图 2-170 所示。

微课

案例——绘制固定
板草图

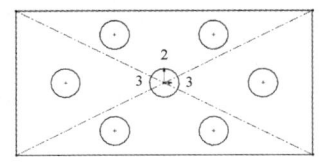

图 2-168　固定板草图

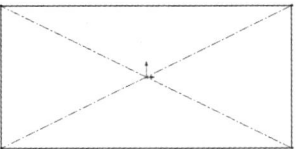

图 2-169　绘制矩形

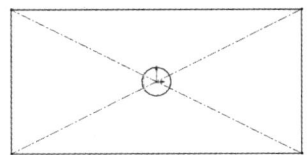

图 2-170　绘制圆（5）

（5）绘制线性阵列 1。单击"草图"控制面板中的"线性草图阵列"按钮，弹出"线性阵列"属性管理器。参数设置及绘制效果如图 2-171 所示。

（6）绘制线性阵列 2。单击"草图"控制面板中的"线性草图阵列"按钮，弹出"线性阵列"属性管理器。参数设置及绘制效果如图 2-172 所示。

（7）绘制线性阵列 3。同理继续执行"线性草图阵列"命令，阵列结果如图 2-173 所示。

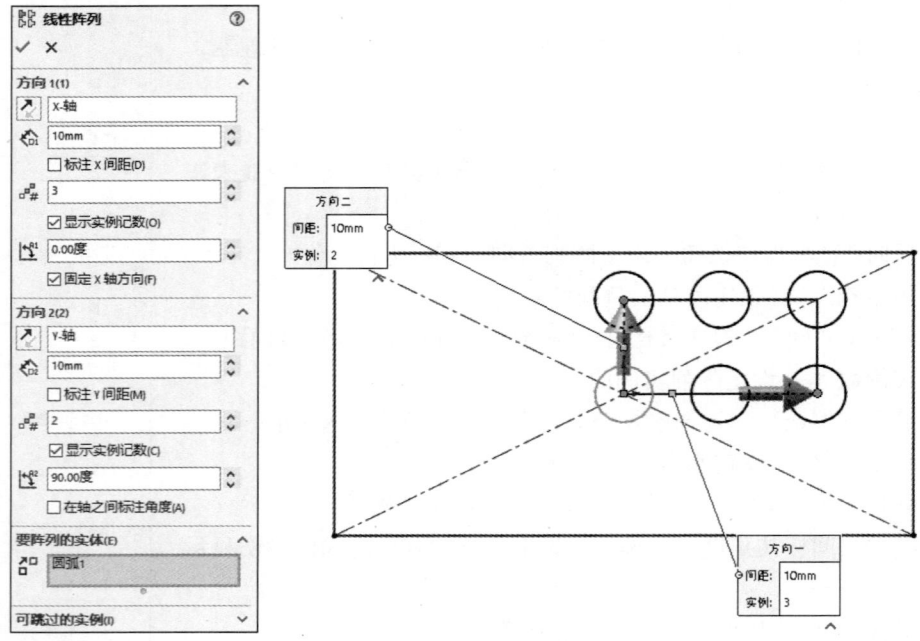

图 2-171　绘制线性阵列 1

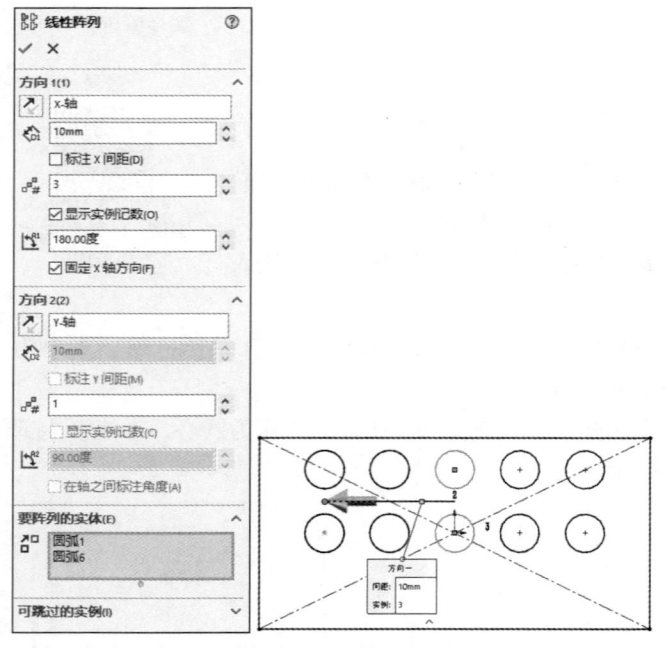

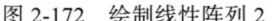

图 2-172　绘制线性阵列 2

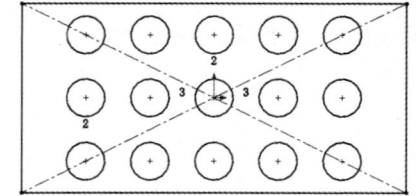

图 2-173　阵列结果

（8）删除多余的圆。按 Delete 键，删除多余的圆，结果如图 2-168 所示。

十、圆周草图阵列

圆周草图阵列是将草图实体沿一个指定大小的圆弧进行环状阵列。

1. 执行方式

- 工具栏：单击"草图"工具栏中的"圆周草图阵列"按钮。
- 菜单栏：选择"工具"→"草图工具"→"圆周阵列"菜单命令。
- 控制面板：单击"草图"控制面板中的"圆周草图阵列"按钮。

2. 操作步骤

执行"圆周草图阵列"命令，系统弹出"圆周阵列"属性管理器，如图 2-174 所示。

3. 选项说明

（1）阵列中心：为阵列选取中心点。选取要阵列的草图实体后，系统自动选择草图原点作为中心点，用户也可以自行定义中心点。

（2）间距：勾选"等间距"复选框时，该参数用来指定阵列中包括的总度数。取消勾选"等间距"复选框时，该参数用来指定相邻阵列实例间的夹角。

（3）等间距：勾选该复选框，则阵列实例彼此间距相等。

（4）标注半径：勾选该复选框，则显示圆周阵列的半径。

（5）标注角间距：勾选该复选框，则显示阵列实例之间的夹角。

（6）半径：指定阵列的半径。

（7）圆弧角度：指定从所选实体的中心到阵列的中心点或顶点的夹角。

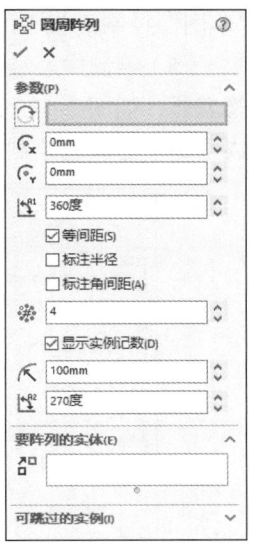

图 2-174 "圆周阵列"
属性管理器（1）

■ 案例——绘制间歇轮草图

本例绘制图 2-175 所示的间歇轮草图。

（1）启动软件。执行"开始"→"所有程序"→"SOLIDWORKS 2020"命令，或者单击桌面快捷方式，启动 SOLIDWORKS 2020。

（2）创建零件文件。执行"文件"→"新建"菜单命令，或者单击"标准"工具栏中的"新建"按钮，系统弹出图 2-176 所示的"新建 SOLIDWORKS 文件"对话框，在其中选择"零件"按钮，单击"确定"按钮，创建一个新的零件文件。

微课

案例——绘制间歇
轮草图

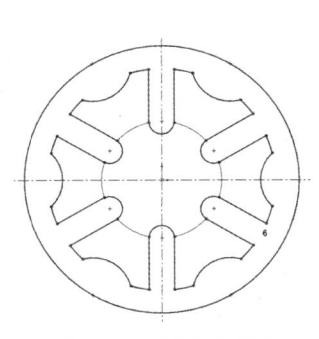

图 2-175 间歇轮草图

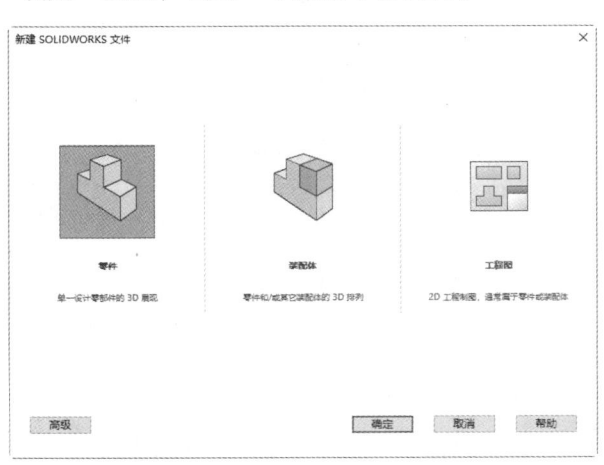

图 2-176 "新建 SOLIDWORKS 文件"对话框

（3）保存文件。执行"文件"→"保存"菜单命令，或者单击"标准"工具栏中的"保存"按钮，系统弹出"另存为"对话框。在"文件名"文本框中输入"间歇轮"，单击"保存"按钮，创建一个名为"间歇轮"的零件文件。

（4）创建基准面。在 FeatureManager 设计树中选择"前视基准面"作为绘图基准面。单击"草图"控制面板中的"草图绘制"按钮，进入草图绘制状态。

（5）绘制中心线。单击"草图"控制面板中的"中心线"按钮，弹出"插入线条"属性管理器，如图 2-177 所示。过原点绘制图 2-178 所示的水平中心线，绘制完成后按 Esc 键，完成水平中心线的绘制。继续过原点绘制竖直中心线，结果如图 2-179 所示。

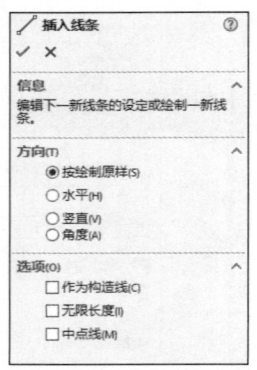
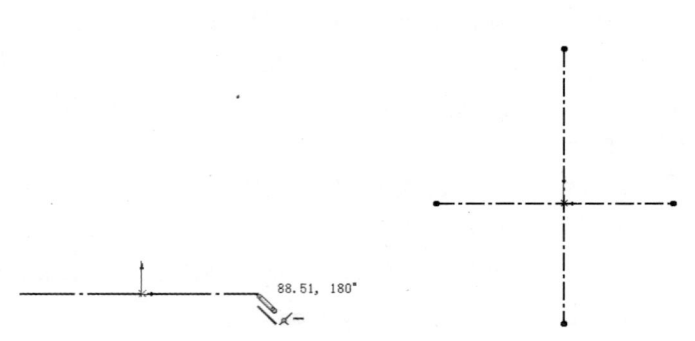

图 2-177　"插入线条"属性管理器（2）　　　图 2-178　绘制水平中心线　　　图 2-179　绘制竖直中心线

（6）绘制圆。单击"草图"控制面板中的"圆"按钮，弹出"圆"属性管理器，如图 2-180 所示。在视图中选择中心线交点作为圆的圆心，在"圆"属性管理器中输入半径为 32mm，如图 2-181 所示，单击"确定"按钮，绘制的圆如图 2-182 所示。重复"圆"命令，以中心线交点为圆心绘制半径为 26.5mm 和 14mm 的圆，选择半径为 14mm 的圆，在"圆"属性管理器中勾选"作为构造线"复选框，效果如图 2-183 所示。

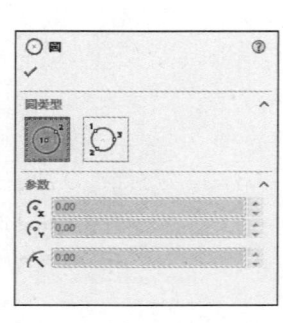
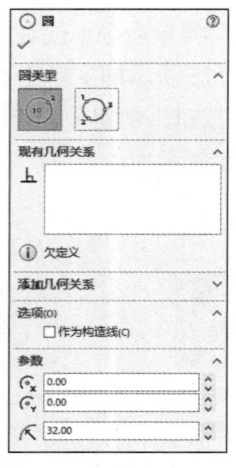
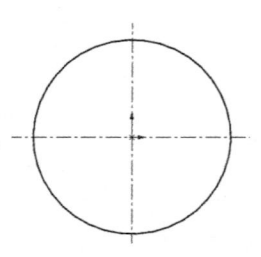
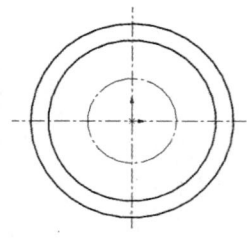

图 2-180　"圆"属性　　　图 2-181　输入圆半径　　　图 2-182　绘制圆（6）　　　图 2-183　绘制 3 个圆
　　　　管理器（2）

（7）绘制等距线。单击"草图"控制面板中的"等距实体"按钮，弹出图 2-184 所示"等距实体"属性管理器，输入等距距离为 3mm，勾选"双向"复选框，在绘图区中选择竖直中心线，单击"确定"按钮✔，结果如图 2-185 所示。

（8）绘制圆弧。单击"草图"控制面板中的"圆心/起/终点画弧"按钮⟳，弹出图 2-186 所示的"圆弧"属性管理器，以小圆和竖直中心线的交点为圆心，绘制以两条等距线与小圆的交点为起/终点的圆弧，单击"确定"按钮✔，如图 2-187 所示。

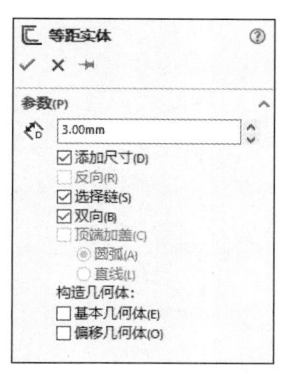

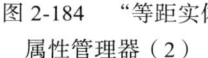

图 2-184　"等距实体"
属性管理器（2）

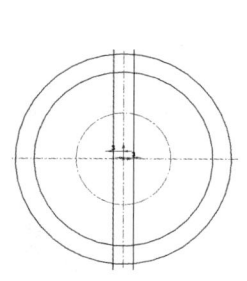

图 2-185　绘制等距线

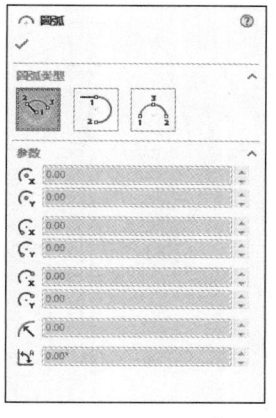

图 2-186　"圆弧"
属性管理器（2）

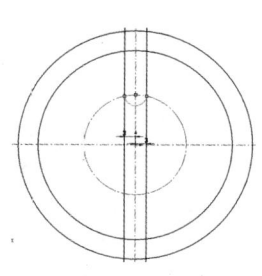

图 2-187　绘制圆弧（3）

（9）修剪图形。单击"草图"控制面板中的"剪裁实体"按钮⬚，弹出图 2-188 所示的"剪裁"属性管理器，选择"剪裁到最近端"选项，剪裁多余的线段，单击"确定"按钮✔，结果如图 2-189 所示。

（10）绘制圆。单击"草图"控制面板中的"圆"按钮⊙，弹出"圆"属性管理器，在绘图区选择水平中心线与大圆的交点作为圆的圆心，在"圆"属性管理器中输入半径为 9mm，单击"确定"按钮✔，绘制的圆如图 2-190 所示。

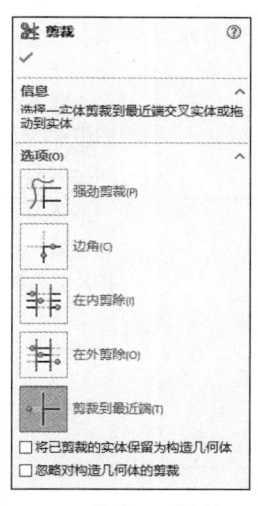

图 2-188　"剪裁"属性管理器（3）

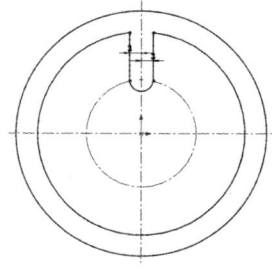

图 2-189　修剪图形（2）

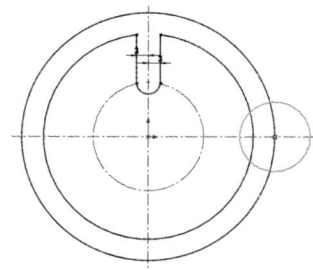

图 2-190　绘制圆（7）

（11）阵列直线段。单击"草图"控制面板中的"圆周草图阵列"按钮⬩，弹出图 2-191 所示的"圆周阵列"属性管理器。选取中心线交点作为阵列中心，输入旋转角度为 360°，输入阵列个数为"6"，勾选"等间距"复选框，选择修剪后的两条直线段和圆弧，以及步骤（10）

绘制的圆为要阵列的实体，单击"确定"按钮✔，结果如图 2-192 所示。

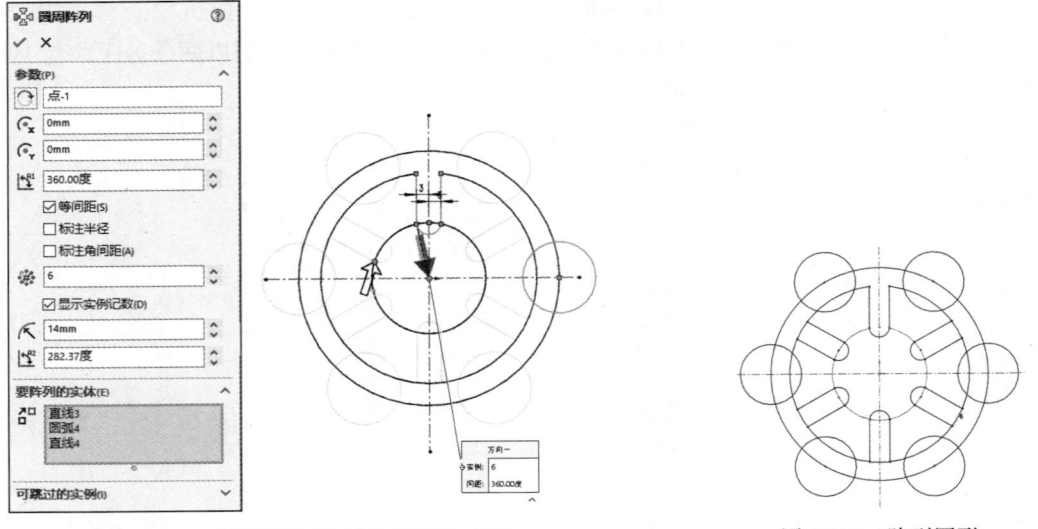

图 2-191　"圆周阵列"属性管理器（2）　　　　图 2-192　阵列图形

（12）修剪图形。单击"草图"控制面板中的"剪裁实体"按钮，弹出"剪裁"属性管理器，选择"剪裁到最近端"选项，剪裁多余的线段，单击"确定"按钮✔，结果如图 2-175 所示。

综合案例　绘制连接片截面草图

本例绘制连接片截面草图，由于图形关于竖直坐标轴对称，所以先绘制除圆以外轴对称部分的实体图形，利用镜像方式进行复制，调用"圆"命令绘制大圆和小圆，再将均匀分布的小圆进行环形阵列，尺寸的约束在绘制过程中完成，绘制过程如图 2-193 所示。

微课

综合案例　绘制连接片截面草图

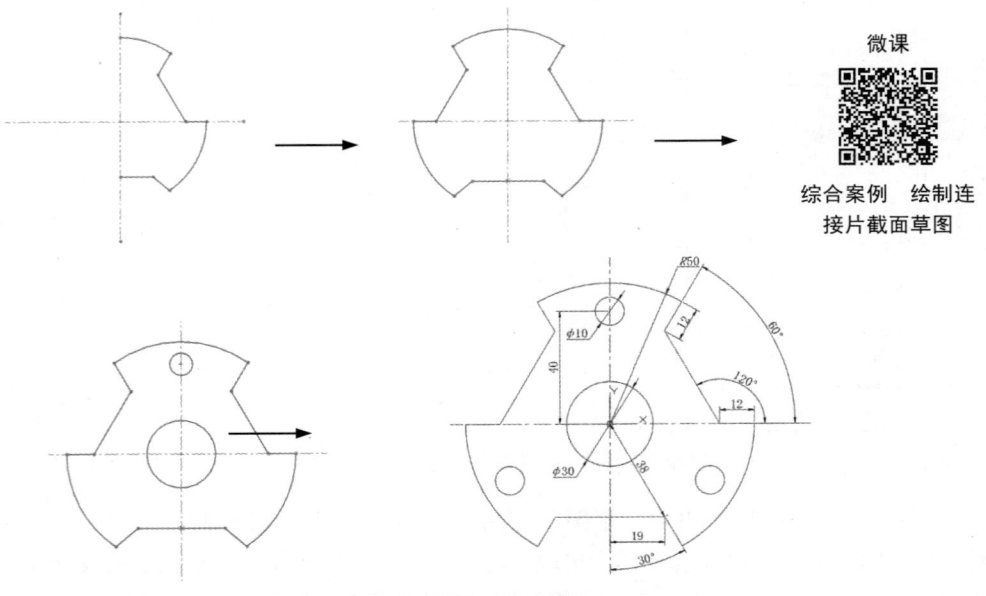

图 2-193　连接片截面草图绘制流程

（1）新建文件。启动 SOLIDWORKS 2020，选择"文件"→"新建"菜单命令，或单击工具栏中的"新建"按钮，在弹出的"新建 SOLIDWORKS 文件"对话框中单击"零件"按钮，再单击"确定"按钮，创建一个新的零件文件。

（2）设置基准面。在 FeatureManager 设计树中选择"前视基准面"，此时前视基准面变为绿色。

（3）绘制中心线。选择"插入"→"草图绘制"菜单命令，或者单击"草图"控制面板中的"草图绘制"按钮，进入草图绘制界面。选择"工具"→"草图绘制实体"→"中心线"菜单命令，或者单击"草图"控制面板中的"中心线"按钮，绘制水平和竖直的中心线。

（4）绘制草图1。单击"草图"控制面板中的"直线"按钮和"圆"按钮，绘制图 2-194 所示的草图。

（5）标注尺寸。单击"草图"控制面板中的"智能尺寸"按钮，进行尺寸约束。单击"草图"控制面板中的"剪裁实体"按钮，修剪掉多余的圆弧线，尺寸标注如图 2-195 所示。

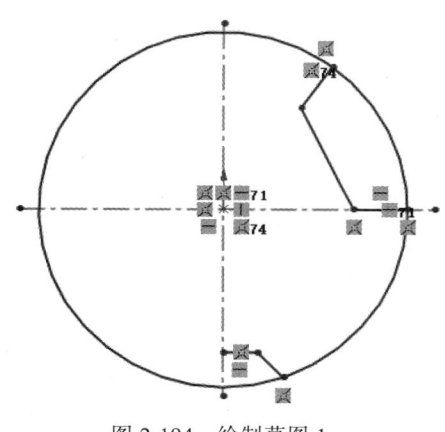

图 2-194 绘制草图 1

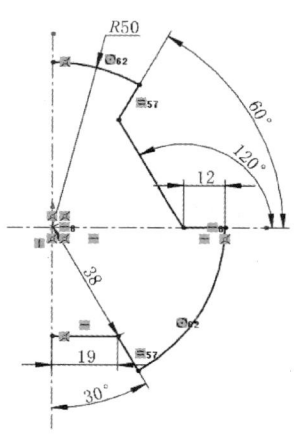

图 2-195 尺寸标注

（6）镜像图形。单击"草图"控制面板中的"镜像实体"按钮，选择竖直轴线右侧的实体图形作为复制对象，镜像点设为直线 1，即竖直的中心线，进行实体镜像，镜像实体图形如图 2-196 所示。

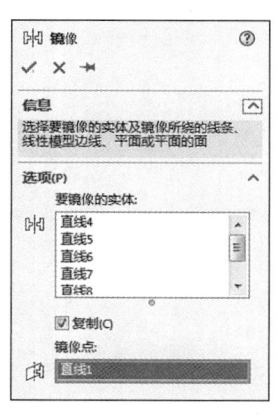

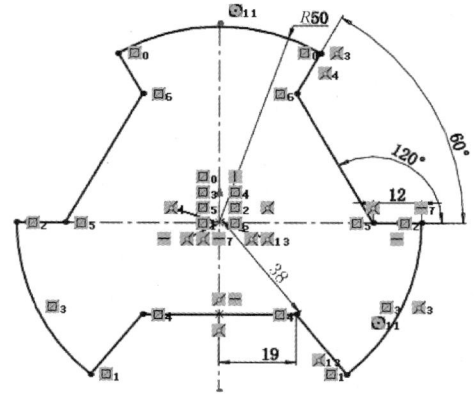

图 2-196 镜像实体图形

（7）绘制草图2。选择"工具"→"草图绘制实体"→"圆"菜单命令，或者单击"草图"控制面板中的"圆"按钮，绘制直径分别为 10mm 和 30mm 的圆，并单击"智能尺寸"按

钮 ✏️，确定位置尺寸，如图 2-197 所示。

（8）圆周阵列草图。单击"草图"控制面板中的"圆周草图阵列"按钮 ✿，选择直径为 10mm 的圆，阵列数目设为 3，圆周阵列草图如图 2-198 所示。

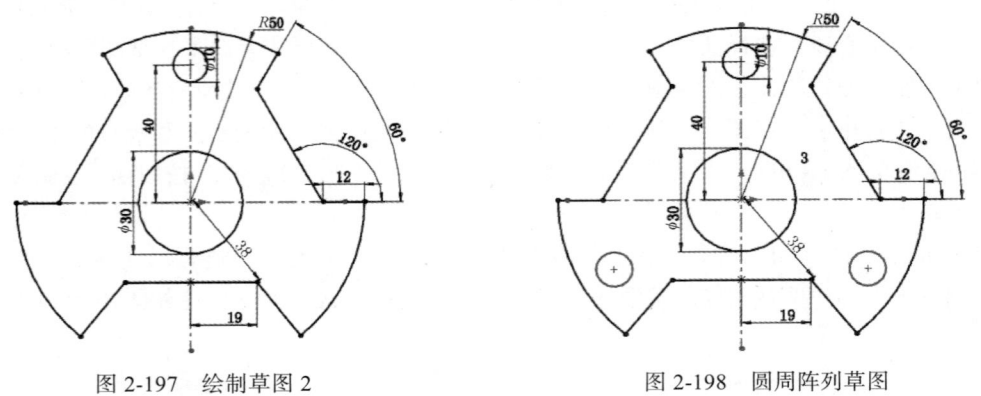

图 2-197　绘制草图 2　　　　　　　　图 2-198　圆周阵列草图

（9）保存草图。单击"标准"工具栏中的"保存"按钮 📇，保存文件。

项目总结

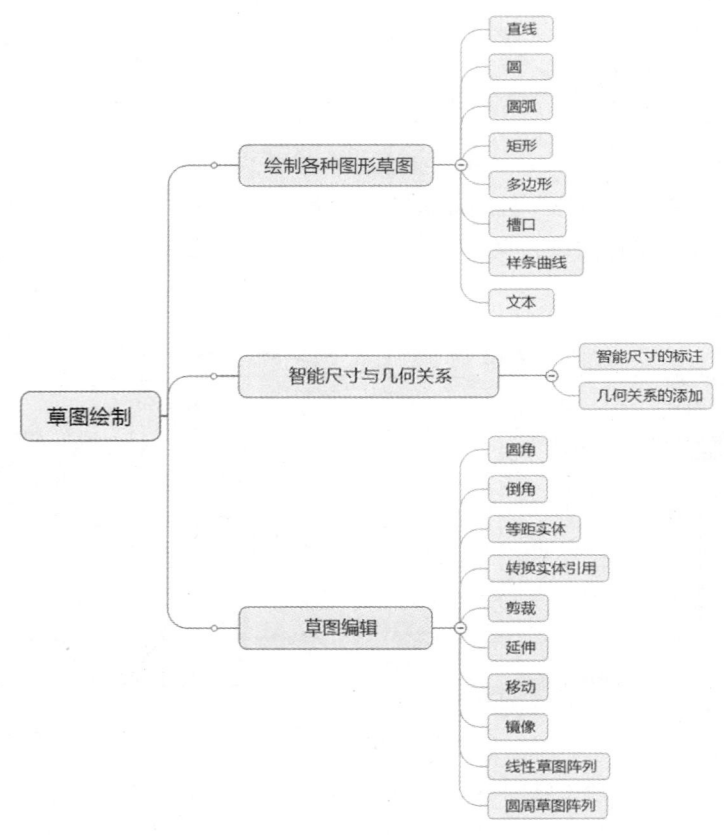

项目实战

实战一　绘制角铁草图

练习绘制图 2-199 所示的角铁草图。

（1）单击"零件"按钮，新建零件文件。

（2）选择前视基准面，单击"草图绘制"按钮，进入草图绘制模式。

（3）利用"直线""圆角"命令，绘制草图。

（4）利用"智能尺寸"命令，标注尺寸。

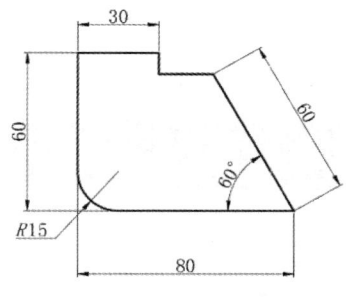

图 2-199　角铁草图

实战二　绘制压盖

练习绘制图 2-200 所示的压盖。

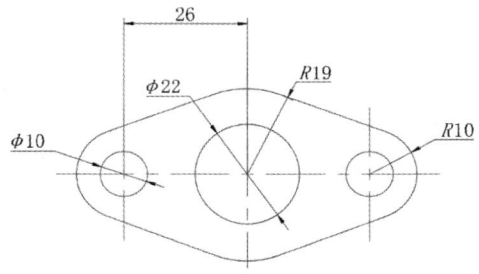

图 2-200　压盖

（1）在新建文件对话框中，单击"零件"按钮，新建零件文件。

（2）选择前视基准面，单击"草图绘制"按钮，进入草图绘制模式。

（3）利用"中心线"命令，过原点绘制图 2-200 所示的中心轴；利用"圆心/起/终点画弧"命令绘制 R10mm 和 R19mm 的圆弧；利用"直线"命令，绘制直线连接圆弧 R10mm 和 R19mm。利用"圆"命令，绘制 ϕ22mm 和 ϕ10mm 的圆。

（4）利用"添加几何关系"命令，选择图示圆弧、直线段，保证其同心、相切的关系。

（5）利用"镜像"命令，选择绘制完成的图形，以中心线为对称轴，进行镜像。

（6）利用"智能尺寸"命令，标注尺寸。

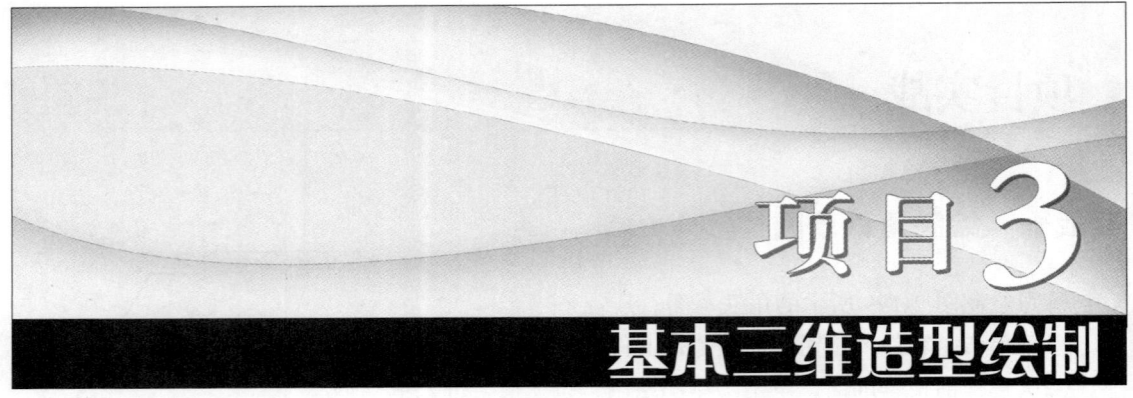

项目 3
基本三维造型绘制

项目导读

　　SOLIDWORKS 提供了优秀的、基于特征的实体建模功能。基于草图生成基体特征是 SOLIDWORKS 中最简单的三维造型方式，分为增量和减量两种基本特征生成方法。增量生成的特征叫作控件凸台/基体特征，减量生成的特征叫作拉伸切除特征。此外，草绘凸台/基体特征有四大经典操作：拉伸、旋转、扫描及放样。

素质目标

- 通过对三维造型绘制的学习，培养学生的三维形象思维能力。
- 通过对三维造型绘制的学习，培养学生的空间想象力，帮助学生学会从二维平面到三维空间的转换。

技能目标

- 掌握拉伸功能的使用。
- 掌握旋转功能的使用。
- 掌握扫描功能的使用。
- 掌握放样功能的使用。

任务 1　拉伸功能学习

任务引入

　　领导给了小明一个机械零件实体，让他绘制出三维模型，小明观察了一下零件，发现挺简单的，只需要绘制出二维平面草图后拉伸一定的高度就可以完成绘制，那么怎么使用拉伸功能呢？

知识准备

　　拉伸特征是 SOLIDWORKS 中最基础的特征之一，拉伸工具也是最常用的特征建模工具。

拉伸特征是将一个二维平面草图按照给定的数值沿与平面垂直的方向拉伸一段距离形成的特征。图 3-1 所示为利用拉伸凸台/基体特征生成的零件。

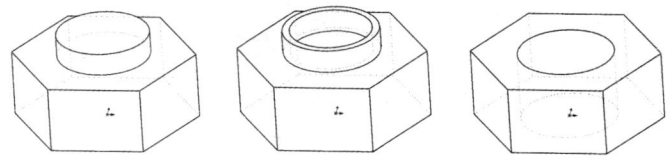

图 3-1 利用拉伸凸台/基体特征生成的零件

一、拉伸凸台/基体

拉伸凸台/基体特征是将一个二维平面草图，按照给定的数值沿与平面垂直的方向拉伸形成一个具有厚度的三维实体特征。

1. 执行方式

- 工具栏：单击"特征"工具栏中的"拉伸凸台/基体"按钮 。
- 菜单栏：选择"插入"→"凸台/基体"→"拉伸"菜单命令。
- 控制面板：单击"特征"控制面板中的"拉伸凸台/基体"按钮 。

2. 操作步骤

执行"拉伸凸台/基体"命令，系统弹出"凸台-拉伸"属性管理器，如图 3-2 所示。

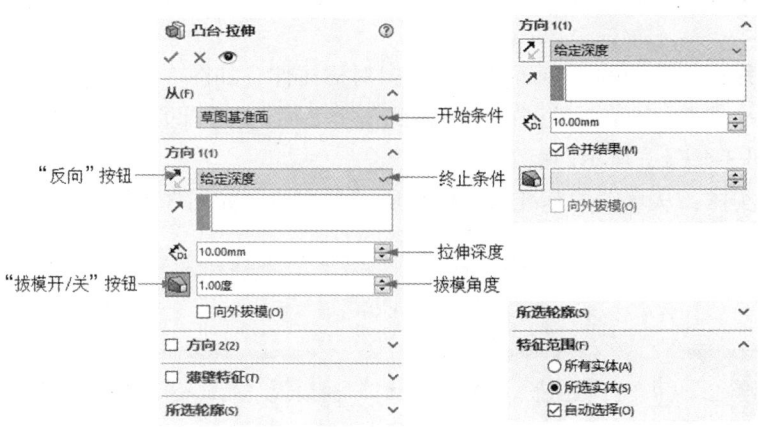

图 3-2 "凸台-拉伸"属性管理器

3. 选项说明

（1）从：设定拉伸特征的开始条件。在下拉列表中选择拉伸的开始条件，具体有以下几种。

① 草图基准面：从草图所在的基准面开始拉伸，如图 3-3（a）所示。

② 曲面/面/基准面：从选择的面开始拉伸。该面可以是平面或曲面。选择的面不必与草图基准面平行。草图必须完全包含在曲面或平面的边界内。草图在开始曲面或平面处依从非平面实体的形状，如图 3-3（b）所示。

③ 顶点：从选择的顶点开始拉伸，如图 3-3（c）所示。

④ 等距：从与当前草图基准面偏移固定距离的基准面上开始拉伸。在"输入等距值"文本框中设定偏移距离，如图 3-3（d）所示。

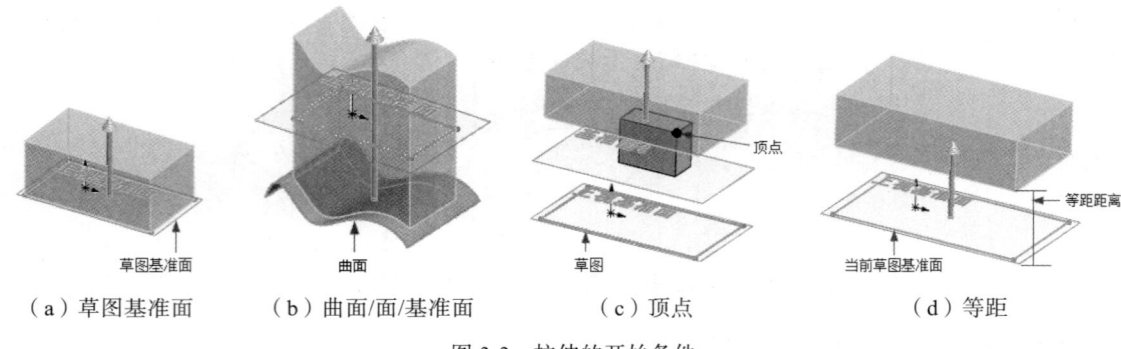

（a）草图基准面　　　（b）曲面/面/基准面　　　（c）顶点　　　（d）等距

图 3-3　拉伸的开始条件

（2）方向 1：决定特征延伸的方式，设定终止条件类型。单击"反向"按钮 ，生成与预览相反方向的拉伸特征。在下拉列表中选择拉伸的终止条件，具体有以下几种。

① 给定深度：从草图的基准面拉伸到指定的距离处，以生成特征，如图 3-4（a）所示。在其下方的拉伸深度文本框中输入拉伸距离。

② 完全贯穿：从草图的基准面拉伸直到贯穿所有现有的几何体，如图 3-4（b）所示。

③ 成形到下一面：从草图的基准面拉伸到下一面，以生成特征，如图 3-4（c）所示。下一面必须在同一零件上。

④ 成形到一面：从草图的基准面拉伸到所选的面以生成特征，如图 3-4（d）所示。

⑤ 到离指定面指定的距离：从草图的基准面拉伸到离某面的特定距离处，以生成特征，如图 3-4（e）所示。

⑥ 两侧对称：从草图的基准面向两个方向对称拉伸，如图 3-4（f）所示。

⑦ 成形到一顶点：从草图的基准面拉伸到一个平面，这个平面平行于草图基准面且穿越指定的顶点，如图 3-4（g）所示。

⑧ 成形到实体：从草图的基准面拉伸到所选的实体，如图 3-4（h）所示。

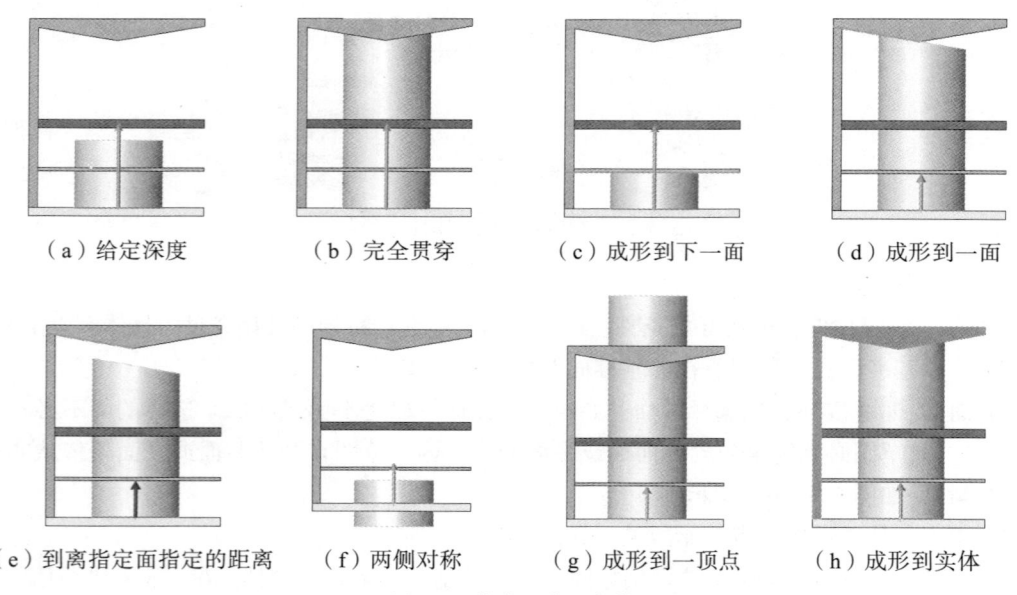

（a）给定深度　　　（b）完全贯穿　　　（c）成形到下一面　　　（d）成形到一面

（e）到离指定面指定的距离　　　（f）两侧对称　　　（g）成形到一顶点　　　（h）成形到实体

图 3-4　拉伸的终止条件

（3）"拔模开/关"按钮 ：单击按钮，新增拔模到拉伸特征。勾选"向外拔模"复选框，则向外拔模。图3-5说明了拔模特征。

（4）方向2：勾选该复选框，将拉伸应用到第二个方向。

（5）合并结果：在创建非基体的拉伸实体时，在"凸台-拉伸"属性管理器中会显示"合并结果"复选框，如图3-2所示。勾选该复选框，则将生成的实体合并到现有实体；如果取消勾选该复选框，将生成单独的实体。

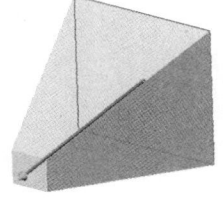
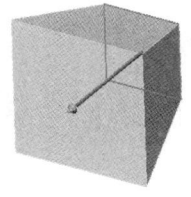

（a）向内拔模　　　（b）向外拔模

图3-5　拔模特征

（6）所选轮廓：允许用户使用部分草图，从开放或闭合轮廓创建拉伸特征。

（7）特征范围：选择指定特征要影响到哪些实体或零部件。

① 所有实体：保留在每次特征重建时拉伸所生成的所有实体。

② 所选实体：取消勾选"自动选择"复选框，则需要用户在绘图区选择要拉伸的实体。

③ 自动选择：系统自动选择要拉伸的实体。当拉伸多实体零件生成模型时，系统将自动处理所有相关的交叉零件。

■ 案例——绘制键

本例绘制图3-6所示的键。

（1）启动SOLIDWORKS 2020，单击"标准"工具栏中的"新建"按钮 ，在打开的"新建SOLIDWORKS文件"对话框中，单击"零件"按钮 ，再单击"确定"按钮。

（2）在FeatureManager设计树中选择"前视基准面"作为绘图基准面，单击"视图"工具栏中的"正视于"按钮 ，使绘图平面转为正视方向。单击"草图"控制面板中的"边角矩形"按钮 ，绘制键草图的矩形轮廓，如图3-7所示。

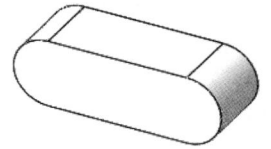

图3-6　键

（3）单击"草图"控制面板中的"智能尺寸"按钮 ，标注草图矩形轮廓的实际尺寸，如图3-8所示。

（4）单击"草图"控制面板中的"圆形"按钮 ，捕捉草图矩形轮廓的宽边线中点作为圆心画圆，如图3-9所示。

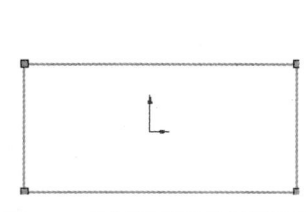
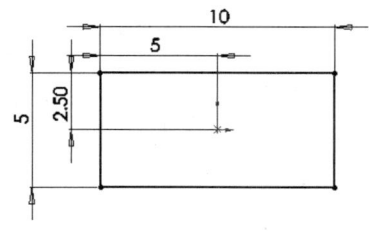
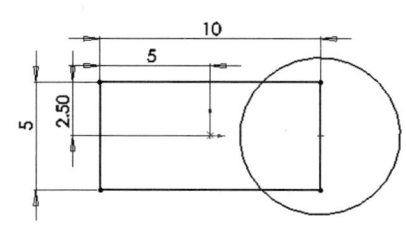

图3-7　绘制键草图的矩形轮廓　　图3-8　标注草图矩形轮廓尺寸　　图3-9　以中点为圆心画圆

（5）系统弹出"圆"属性管理器，如图3-10所示。保持其余选项的默认值不变，输入圆的半径值为2.5mm，单击"确定"按钮 ，生成的圆如图3-11所示。

（6）单击"草图"控制面板中的"剪裁实体"按钮 ，剪裁草图中的多余部分，结果如图 3-12 所示。

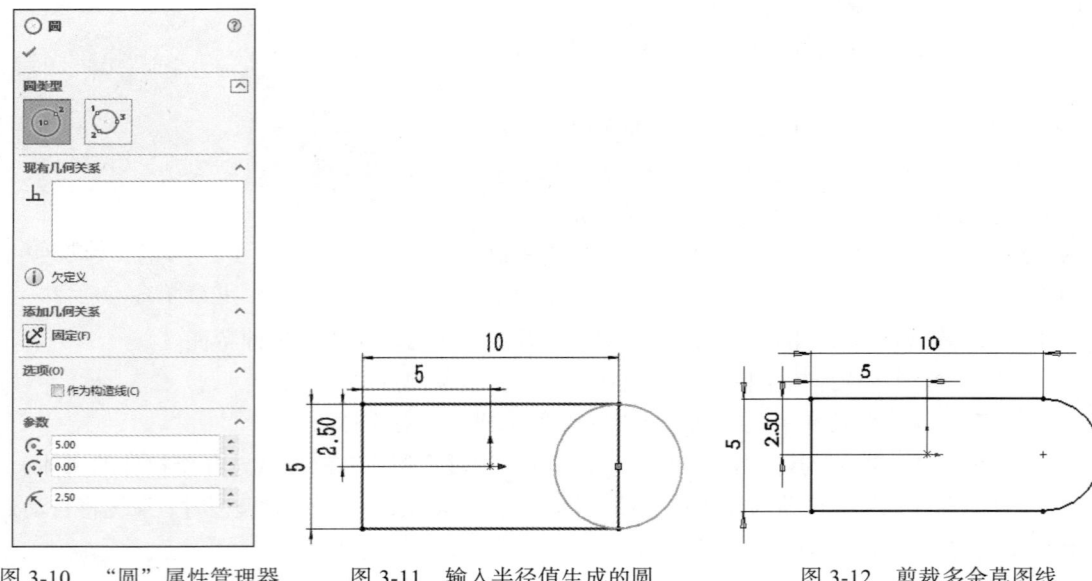

图 3-10　"圆"属性管理器　　　图 3-11　输入半径值生成的圆　　　图 3-12　剪裁多余草图线

（7）绘制键草图左侧轮廓。可以利用 SOLIDWORKS 2020 中的"圆"绘制工具，重复步骤（4）~（6）来绘制，也可以通过"镜像"工具来生成。首先，绘制镜像中心线。单击"草图"控制面板中的"中心线"按钮，绘制一条通过矩形中心的垂直中心线，结果如图 3-13 所示。其次，单击草图右侧半圆，按住 Ctrl 键单击中心线，单击"草图"控制面板中的"镜像实体"按钮，生成另一侧镜像轮廓，结果如图 3-14 所示。

（8）单击"草图"控制面板中的"剪裁实体"按钮，剪裁草图中的多余部分，完成键草图轮廓的创建。

（9）创建拉伸特征。单击"特征"控制面板中的"拉伸凸台/基体"按钮，弹出"凸台-拉伸"属性管理器，同时显示拉伸状态，如图 3-15 所示。

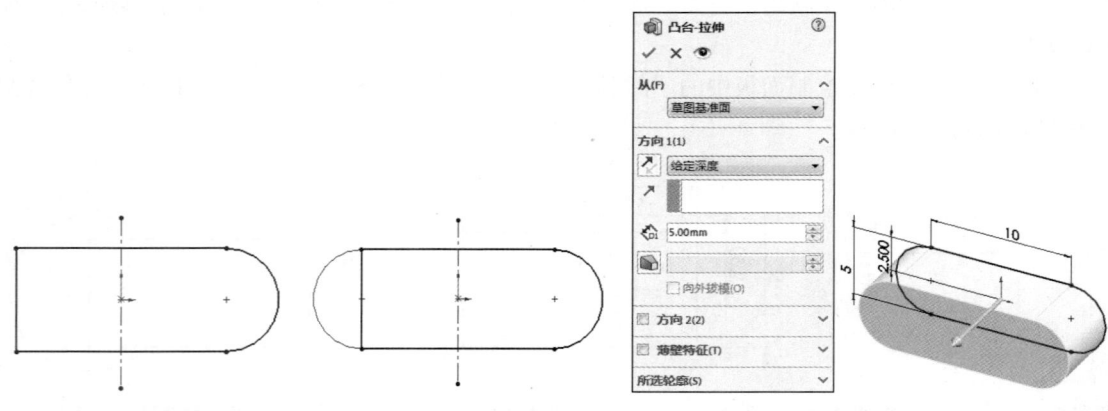

图 3-13　绘制镜像中心线　　　图 3-14　通过"镜像"　　　图 3-15　"凸台-拉伸"属性管理器及拉伸状态
工具创建键轮廓

本例键的创建中，在"方向 1"选项组中设置终止条件为"给定深度"，设置拉伸的深度值为 5mm，单击"确定"按钮，生成的实体模型如图 3-6 所示。

二、拉伸薄壁特征

在创建拉伸凸台/基体特征时，若想要创建的实体是具有一定壁厚的中空件或薄壁件，则需要在图 3-2 所示的"凸台-拉伸"属性管理器中勾选"薄壁特征"复选框，下面对该部分选项进行介绍。

（1）薄壁特征：勾选该复选框，可以控制拉伸实体的壁厚。如果使用的草图是封闭轮廓草图，则"薄壁特征"复选框为可选状态；如果使用的草图是开放轮廓草图，则"薄壁特征"复选框为必选状态。在"类型"下拉列表中选择拉伸薄壁特征的方式，有如下几种。

① 单向：使用指定的壁厚向一个方向拉伸草图。默认情况下，壁厚加在草图轮廓的外侧。单击"反向"按钮，可以将壁厚加在草图轮廓的内侧。

② 两侧对称：在草图的两侧各以指定壁厚的一半向两个方向拉伸草图。

③ 双向：在草图的两侧各使用不同的壁厚向两个方向拉伸草图。

（2）厚度：在该文本框中输入壁厚值。

（3）附加选项：对于薄壁特征基体拉伸，还可以指定以下附加选项。

① 如果草图为封闭轮廓草图，可以勾选"顶端加盖"复选框，此时将为特征的顶端加上封盖，形成一个中空的零件，如图 3-16 所示。"加盖厚度"文本框用于指定顶盖的厚度值。

② 如果草图为开放轮廓草图，可以勾选"自动加圆角"复选框，此时系统自动在每一个具有相交夹角的边线上生成圆角，效果如图 3-17 所示。"圆角半径"文本框用于指定圆角半径值。

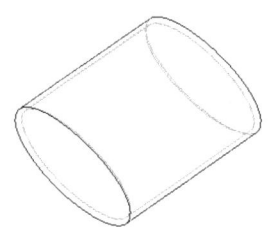

图 3-16　中空零件

图 3-17　带有圆角的薄壁

（4）所选轮廓：允许用户使用部分草图从开放或闭合轮廓创建拉伸特征。

微课

案例——绘制轴座

■ 案例——绘制轴座

本例绘制图 3-18 所示的轴座。

（1）绘制草图。创建一个新的零件文件，在 FeatureManager 设计树中选择"上视基准面"作为绘图基准面。先后单击"草图"控制面板中的"平行四边形"按钮、"圆"按钮、"绘制圆角"按钮和"剪裁实体"按钮，绘制草图，单击"草图"控制面板中的"智能尺寸"按钮。标注尺寸后的结果如图 3-19 所示。

（2）拉伸实体。单击"特征"控制面板中的"拉伸凸台/基体"按钮，或者选择"插入"→"凸台/基体"→"拉伸"菜单命令，在 FeatureManager 设计树中选择草图 1，此时系统弹出"凸台-拉

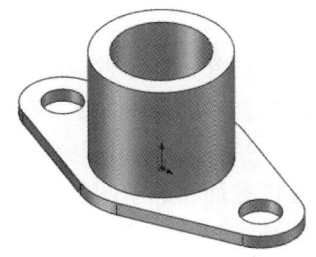

图 3-18　轴座

伸"属性管理器，设置拉伸终止条件为"给定深度"，输入拉伸深度为 10mm，单击"确定"按钮 ✔。结果如图 3-20 所示。

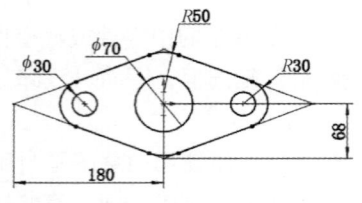

图 3-19　绘制草图（1）

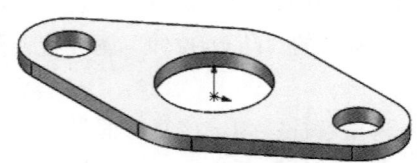

图 3-20　拉伸实体

（3）绘制草图。选择图 3-20 所示实体的上表面作为草图绘制基准面。单击"草图"控制面板中的"圆"按钮 ⊙，绘制图 3-21 所示的草图并标注尺寸。

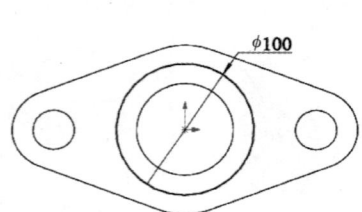

图 3-21　绘制草图（2）

图 3-22　拉伸参数设置

（4）拉伸实体。单击"特征"控制面板中的"拉伸凸台/基体"按钮 ，或者选择"插入"→"凸台/基体"→"拉伸"菜单命令，在 FeatureManager 设计树中选择草图 1，此时系统弹出"凸台-拉伸"属性管理器。设置拉伸终止条件为"给定深度"，输入拉伸深度为 90mm，勾选"薄壁特征"复选框，选择类型为"单向"，单击"反向"按钮，调整壁厚方向向内，设置厚度为 15mm，如图 3-22 所示。然后单击"确定"按钮 ✔。结果如图 3-18 所示。

三、拉伸切除特征

切除是从零件或装配体上移除材料。对于多实体零件，可以选择在执行切除操作后要保留的实体和要删除的实体。

拉伸切除特征与前面讲到的拉伸凸台/基体特征既有相同点也有不同点。相同的是，两者都是由截面轮廓草图经过拉伸而成；不同的是，拉伸切除特征是在已有实体的基础上减量生成新特征，与拉伸凸台/基体特征的效果相反。

图 3-23 所示为利用拉伸切除特征生成的几种零件效果。

（a）拉伸切除 （b）反侧切除 （c）拔模切除 （d）薄壁切除

图 3-23 利用拉伸切除特征生成的几种零件效果

1. 执行方式

- 工具栏：单击"特征"工具栏中的"拉伸切除"按钮 。
- 菜单栏：选择"插入"→"切除"→"拉伸"菜单命令。
- 控制面板：单击"特征"控制面板中的"拉伸切除"按钮 。

2. 操作步骤

执行"拉伸切除"命令，系统弹出"切除-拉伸"属性管理器，如图 3-24 所示。

3. 选项说明

（1）完全贯穿-两者：从草图的基准面拉伸特征直到贯穿方向 1 和方向 2 的所有现有几何体。

（2）反侧切除：勾选该复选框，移除轮廓外的所有材料。默认情况下，移除轮廓内部的材料。

（3）"拔模开/关"按钮 ：单击按钮，可以给特征添加拔模效果。

（4）特征范围：指定特征要影响到哪些实体或零部件。

① 所有实体：保留在每次特征重建时切除所生成的所有实体。效果如图 3-25（a）所示。

② 所选实体：取消勾选"自动选择"复选框，则需要用户在绘图区选择要切除的实体。效果如图 3-25（b）所示。

图 3-24 "切除-拉伸"属性管理器（1）

③ 自动选择：系统自动选择要切除的实体。当切除多实体零件生成模型时，系统将自动处理所有相关的交叉零件。效果如图 3-25（c）所示。

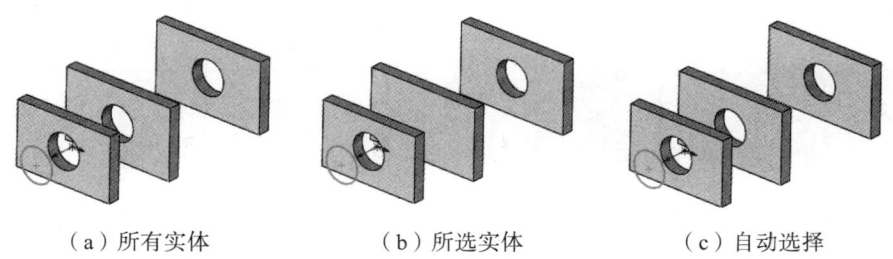

（a）所有实体 （b）所选实体 （c）自动选择

图 3-25 特征范围示例

（5）薄壁特征：同拉伸薄壁特征相比，勾选该复选框能生成薄壁切除特征。图 3-23（d）所示为薄壁切除特征效果。

如果要生成薄壁切除特征，勾选"薄壁特征"复选框，然后执行以下操作。

① 在"反向"按钮 右侧的下拉列表中选择切除类型：单向、两侧对称或双向。

② 单击 ，以相反的方向生成薄壁切除特征。

③ 在"厚度"文本框中输入切除的厚度。

■ 案例——绘制锤头

本例绘制图 3-26 所示的锤头。

（1）新建文件。启动 SOLIDWORKS 2020，单击"标准"工具栏中的"新建"按钮 📄，创建一个新的零件文件。

（2）绘制锤头草图。在 FeatureManager 设计树中选择"前视基准面"作为绘图基准面，单击"草图"控制面板中的"边角矩形"按钮 □，绘制一个矩形。

（3）标注尺寸。单击"草图"控制面板上的"智能尺寸"按钮 ⭗，标注图中矩形各边的尺寸，如图 3-27 所示。

（4）拉伸实体。单击"特征"控制面板中的"拉伸凸台/基体"按钮 ⬛，此时系统弹出"凸台-拉伸"属性管理器。在拉伸深度文本框中输入 20mm，单击"确定"按钮 ✔，创建的拉伸特征如图 3-28 所示。

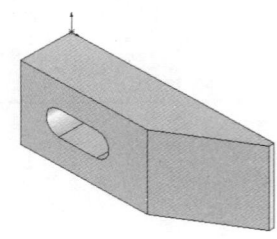

图 3-26　锤头

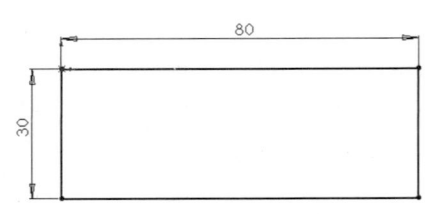

图 3-27　锤头草图

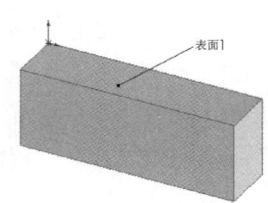

图 3-28　创建拉伸特征（1）

（5）设置基准面。单击图 3-28 所示的表面 1，然后单击"视图"工具栏中的"正视于"按钮 ↥，将该表面作为绘图基准面，如图 3-29 所示。

（6）绘制锤头头部草图。单击"草图"控制面板中的"直线"按钮 ✏，在基准面上绘制一个三角形。

（7）标注尺寸。单击"草图"控制面板上的"智能尺寸"按钮 ⭗，标注图中直线段的尺寸，如图 3-30 所示。

图 3-29　设置绘图基准面

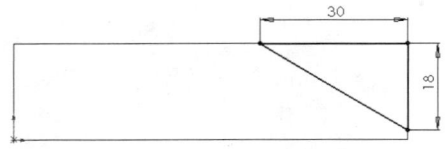

图 3-30　绘制锤头头部草图并标注直线段尺寸

（8）拉伸切除实体。单击"特征"控制面板中的"拉伸切除"按钮 ⬛，此时系统弹出"切除-拉伸"属性管理器。在拉伸深度文本框中输入 30mm，按照图 3-31 进行设置后，单击"确定"按钮 ✔。

（9）设置视图方向。单击"视图"工具栏中的"等轴测"按钮 ⬛，将视图以等轴测方向显示，创建的拉伸特征如图 3-32 所示。

（10）设置基准面。单击图 3-32 所示的表面 1，然后单击"视图"工具栏中的"正视于"按钮 ↥，将该表面作为绘图基准面。

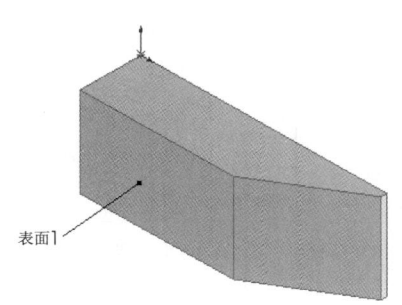

图 3-31　"切除-拉伸"属性管理器（2）　　　　图 3-32　创建拉伸特征（2）

（11）绘制与手柄连接部分的草图。单击"草图"控制面板中的"边角矩形"按钮□，在基准面上绘制一个矩形，单击"草图"控制面板中的"3 点圆弧"按钮⌒，在矩形的左右两侧绘制两段圆弧，结果如图 3-33 所示。

（12）标注尺寸。单击"草图"控制面板上的"智能尺寸"按钮◆，标注图中矩形各边的尺寸、圆弧的尺寸及连接部分的相对位置尺寸，如图 3-34 所示。

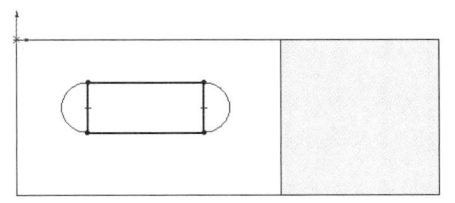

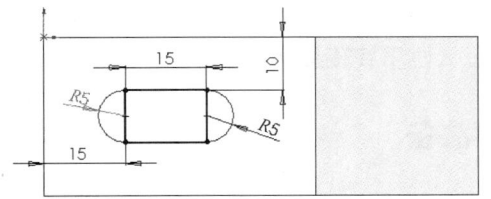

图 3-33　与手柄连接部分草图　　　　　　　图 3-34　尺寸标注

（13）剪裁实体。单击"草图"控制面板中的"剪裁实体"按钮▓，将图 3-34 所示的矩形和圆弧交界的两条直线段进行剪裁，剪裁多余线后的实体如图 3-35 所示。

　　在绘制上述草图时，也可以直接使用直线段和圆弧进行绘制。在本例中使用矩形和圆弧进行绘制，最后使用剪裁实体命令剪裁多余线条，这样可以提高草图绘制的效率。读者可以通过反复练习，掌握灵活简便的绘制方法。

（14）拉伸切除实体。单击"特征"控制面板中的"拉伸切除"按钮▣，系统弹出"切除-拉伸"属性管理器。在"终止条件"下拉列表中选择"完全贯穿"选项。按照图 3-36 所示进行设置后，单击"确定"按钮✔。

（15）设置视图方向。单击"视图"工具栏中的"等轴测"按钮▣，将视图以等轴测方向显示，结果如图 3-37 所示。

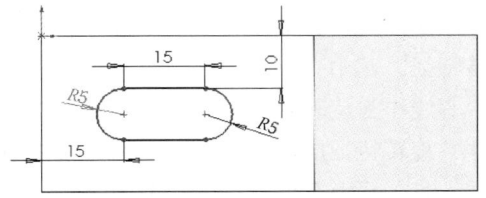

图 3-35　剪裁多余线

图 3-36　"切除-拉伸"属性管理器（3）

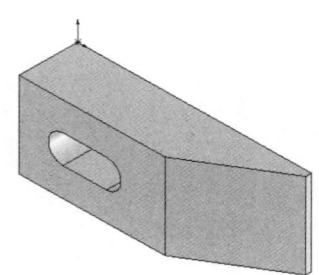

图 3-37　等轴测图形

任务 2　旋转功能学习

任务引入

领导给了小明一个机械零件实体，让他绘制出三维模型，小明观察了一下零件，发现零件可由旋转特征形成，先绘制出二维平面草图，然后将轮廓绕中心线旋转就可以完成零件的绘制，那么怎么使用旋转功能呢？

知识准备

旋转特征命令可通过绕中心线旋转生成一个或多个轮廓。旋转轴和旋转轮廓必须位于同一个草图中，旋转轴一般为中心线，旋转轮廓必须是一个封闭的草图，不能穿过旋转轴，但是可以与旋转轴接触。图 3-38 所示为一个由旋转特征形成的零件。

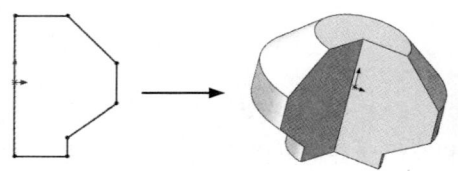

图 3-38　由旋转特征形成的零件

一、旋转凸台/基体

实体旋转特征的草图可以包含一个或多个闭环的非相交轮廓。对于包含多个轮廓的基体旋转特征，其中一个轮廓必须包含所有其他轮廓。如果草图包含一条以上的中心线，则选择一条中心线作为旋转轴。

旋转特征应用比较广泛，是比较常用的特征建模工具。主要应用在以下零件的建模中。

（1）环形零件，如图 3-39 所示。

（2）球形零件，如图 3-40 所示。

（3）轴类零件，如图 3-41 所示。

（4）形状规则的轮毂类零件，如图 3-42 所示。

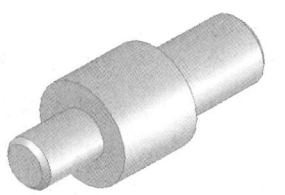

图 3-39　环形零件　　　图 3-40　球形零件　　　图 3-41　轴类零件　　　图 3-42　形状规则的轮毂类零件

1. 执行方式

- 工具栏：单击"特征"工具栏中的"旋转凸台/基体"按钮 。
- 菜单栏：选择"插入"→"凸台/基体"→"旋转"菜单命令。
- 控制面板：单击"特征"控制面板中的"旋转凸台/基体"按钮 。

2. 操作步骤

执行"旋转凸台/基体"命令，系统弹出"旋转"属性管理器，如图 3-43 所示。

3. 选项说明

（1）旋转轴：旋转时所绕的轴。根据具体生成的旋转特征类型，此轴可能为中心线、直线或一边线。

（2）方向 1：定义旋转特征为相对于草图基准面的一个指定方向。在下拉列表中选择旋转的开始条件，具体有以下几种。

① 给定深度：从草图以单一方向生成旋转特征。在"方向 1 角度"文本框中设定旋转的角度。单击"反向"按钮 ，可调整旋转方向。

② 成形到一顶点：从草图基准面开始创建旋转特征，到所指定的顶点结束。

③ 成形到一面：从草图基准面开始创建旋转特征，到所指定的面结束。

图 3-43　"旋转"属性
管理器（1）

④ 到离指定面指定的距离：从草图基准面开始创建旋转特征，到离指定面指定距离的位置。

⑤ 两侧对称：从草图基准面开始沿顺时针和逆时针方向创建旋转特征，草图位于"方向 1 角度"文本框中设定的角度值中央位置。

（3）方向 2：在定义完方向 1 后，定义方向 2 为相对于草图基准面的另一方向。选项和方向 1 中的选项相同。

（4）所选轮廓：当使用多轮廓生成旋转特征时使用此选项组。鼠标指针 指在绘图区的某一位置上时，该区域的颜色改变，再单击绘图区的位置可以生成旋转特征的预览，同时草图的区域出现在"所选轮廓"◇中。另外，用户可以选择任意区域组合生成多实体零件。

■ 案例——绘制手柄

本例绘制图 3-44 所示的手柄。

（1）新建文件。单击"标准"工具栏中的"新建"按钮 ，在弹出的"新建 SOLIDWORKS 文件"对话框中单击"零件"按钮 ，然后单击"确定"

微课

案例——绘制手柄

按钮，创建一个新的零件文件。

（2）绘制草图。在 FeatureManager 设计树中单击"前视基准面"作为绘图基准面。单击"草图"控制面板中的"中心线"按钮 ，绘制一条通过原点的竖直中心线；再单击"草图"控制面板中的"直线"按钮 和"样条曲线"按钮 ，绘制手柄轮廓，单击"草图"控制面板中的"智能尺寸"按钮 ，标注草图的尺寸。结果如图 3-45 所示。

（3）旋转实体。单击"特征"控制面板中的"旋转凸台/基体"按钮 ，弹出图 3-46 所示的"旋转"属性管理器。系统自动选择图 3-45 中的竖直中心线作为旋转轴，输入旋转角度为 360°，单击"确定"按钮 ，旋转生成实体。结果如图 3-44 所示。

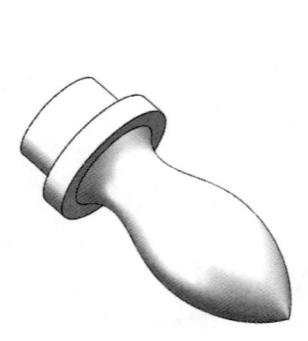

图 3-44　手柄

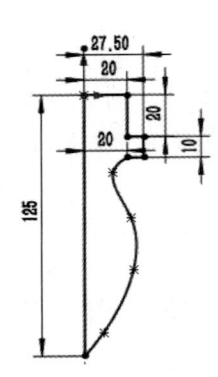

图 3-45　绘制的部分草图

图 3-46　"旋转"属性管理器（2）

二、旋转薄壁特征

旋转薄壁特征的草图只能包含一个开环或闭环的非相交轮廓，且轮廓不能与中心线交叉。如果草图包含一条以上的中心线，则选择一条中心线作为旋转轴。

（1）薄壁特征：当草图是开环时，系统自动在"旋转"属性管理器中勾选"薄壁特征"复选框。如果草图是闭环草图，准备生成旋转薄壁特征，则勾选"薄壁特征"复选框，然后在"薄壁特征"选项组的下拉列表中选择薄壁类型。这里的类型与旋转类型的含义完全不同，这里的方向是指相对于薄壁截面的方向。

① 单向：使用指定的壁厚向一个方向旋转草图，默认情况下，壁厚加在草图轮廓的外侧，如图 3-47（a）所示。单击"反向"按钮 ，调整壁厚方向。

② 两侧对称：在草图的两侧各以指定壁厚的一半向两个方向旋转草图，如图 3-47（b）所示。

③ 双向：在草图的两侧各使用不同的壁厚向两个方向旋转草图，如图 3-47（c）所示。

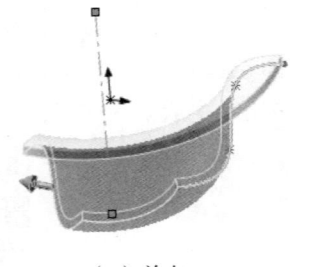

（a）单向

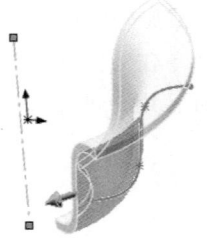

（b）两侧对称

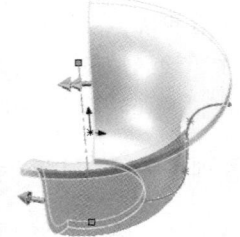

（c）双向

图 3-47　不同薄壁类型效果

（2）方向 1 厚度 ：为单向或两侧对称薄壁特征旋转设定薄壁的厚度。

■ 案例——绘制台灯支架

本例绘制图 3-48 所示的台灯支架。

（1）新建文件。

① 启动软件。执行"开始"→"所有程序"→"SOLIDWORKS 2020"
命令，或者单击桌面快捷方式 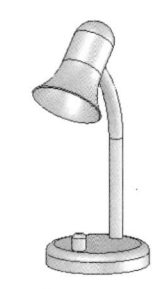，启动 SOLIDWORKS 2020。

② 创建零件文件。执行"文件"→"新建"菜单命令，或者单击"标准"
工具栏中的"新建"按钮 📄，系统弹出"新建 SOLIDWORKS 文件"对话框，
在其中选择"零件"按钮 🧩，单击"确定"按钮，创建一个新的零件文件。

③ 保存文件。执行"文件"→"保存"菜单命令，或者单击"标准"工
具栏中的"保存"按钮 💾，系统弹出"另存为"对话框。在"文件名"文本
框中输入"台灯支架"，单击"保存"按钮，创建一个名为"台灯支架"的零
件文件。

图 3-48　台灯支架

（2）绘制支架底座。

① 绘制草图。在 FeatureManager 设计树中单击"前视基准面"作为绘图基准面；单击"草
图"控制面板中的"圆"按钮 ⊙，以原点为圆心绘制一个圆。

② 标注尺寸。执行"工具"→"尺寸"→"智能尺寸"菜单命令，标注圆的直径，结果如
图 3-49 所示。

③ 拉伸实体。执行"插入"→"凸台/基体"→"拉伸"菜单命令，系统弹出"凸台-拉伸"
属性管理器。在"深度"文本框中输入 30mm。单击属性管理器中的"确定"按钮 ✔，结果如
图 3-50 所示。

（3）绘制开关旋钮。

① 设置基准面。单击图 3-50 所示的表面 1，然后单击"视图"工具栏中的"正视于"按
钮 🡳，将该表面作为绘图基准面，结果如图 3-51 所示。

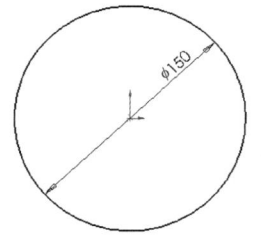

图 3-49　标注图形尺寸（1）

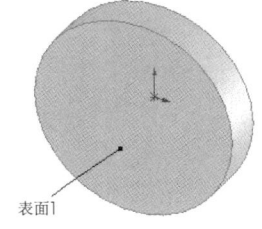

图 3-50　拉伸后的图形（1）

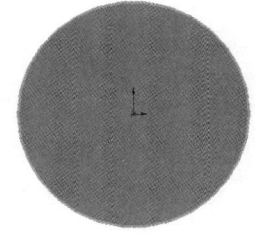

图 3-51　设置基准面（1）

② 绘制草图。执行"工具"→"草图绘制实体"→"直线"菜单命令，或者单击"草图"
控制面板中的"中心线"按钮 ⚡，绘制一条通过原点的水平中心线；单击"草图"控制面板中
的"圆"按钮 ⊙，绘制一个圆，结果如图 3-52 所示。

③ 添加几何关系。执行"工具"→"关系"→"添加"菜单命令，或者单击"草图"控制
面板中的"添加几何关系"按钮 ⊥，将圆心和水平中心线添加为"重合"几何关系。

④ 标注尺寸。单击"草图"控制面板中的"智能尺寸"按钮 📏，标注图 3-52 中的小圆的

直径及其定位尺寸，结果如图 3-53 所示。

⑤ 拉伸实体。单击"特征"控制面板中的"拉伸凸台/基体"按钮 🗊，系统弹出"凸台-拉伸"属性管理器。在"深度"文本框中输入 25mm，单击属性管理器中的"确定"按钮 ✔。

⑥ 设置视图方向。单击"视图"工具栏中的"等轴测"按钮 📦，将视图以等轴测方向显示，结果如图 3-54 所示。

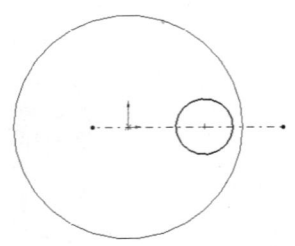

图 3-52 绘制草图（1）

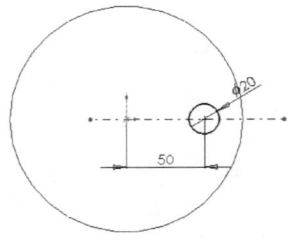

图 3-53 标注图形尺寸（2）

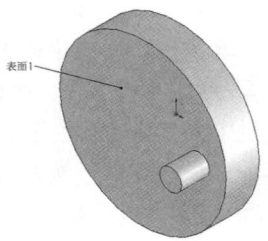

图 3-54 拉伸后的图形（2）

（4）绘制支架部分。

① 设置基准面。单击图 3-54 所示的表面 1，然后单击"视图"工具栏中的"正视于"按钮 ↓，将该表面作为绘图基准面。

② 绘制草图。单击"草图"控制面板中的"中心线"按钮 🖍，绘制一条通过原点的水平中心线；单击"草图"控制面板中的"圆"按钮 ⊙，绘制一个圆，结果如图 3-55 所示。

③ 添加几何关系。单击"草图"控制面板中的"添加几何关系"按钮 ⊥，将圆心和水平中心线添加为"重合"几何关系。

④ 标注尺寸。单击"草图"控制面板中的"智能尺寸"按钮 ✎，标注图中的尺寸，结果如图 3-56 所示。退出草图绘制状态。

⑤ 设置基准面。单击"视图"工具栏中的"前视"按钮 🗊，将该基准面作为绘图基准面，结果如图 3-57 所示。

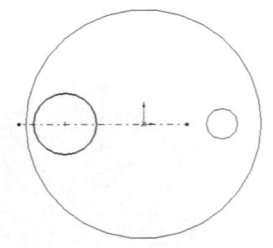

图 3-55 绘制草图（2）

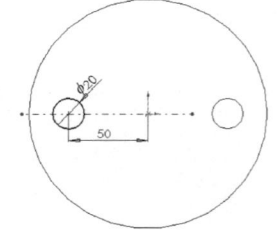

图 3-56 标注图形尺寸（3）

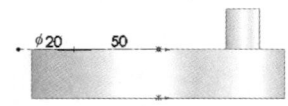

图 3-57 设置基准面（2）

⑥ 绘制草图。首先，单击"草图"控制面板中的"直线"按钮 ✎，绘制一条直线段，起点在第二个直径为 20mm 圆的圆心处，向上确定终点位置绘制直线；其次，单击"草图"控制面板中的"切线弧"按钮 ⌐，绘制一条与所绘直线段相切的圆弧。

⑦ 标注尺寸。单击"草图"控制面板中的"智能尺寸"按钮 ✎，标注图中的尺寸，结果如图 3-58 所示。退出草图绘制状态。

⑧ 设置视图方向。单击"视图"工具栏中的"等轴测"按钮 📦，将视图以等轴测方向显示，结果如图 3-59 所示。

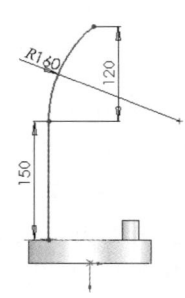

图 3-58 标注图形尺寸（4）

⑨ 扫描实体。单击"特征"控制面板中的"扫描"按钮 🐛，系统弹出图 3-60 所示的"扫描"属性管理器。在"轮廓"一栏中，选择图 3-59 中的圆 1；在"路径"一栏中，选择图 3-59 中的草图 2。按照图 3-60 所示进行设置后，单击属性管理器中的"确定"按钮 ✓，结果如图 3-61 所示。

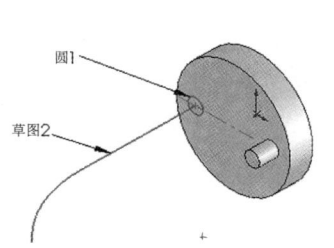
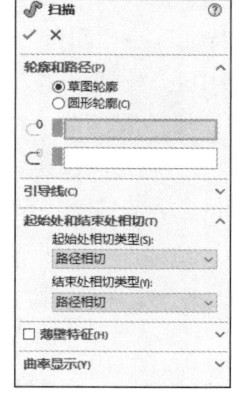
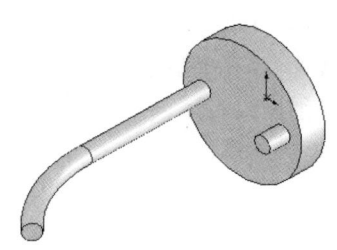

图 3-59　等轴测方向显示视图　　图 3-60　"扫描"属性管理器　　图 3-61　扫描后的图形

（5）绘制台灯灯罩。

① 设置基准面。单击"视图"工具栏中的"前视"按钮 🔲，将该基准面作为绘制图形的基准面，结果如图 3-62 所示。

② 绘制草图。单击"草图"控制面板中的"中心线"按钮 ✏️，绘制一条中心线；单击"直线"按钮 ✏️，绘制一条直线段；单击 "切线弧"按钮 🕤，绘制两条切线弧，结果如图 3-63 所示。

③ 添加几何关系。首先，单击"草图"控制面板中的"添加几何关系"按钮 ⊥，将图 3-63 中的直线段 1 和直线段 2 添加为"共线"几何关系。其次，重复此命令，将直线段 1 和中心线 3 添加为"平行"几何关系。

　　在添加几何关系时，也可以先设置直线段 1 和中心线 3 平行，再设置直线段 1 和直线段 2 共线，要灵活应用。

④ 标注尺寸。单击"草图"控制面板中的"智能尺寸"按钮 ✎，标注图 3-63 中线的尺寸，结果如图 3-64 所示。

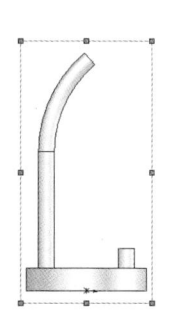
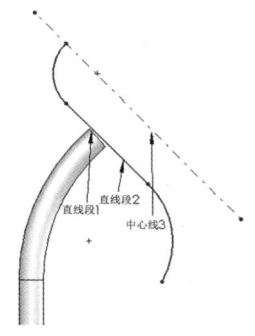
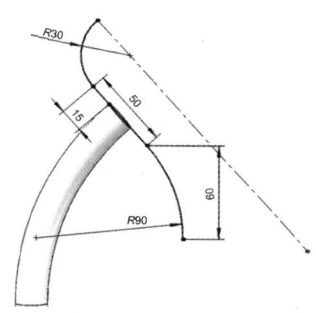

图 3-62　设置基准面（3）　　图 3-63　绘制草图（3）　　图 3-64　标注图形尺寸（5）

⑤ 旋转实体。执行"插入"→"凸台/基体"→"旋转"菜单命令，系统弹出图 3-65 所示的系统提示框。单击"否"按钮，系统弹出图 3-66 所示的"旋转"属性管理器。按照图 3-66 所示进行设置，单击属性管理器中的"确定"按钮 ✔，旋转生成实体，将视图以合适的方向显示，结果如图 3-67 所示。

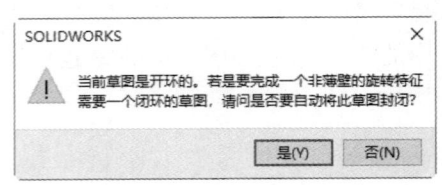

图 3-65　系统提示框

⑥ 圆角实体。执行"插入"→"特征"→"圆角"菜单命令，或者单击"特征"控制面板中的"圆角"按钮 ⬡，系统弹出图 3-68 所示的"圆角"属性管理器。在"半径"文本框中输入 12mm，选择图 3-67 中的边线 1，单击属性管理器中的"确定"按钮 ✔。再次执行圆角命令，对图 3-67 中的边线 2 进行圆角操作，圆角半径为 6mm，结果如图 3-69 所示（此命令将在本书项目 4 任务 2 中详细介绍）。

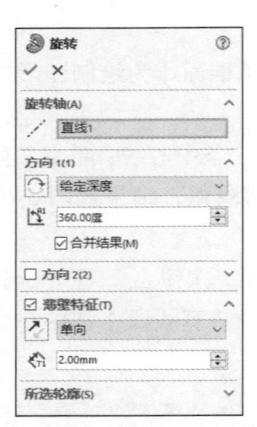

图 3-66　"旋转"
属性管理器（3）

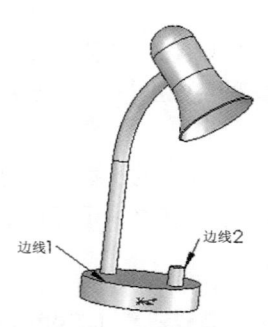

图 3-67　旋转生成的实体

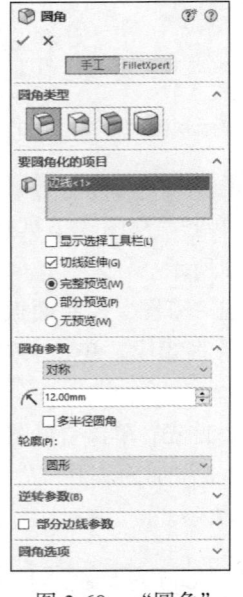

图 3-68　"圆角"
属性管理器

图 3-69　圆角后的实体

三、旋转切除特征

与旋转凸台/基体特征不同的是，旋转切除特征用来产生切除特征，也就是用来去除材料。图 3-70 所示为旋转切除的两种效果。

1. 执行方式

- 工具栏：单击"特征"工具栏中的"旋转切除"按钮 ⬡。
- 菜单栏：选择"插入"→"切除"→"旋转"菜单命令。
- 控制面板：单击"特征"控制面板中的"旋转切除"按钮 ⬡。

2. 操作步骤

执行"旋转切除"命令，系统弹出"切除-旋转"属性管理器，如图 3-71 所示。该属性管理器中各选项在前文中均有介绍，此处不再赘述。

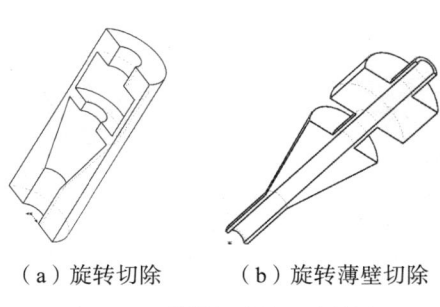

（a）旋转切除　　（b）旋转薄壁切除

图 3-70　旋转切除的两种效果

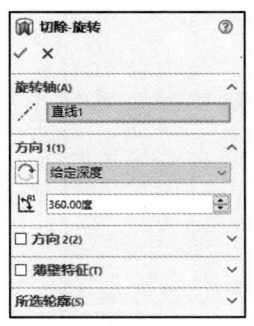

图 3-71　"切除-旋转"属性管理器（1）

■ 案例——绘制酒杯

微课

本例绘制图 3-72 所示的酒杯。

（1）单击"标准"工具栏中的"新建"按钮 ，在弹出的"新建 SOLIDWORKS 文件"对话框中单击"零件"按钮 ，再单击"确定"按钮，创建一个新的零件文件。

案例——绘制酒杯

（2）在 FeatureManager 设计树中单击"前视基准面"作为绘图基准面。

（3）单击"草图"控制面板中的"直线"按钮 ，绘制一条通过原点的竖直中心线；单击"草图"控制面板中的"直线"按钮 、"圆心/起/终点画弧"按钮 及"绘制圆角"按钮 ，绘制酒杯的草图轮廓。结果如图 3-73 所示。

（4）单击"草图"控制面板中的"智能尺寸"按钮 ，标注步骤（3）绘制的草图的尺寸，结果如图 3-74 所示。

图 3-72　酒杯

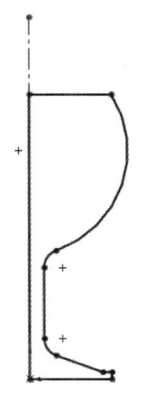

图 3-73　绘制的草图（1）

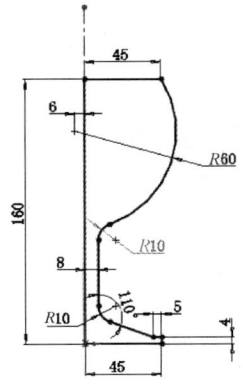

图 3-74　标注的草图

（5）单击"特征"控制面板中的"旋转凸台/基体"按钮 ，系统弹出图 3-75 所示的"旋转"属性管理器。按照图 3-75 所示进行设置后，单击"确定"按钮 ，结果如图 3-76 所示。

（6）在 FeatureManager 设计树中单击"前视基准面"作为绘制图形的基准面，然后单击"视图"工具栏中的"正视于"按钮 ，结果如图 3-77 所示。

（7）单击"草图"控制面板中的"等距实体"按钮 ，绘制与酒杯圆弧边线相距 1mm 的轮廓；单击"直线"按钮 及"中心线"按钮 ，绘制草图，延长并封闭草图轮廓，如图 3-78 所示。

  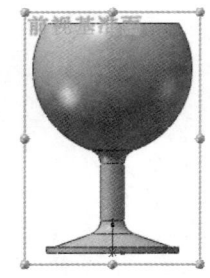

图 3-75 "旋转"属性管理器（4） 图 3-76 旋转后的图形 图 3-77 设置基准面（4）

（8）单击"特征"控制面板中的"旋转切除"按钮，在绘图区选择过坐标原点的竖直中心线作为旋转轴，其他属性设置同图 3-79 所示"切除-旋转"属性管理器。单击"确定"按钮，生成旋转切除特征。

（9）单击"标准视图"控制面板中的"等轴测"按钮，将视图以等轴测方向显示。结果如图 3-80 所示。

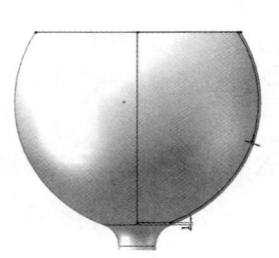 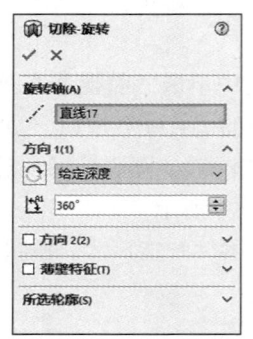 

图 3-78 绘制的草图（2） 图 3-79 "切除-旋转"属性管理器（2） 图 3-80 切除后的图形

任务 3 扫描功能学习

任务引入

领导给了小明一张图纸，让他绘制出三维模型，小明观察了一下图纸，发现模型变化比较多且不规则，为了快速准确地将其绘制出来，他使用了扫描功能，那么具体如何操作呢？

知识准备

扫描特征是指由二维草图平面沿一条平面或空间轨迹扫描而成的一类特征。轮廓（截面）沿着一条路径移动后可以生成基体、凸台、曲面，也能切除实体。图 3-81 所示为一个利用扫描特征生成的零件实例。

SOLIDWORKS 2020 的扫描特征遵循以下规则。

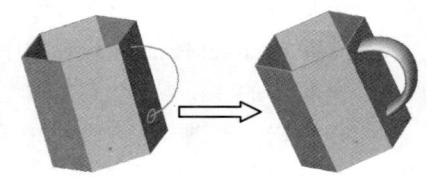

图 3-81 扫描特征实例

（1）扫描路径可以为开环或闭环。

（2）路径可以是一张草图中包含的一组草图曲线、一条曲线或一组模型边线。

（3）路径的起点必须位于轮廓的基准面上。

（4）对于凸台/基体扫描特征，轮廓必须是闭环的；对于曲面扫描特征，则轮廓可以是闭环的，也可以是开环的。

（5）无论是截面、路径还是所形成的实体，都不能出现自相交叉的情况。

一、扫描凸台/基体

扫描可简单也可复杂。SOLIDWORKS 通过在路径的不同位置复制轮廓从而创建一系列中间截面，然后将中间截面叠到一起形成扫描几何体。在扫描特征中可包含其他参数，如引导线、轮廓方向和轮廓扭转等。

1. 执行方式

- 工具栏：单击"特征"工具栏中的"扫描"按钮 $\mathscr{S}$ 。
- 菜单栏：选择"插入"→"凸台/基体"→"扫描"菜单命令。
- 控制面板：单击"特征"控制面板中的"扫描"按钮 $\mathscr{S}$ 。

2. 操作步骤

执行"扫描"命令，系统弹出"扫描"属性管理器，如图 3-82 所示。

3. 选项说明

（1）轮廓和路径。

① 草图轮廓：沿二维或三维草图路径，移动二维轮廓创建扫描。

- 轮廓 $\mathscr{C}^{0}$ ：用来设定生成扫描的轮廓（截面）。既可在绘图区或 FeatureManager 设计树中选取轮廓，也可从模型中直接选择面、边线和曲线作为扫描轮廓。基体或凸台扫描特征的轮廓应为闭环。
- 路径 $\mathscr{C}$ ：设定轮廓扫描经过的路径。在绘图区或 FeatureManager 设计树中选取路径。路径可以是开环的或闭环的，也可

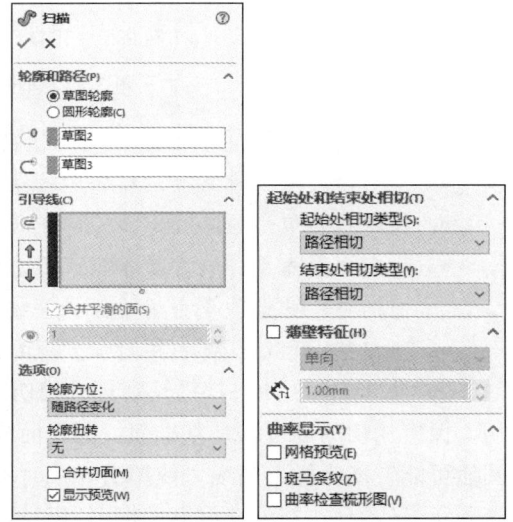

图 3-82 　"扫描"属性管理器

以是包含在草图中的一组绘制的曲线、一条曲线或一组模型边线。注意路径的起点必须位于轮廓的基准面上。

② 圆形轮廓：直接在模型上沿草图直线、边线或曲线创建实体杆或空心管筒。

（2）引导线。

① 引导线 $\mathscr{C}$ ：在轮廓沿路径扫描时加以引导。在绘图区选择引导线时，引导线必须与轮廓或轮廓草图中的点重合。

② 上移 $\uparrow$ /下移 $\downarrow$ ：如果存在多条引导线，则可以单击"上移"按钮 $\uparrow$ 或"下移"按钮 $\downarrow$ ，改变使用引导线的顺序。

③ 合并平滑的面：勾选此复选框，可改进带引导线扫描的性能，并在引导线或路径的所有非曲率连续点处分割扫描。因此，引导线中的直线和圆弧会更精确地匹配。

④ 显示截面 👁：显示扫描的截面可以通过控制截面数量观看轮廓。

（3）选项。

① 轮廓方位：控制轮廓在沿路径扫描时的方向。在"轮廓方位"下拉列表选择以下选项之一。

• 随路径变化：草图轮廓随路径的变化而变换方向，其法线与路径相切，如图 3-83（a）所示。

• 保持法线不变：草图轮廓沿路径扫描时保持法线不变，如图 3-83（b）所示。

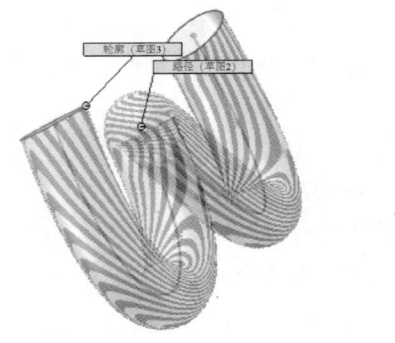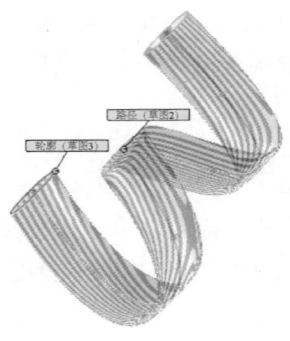

（a）随路径变化   （b）保持法线不变

图 3-83　不同轮廓方位下的扫描特征

② 轮廓扭转：将轮廓沿路径应用扭转。在"轮廓扭转"下拉列表中选择以下选项之一。

• 无：仅限于二维路径，将轮廓的法线方向与路径对齐，不进行纠正。

• 指定扭转值：沿路径定义轮廓扭转。选择该项需要定义扭转角度和方向。

• 指定方向向量：依据基准面、平面、直线、边线、圆柱、轴、特征上顶点组等来设定方向向量。此选项不可用于保持法线方向不变。

• 与相邻面相切：将扫描附加到现有几何体时可用。使轮廓与相邻面相切。

③ 合并切面：如果扫描轮廓具有相切线段，勾选该复选框可使所产生的扫描中相应曲面相切。保持相切的面可以是基准面、圆柱面或锥面。其他相邻面被合并，轮廓被近似处理。草图圆弧可能转换为样条曲线。使用引导线时不会产生效果。

④ 显示预览：勾选该复选框可以显示扫描的上色预览。

（4）起始处和结束处相切。

① 无：不应用相切。

② 路径相切：垂直于路径开始点/结束点而产生扫描。

（5）薄壁特征：该部分内容，与拉伸命令中的相同，不再赘述。

（6）曲率显示。

① 网格预览：在已选面上应用预览网格，以便更直观地显示曲面。

② 斑马条纹：用斑马条纹，更容易看到曲面褶皱或缺陷。

③ 曲率检查梳形图：可以显示模型曲面上的曲率梳形图，以分析相邻曲面的接合和变换方式。

二、引导线扫描

利用 SOLIDWORKS 2020 不仅可以生成等截面的扫描，还可以生成随着路径变化，截面也发生变化的扫描——引导线扫描。图 3-84 所示为引导线扫描效果。

在利用引导线生成扫描特征之前，应该注意以下几点。

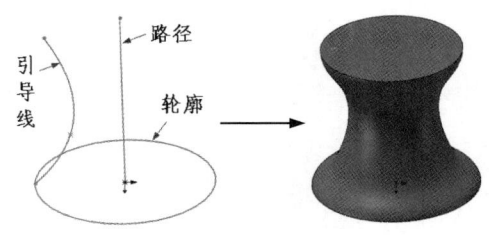

图 3-84　引导线扫描效果

（1）路径和引导线基本要求

① 应在生成路径和引导线之后生成截面。带引导线的扫描不要求穿透几何关系。

② 引导线必须与轮廓或轮廓草图中的点重合，以使扫描可自动推测是否存在穿透几何关系。

③ 扫描的中间轮廓由路径及引导线所决定。路径必须为单一实体（如直线、圆弧等）或路径线段必须相切（不成一定角度）。

（2）几何关系

① 在绘制截面时，请注意几何关系，如水平或竖直，几何关系可能被自动添加。这些几何关系会影响中间截面的形状，可能导致不希望的结果。

② 使用"显示/删除几何关系"来删除不想要的几何关系，这样中间截面可以根据需要扭转。

（3）路径和引导线长度

① 路径与引导线的长度可能不同。

② 如果引导线比路径长，扫描将使用路径的长度。

③ 如果引导线比路径短，扫描将使用最短的引导线长度。

（4）引导线

① 引导线必须相交于一个点，即扫描曲面的顶点。

② 可以使用任何草图曲线、模型边线或曲线作为引导线。

■ 案例——绘制弯管

本例绘制图 3-85 所示的弯管。

（1）单击"标准"工具栏中的"新建"按钮 ⬜，在打开的"新建 SOLIDWORKS 文件"对话框中单击"零件"按钮 🦴，再单击"确定"按钮。

（2）在 FeatureManager 设计树中选择"上视基准面"，单击"草图"控制面板中的"草图绘制"按钮 ⬚，新建一张草图。

（3）单击"视图"工具栏中的"正视于"按钮 ⬆。

（4）单击"草图"控制面板中的"中心线"工具 ✏，在草图绘制平面过原点绘制两条相互垂直的中心线。

（5）单击"草图"控制面板中的"圆"按钮 ⊙，弹出"圆"属性管理器，如图 3-86 所示，绘制一个以原点为圆心、半径为 90mm 的圆，勾选"作为构造线"复选框，将圆作为构造线，结果如图 3-87 所示。

微课

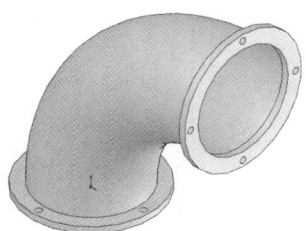

案例——绘制弯管

图 3-85　弯管

（6）单击"草图"控制面板中的"圆"按钮⊙，绘制圆。

（7）单击"草图"控制面板中的"智能尺寸"按钮❖，按标注尺寸绘制的法兰草图如图 3-88 所示。

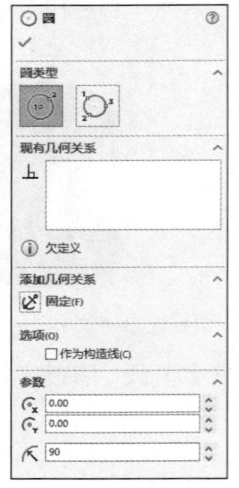

图 3-86　"圆"属性管理器

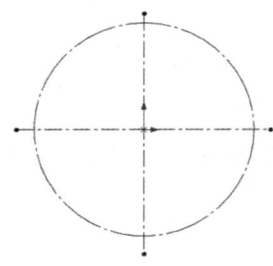

图 3-87　绘制构造圆

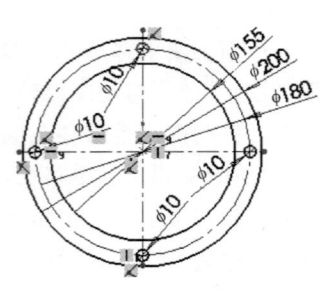

图 3-88　法兰草图（1）

（8）单击"特征"控制面板中的"拉伸凸台/基体"按钮，在弹出的"凸台-拉伸"属性管理器中，设定拉伸的终止条件为"给定深度"，设置拉伸深度为 10mm，保持其他选项的系统默认值不变，具体设置如图 3-89 所示，单击"确定"按钮✔，完成法兰的创建，拉伸结果如图 3-90 所示。

（9）选择法兰的上表面，单击"草图"控制面板中的"草图绘制"按钮，新建一张草图。

（10）单击"视图"工具栏中的"正视于"按钮。

（11）单击"草图"控制面板中的"圆"按钮⊙，绘制以原点为圆心、直径分别为 160mm 和 155mm 的两个圆作为扫描轮廓，如图 3-91 所示。

图 3-89　"凸台-拉伸"属性管理器

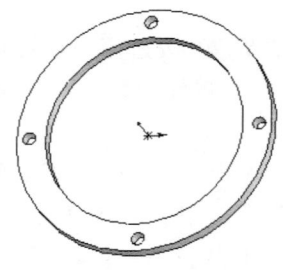

图 3-90　法兰

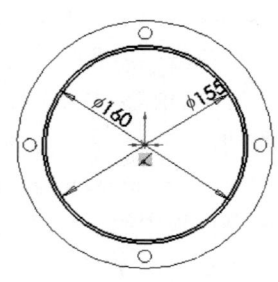

图 3-91　扫描轮廓

（12）在 FeatureManager 设计树中选择前视基准面，单击"草图"控制面板中的"草图绘制"按钮，新建一张草图。

（13）单击"视图"工具栏中的"正视于"按钮。

（14）单击"草图"控制面板中的"圆心/起/终点画弧"按钮，在法兰上表面延伸的一条水平线上捕捉一点作为圆心，以上表面原点作为圆弧起点，绘制一个 1/4 圆弧作为扫描路径，标注半径为 250mm，如图 3-92 所示。

（15）单击"特征"控制面板中的"扫描"按钮 $\mathscr{S}$ ，选择步骤（11）创建的草图作为扫描轮廓，步骤（14）创建的草图作为扫描路径，设置扫描参数如图 3-93 所示。单击"确定"按钮 $\checkmark$ ，从而生成弯管部分，弯管的部分模型如图 3-94 所示。

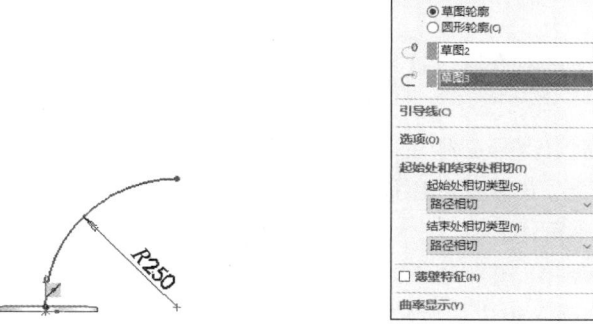

图 3-92　扫描路径

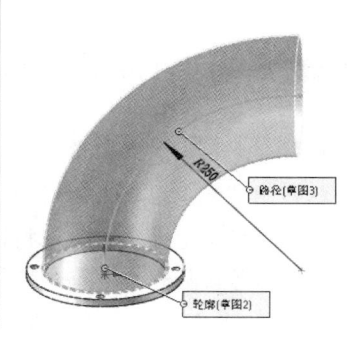

图 3-93　设置扫描参数

（16）选择弯管的另一端面，单击"草图"控制面板中的"草图绘制"按钮 ，新建一张草图。

（17）单击"视图"工具栏中的"正视于"按钮 。

（18）重复步骤（4）～（7），绘制图 3-95 所示的另一端法兰草图。

（19）单击"特征"控制面板中的"拉伸凸台/基体"按钮 ，在弹出的"凸台-拉伸"属性管理器中，设定拉伸的终止条件为"给定深度"，设置拉伸深度为 10mm，保持其他选项的系统默认值不变，设置如图 3-96 所示。单击"确定"按钮 $\checkmark$ ，完成法兰的创建。最后结果如图 3-85 所示。

图 3-94　弯管的部分模型

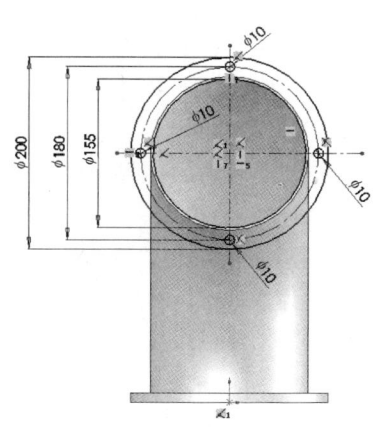

图 3-95　法兰草图（2）

图 3-96　拉伸的设置

三、扫描切除特征

扫描切除特征属于切割特征。与旋转切除特征相似，扫描切除特征是通过扫描产生切除特征，也是用来去除材料的。

1. 执行方式

- 工具栏：单击"特征"工具栏中的"扫描切除"按钮 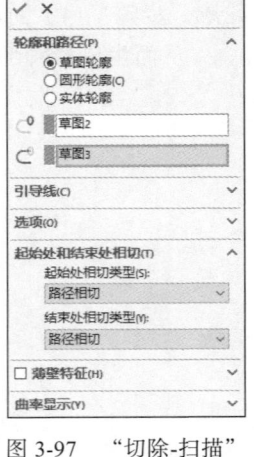。
- 菜单栏：选择"插入"→"切除"→"扫描"菜单命令。
- 控制面板：单击"特征"控制面板中的"扫描切除"按钮。

2. 操作步骤

执行"扫描切除"命令，系统弹出"切除-扫描"属性管理器，如图 3-97 所示。

3. 选项说明

该属性管理器中各选项大多在前文已有介绍，这里只对部分选项进行说明。

（1）实体轮廓：选择该单选按钮时，路径必须在自身内相切（无尖角），并从点上或工具实体轮廓内部开始。最常见的用途是绕圆柱实体创建切除特征。实体轮廓对装配体特征不可用。

工具实体必须凸起，不与主实体合并，并为以下之一。

① 只由分析几何体（如直线和圆弧）组成的旋转特征。

② 圆柱拉伸特征。

图 3-97　"切除-扫描"属性管理器

（2）路径：设定轮廓扫描经过的路径。在绘图区或 FeatureManager 设计树中选取路径。

■ 案例——绘制螺母

本例绘制图 3-98 所示的螺母。

1. 绘制螺母外侧轮廓

（1）新建文件。启动 SOLIDWORKS 2020，选择"文件"→"新建"菜单命令，或者单击"标准"工具栏中的"新建"按钮，在弹出的"新建 SOLIDWORKS 文件"对话框中单击"零件"按钮，再单击"确定"按钮，即可创建一个新的零件文件。

（2）绘制草图。在左侧的 FeatureManager 设计树中单击"前视基准面"作为绘图基准面。单击"草图"控制面板中的"多边形"按钮，以原点为圆心绘制一个正六边形，正六边形的一个角点在原点的正上方。

（3）标注尺寸。单击"草图"控制面板中的"智能尺寸"按钮，标注上一步绘制草图的尺寸。结果如图 3-99 所示。

（4）拉伸实体。单击"特征"控制面板中的"拉伸凸台/基体"按钮，系统弹出"凸台-拉伸"属性管理器，设置拉伸的深度为 30mm，然后单击"确定"按钮。

（5）设置视图方向。单击"视图"工具栏中的"等轴测"按钮，将视图以等轴测方向显示。结果如图 3-100 所示。

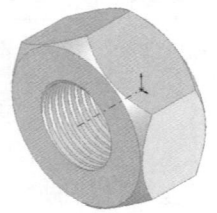

图 3-98　螺母

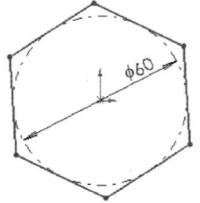

图 3-99　标注尺寸的草图（1）

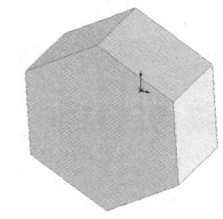

图 3-100　拉伸后的图形

2．绘制边缘倒角

（1）设置基准面。单击 FeatureManager 设计树中"右视基准面"，然后单击"视图"工具栏中的"正视于"按钮⬇，将该基准面作为绘图基准面。

（2）绘制草图。单击"草图"控制面板中的"中心线"按钮✏，绘制一条通过原点的水平中心线；单击"草图"控制面板中的"直线"按钮✏，绘制螺母侧面的三角形纹路。

（3）标注尺寸。单击"草图"控制面板中的"智能尺寸"按钮✏，标注上一步绘制草图的尺寸。结果如图 3-101 所示。

（4）旋转切除实体。单击"特征"控制面板中的"旋转切除"按钮🔩，系统弹出"切除-旋转"属性管理器，如图 3-102 所示，在"旋转轴"一栏中，选择绘制的水平中心线，其他按图设置然后单击"确定"按钮✔。

（5）设置视图方向。单击"视图"工具栏中的"等轴测"按钮🧊，将视图以等轴测方向显示。结果如图 3-103 所示。

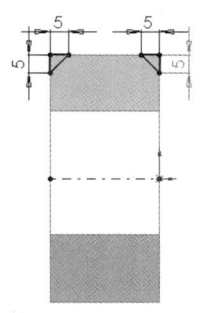

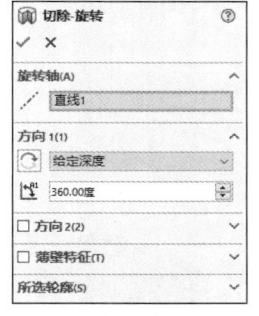

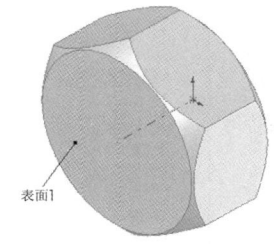

图 3-101　标注尺寸的草图（2）　　图 3-102　"切除-旋转"属性管理器　　图 3-103　旋转切除后的图形

3．绘制内侧螺纹

（1）设置基准面。单击图 3-103 中的表面 1，然后单击"视图"工具栏中的"正视于"按钮⬇，将该表面作为绘制图形的基准面。

（2）绘制草图。单击"草图"控制面板中的"圆"按钮⊙，以原点为圆心绘制一个圆。

（3）标注尺寸。单击"草图"控制面板中的"智能尺寸"按钮✏，标注圆的直径。结果如图 3-104 所示。

（4）拉伸切除实体。单击"特征"控制面板中的"拉伸切除"按钮🔲，系统弹出"切除-拉伸"属性管理器。在"终止条件"一栏中选择"完全贯穿"选项，然后单击"确定"按钮✔。

（5）设置视图方向。单击"视图"工具栏中的"等轴测"按钮🧊，将视图以等轴测方向显示。结果如图 3-105 所示。

（6）设置基准面。单击图 3-105 中的表面 1，然后单击"视图"工具栏中的"正视于"按钮⬇，将该表面作为绘图基准面。

（7）绘制草图。单击"草图"控制面板中的"圆"按钮⊙，以原点为圆心绘制一个圆。

（8）标注尺寸。单击"草图"控制面板中的"智能尺寸"

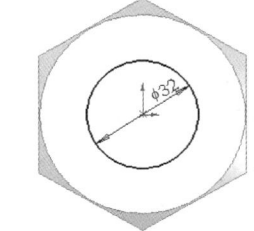

图 3-104　标注尺寸的草图（3）

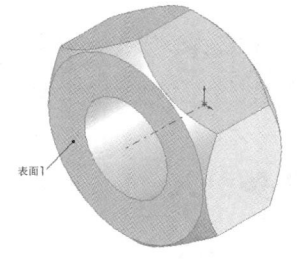

图 3-105　拉伸切除后的图形

按钮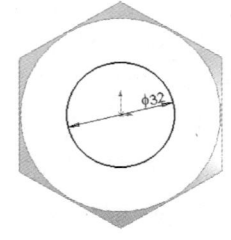，标注圆的直径。结果如图 3-106 所示。

（9）生成螺旋线。选择"插入"→"曲线"→"螺旋线/涡状线"菜单命令，或者单击"曲线"工具栏中的"螺旋线和涡状线"按钮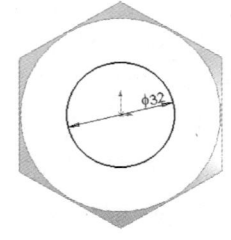，系统弹出图 3-107 所示的"螺旋线/涡状线"属性管理器。按照图 3-107 进行设置后，单击属性管理器中的"确定"按钮✔。

（10）设置视图方向。单击"视图"工具栏中的"等轴测"按钮，将视图以等轴测方向显示。结果如图 3-108 所示。

图 3-106　标注尺寸的草图（4）

（11）设置基准面。在 FeatureManager 设计树中单击"右视基准面"，然后单击"视图"工具栏中的"正视于"按钮，将该基准面作为绘图基准面。

（12）绘制草图。单击"草图"控制面板中的"多边形"按钮，以螺旋线右上端点为圆心绘制一个正三角形。

（13）标注尺寸。单击"草图"控制面板中的"智能尺寸"按钮，标注步骤（12）绘制的正三角形的内切圆直径。标注结果如图 3-109 所示，然后退出草图绘制状态。

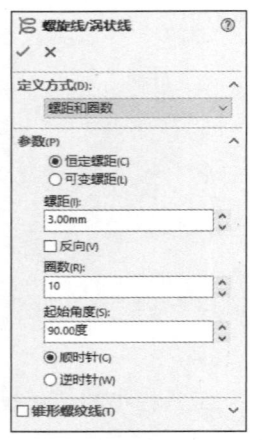

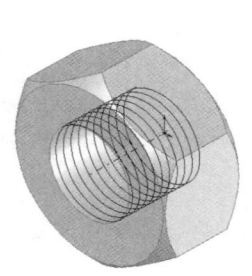

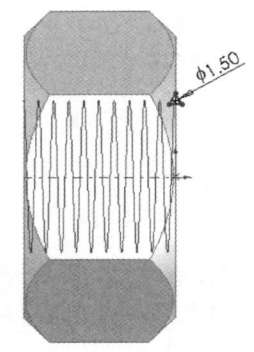

图 3-107　"螺旋线/涡状线"属性管理器　　图 3-108　生成的螺旋线　　图 3-109　标注尺寸的草图（5）

（14）扫描切除实体。首先，单击"特征"控制面板中的"扫描切除"按钮，系统弹出"切除-扫描"属性管理器。其次，在"轮廓"一栏中选择图 3-109 中的正三角形；在"路径"一栏中选择图 3-108 中的螺旋线。最后，单击属性管理器中的"确定"按钮✔。

（15）设置视图方向。单击"视图"工具栏中的"等轴测"按钮，将视图以等轴测方向显示。

任务 4　放样功能学习

任务引入

领导给了小明一张图纸，让他绘制出三维模型，小明观察了一下图纸，发现模型底部的一部分不太好绘制，两个面的轮廓不一样，中间连接部分也是不太规则的，思考之后，小明觉得使用放样功能可以将这一部分快速地绘制出来，那么怎么使用放样功能呢？

知识准备

所谓放样是指连接多个剖面或轮廓来创建基体、凸台或切除，通过在轮廓之间进行过渡来生成特征。图 3-110 所示为一个利用放样特征生成的零件实例。

图 3-110　放样特征生成的零件实例

一、放样凸台/基体

通过使用空间上两个及以上的不同平面轮廓，可以生成最基本的放样特征。可以仅第一个或最后一个轮廓是点，也可以这两个轮廓均为点。单一三维草图中可以包含所有草图实体（包括引导线和轮廓）。

1. 执行方式

- 工具栏：单击"特征"工具栏中的"放样凸台/基体"按钮 ▲。
- 菜单栏：选择"插入"→"凸台/基体"→"放样"菜单命令。
- 控制面板：单击"特征"控制面板中的"放样凸台/基体"按钮 ▲。

2. 操作步骤

执行"放样凸台/基体"命令，系统弹出"放样"属性管理器，如图 3-111 所示。

3. 选项说明

（1）轮廓。

① 轮廓 ☷：用来生成放样的轮廓。选择要连接的草图轮廓，如面或边线。根据轮廓选择的顺序放样。对每个轮廓，选择放样路径经过的点。

② 上移 ⬆/下移 ⬇：改变轮廓的顺序。此项只针对两个或以上轮廓的放样特征。

（2）开始/结束约束：如果要在放样的开始处和结束处控制相切，则要设置"开始/结束约束"选项组的以下选项之一。

① 无：不应用相切约束。

② 方向向量：表示根据方向向量的所选实体而应用相切约束。

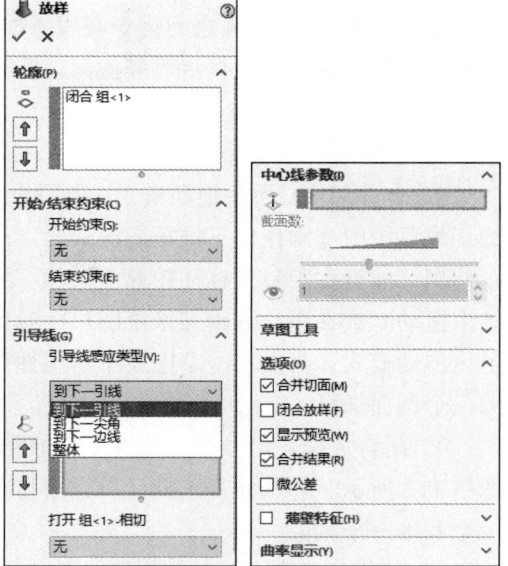

图 3-111　"放样"属性管理器

③ 垂直于轮廓：表示垂直于开始或结束轮廓的相切约束。选择该选项，需要设定拔模角度和开始或结束处的相切长度。

④ 与面相切：表示放样在起始处或终止处与现有几何体相切。此选项只有当放样附加到现有几何体上时才可以使用。

⑤ 与面的曲率：表示在所选的轮廓处应用平滑、具有美感的曲率连续放样。此选项只有当放样附加到现有几何体时才可用。

（3）引导线。

① 引导线感应类型：控制引导线对放样的影响范围。

- 到下一引线：只将引导线感应延伸到下一引导线。
- 到下一尖角：只将引导线感应延伸到下一尖角。尖角为轮廓的硬边角。用任何两个相互之间没有共同相切或曲率关系的连续草图实体来定义尖角。
- 到下一边线：只将引导线感应延伸到下一边线。
- 整体：将引导线感应延伸到整个放样。

② 引导线 ⎲：选择引导线来控制放样。

③ 上移 ⬆ /下移 ⬇：调整引导线的顺序。此项只针对两个及以上引导线的放样特征。

④ 引导相切类型：控制放样与引导线相遇处的相切。可选择以下选项之一。

- 无：不应用相切约束。
- 垂直于轮廓：垂直于引导线的基准面应用相切约束。选择该项，需要设定拔模角度。
- 方向向量：根据方向向量的所选实体而应用相切约束。选择该项，需要设定方向向量和拔模角度。
- 与面相切：在位于引导线路径上的相邻面之间添加边侧相切约束，从而在相邻面之间生成更平滑的过渡。在引导线位于现有几何体的边线上时才可用。

（4）中心线参数。

① 中心线：使用中心线引导生成放样形状。

② 截面数：在轮廓之间绕中心线添加截面时，移动滑块来调整截面数。

③ 显示截面 ⬤：显示放样截面。既可以单击箭头来显示截面，也可以输入截面编号，然后单击"显示截面" ⬤ 跳到该截面。

（5）选项。

① 合并切面：激活拖动模式。当用户编辑放样特征时，用户可在任何已为放样定义了轮廓的三维草图中拖动任何三维草图的线段、点或基准面。三维草图在用户拖动时更新。用户也可以使用尺寸标注工具来标注轮廓的尺寸。放样预览在结束拖动时或在用户编辑三维草图尺寸时更新。若想退出拖动模式，再次单击草图或单击属性管理器中的另一个截面即可。

② 闭合放样：沿放样方向生成一闭合实体，如图 3-112 所示。勾选此复选框后放样会自动连接最后一个和第一个截面。

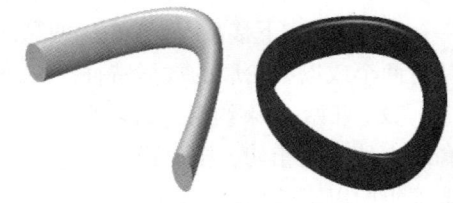

图 3-112 勾选"闭合放样"前后的对比

③ 微公差：使用微小的几何图形为零件边缘，创建放样。微公差适用于边缘较小的零件。

二、引导线放样

同生成引导线扫描特征一样，SOLIDWORKS 2020 也可以生成引导线放样特征。通过使用两个或多个轮廓，以及使用一条或多条引导线来连接轮廓的方式，生成引导线放样特征。通过引导线可以帮助控制生成的中间轮廓。图 3-113 所示为引导线放样效果。

在利用引导线生成放样特征时，应该注意以下几点。

（1）引导线必须与轮廓相交。

（2）引导线的数量不受限制。

（3）引导线之间可以相交。

（4）引导线可以是任何草图曲线、模型边线或曲线。

（5）引导线可以比生成的放样特征长，放样将终止于最短引导线的末端。

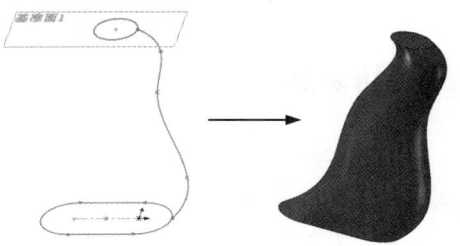

图 3-113　引导线放样效果

（6）如果软件在选择一引导线时提示无效，可用以下方式解决。

① 右击绘图区，从弹出的快捷菜单中选择 SelectionManager，然后选择引导线。

② 将引导线放置在单个草图中。

（7）如果放样失败或扭曲，可用以下方式解决。

① 使用放样同步来修改放样轮廓之间的同步。可以通过更改轮廓之间的对齐来调整同步。要调整对齐，则应操纵绘图区中出现的控标（它是连接线的一部分）。

② 添加过参考点的曲线作为引导线，选择适当的轮廓顶点生成曲线。

（8）用户可以通过在所有引导线上生成同样数量的线段，进一步控制放样的影响。每一线段的端点标志对应的轮廓转换点。

三、中心线放样

利用 SOLIDWORKS 2020 还可以生成中心线放样特征。中心线放样是指将一条变化的引导线作为中心线进行放样。在中心线放样特征中，所有中间截面的草图基准面都与此中心线垂直。

中心线放样特征的中心线必须与每个闭环轮廓的内部区域相交，而不是像引导线放样那样必须与每个轮廓相交。图 3-114 所示为中心线放样效果。

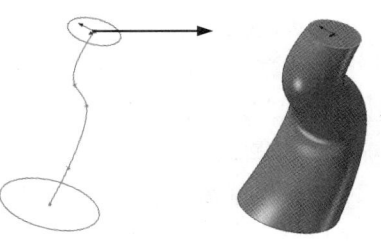

图 3-114　中心线放样效果

四、分割线放样

要生成一个与实体无缝连接的放样特征，就必须用到分割线放样。分割线放样可以将放样中的空间轮廓转换为平面轮廓，从而使放样特征进一步扩展到空间模型的曲面上。图 3-115 所示为分割线放样效果。

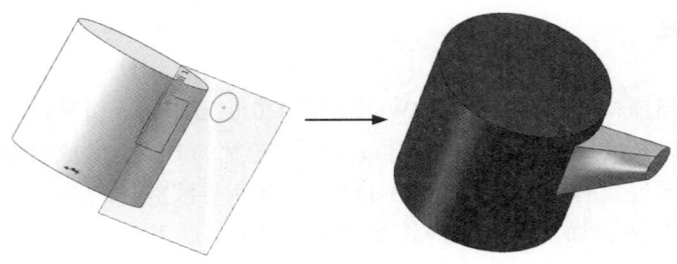

图 3-115　分割线放样效果

五、切除放样

"切除-放样"指在两个或多个轮廓之间通过移除材料来切除实体模型。

1. 执行方式

- 工具栏：单击"特征"工具栏中的"放样切割"按钮 ⑪。
- 菜单栏：选择"插入"→"切除"→"放样"菜单命令。
- 控制面板：单击"特征"控制面板中的"放样切割"按钮 ⑪。

2. 操作步骤

执行"放样切割"命令，系统弹出"切除-放样"属性管理器，如图 3-116 所示。该属性管理器中的各选项在前文中均有介绍，不再赘述。

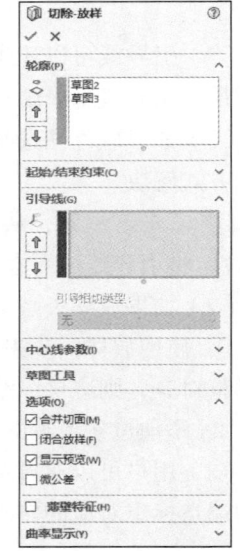

■ **案例——绘制叶轮**

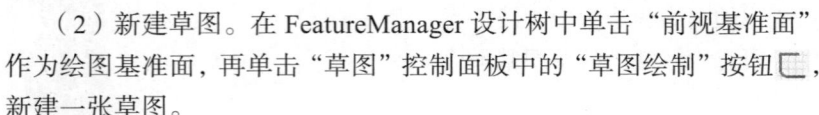

微课

案例——绘制叶轮

图 3-116　"切除-放样"属性
管理器

本例绘制图 3-117 所示的叶轮。

（1）新建文件。启动 SOLIDWORKS 2020，单击"标准"工具栏中的"新建"按钮 ，在打开的"新建 SOLIDWORKS 文件"对话框中，单击"零件"按钮 ，再单击"确定"按钮。

（2）新建草图。在 FeatureManager 设计树中单击"前视基准面"作为绘图基准面，再单击"草图"控制面板中的"草图绘制"按钮 ，新建一张草图。

（3）绘制圆。单击"草图"控制面板中的"圆形"按钮 ⊙，绘制一个以原点为圆心的圆。

（4）标注尺寸。单击"草图"控制面板中的"智能尺寸"按钮 ，为草图标注尺寸，如图 3-118 所示。

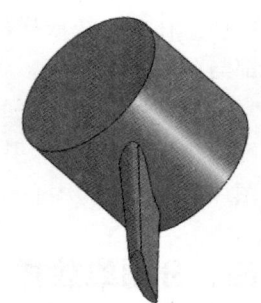

（5）拉伸形成实体。单击"特征"控制面板中的"拉伸凸台/基体"按钮 ，在弹出的"凸台-拉伸"属性管理器中设定拉伸的终止条件为"给定深度"，设置拉伸深度为 22mm，保持其他选项为系统默认值不变，然后单击"确定"按钮 ，生成拉伸特征，如图 3-119 所示。

图 3-117　叶轮

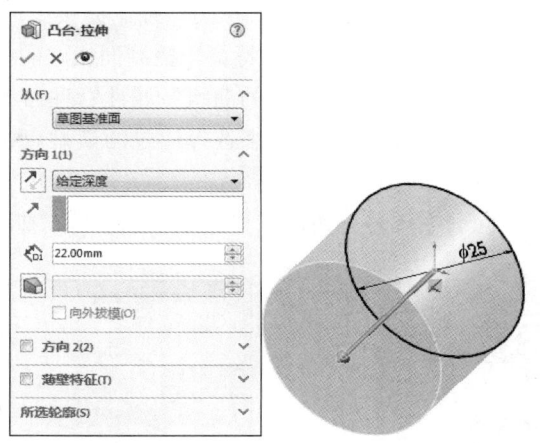

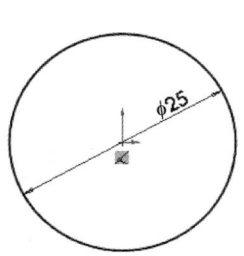

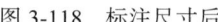

图 3-118　标注尺寸后　　　　　　　图 3-119　基体拉伸的设定和实体

（6）新建草图。在 FeatureManager 设计树中选择"右视基准面"作为绘图基准面，单击"草图"控制面板中的"草图绘制"按钮，新建一张草图；单击"视图"工具栏中的"正视于"按钮。

（7）绘制样条曲线。单击"草图"控制面板中的"样条曲线"按钮，绘制第一个放样轮廓，如图 3-120 所示。单击"草图"控制面板中的"退出草图"按钮，退出草图。

（8）新建基准面。单击 FeatureManager 设计树中的"右视基准面"，再单击"特征"控制面板中的"基准面"按钮。在"基准面"属性管理器中设置偏移距离为 35mm，如图 3-121 所示。单击"确定"按钮，生成基准面 1。

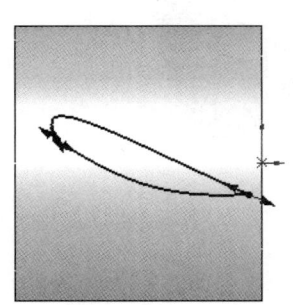

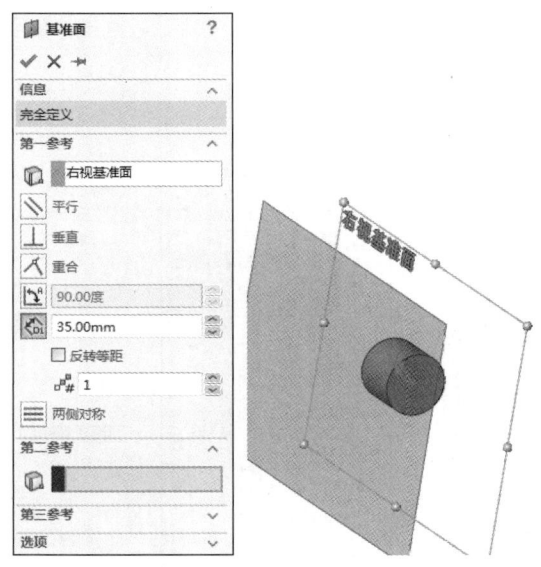

图 3-120　第一个放样轮廓　　　　　　图 3-121　添加基准面

（9）新建草图。单击"草图"控制面板中的"草图绘制"按钮，在基准面 1 上打开一张草图。

（10）绘制样条曲线。单击"草图"控制面板中的"样条曲线"按钮，绘制第二个放样轮廓，如图 3-122 所示。单击"草图"控制面板中的"退出草图"按钮，退出草图。

（11）选择模型点。选择"特征"控制面板"曲线"下拉列表中的"通过参考点的曲线"选项，在弹出的"通过参考点的曲线"属性管理器中单击"通过点"选项组中的显示框，然后在绘图区按照生成曲线的次序来选择通过的模型点，再单击"确定"按钮，生成通过模型点的放样引导线，如图 3-123 所示。

（12）同理生成另一条曲线作为放样引导线，如图 3-124 所示。

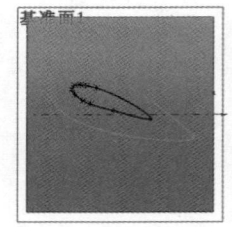
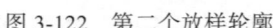
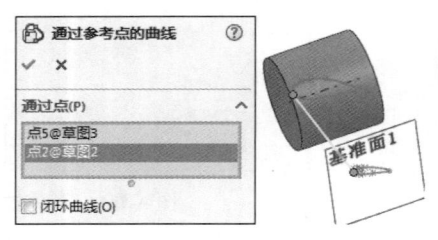
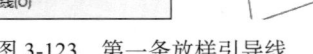

图 3-122　第二个放样轮廓　　　　图 3-123　第一条放样引导线　　　　图 3-124　第二条放样引导线

（13）生成引导线放样特征。单击"特征"控制面板上的"放样凸台/基体"按钮。在属性管理器中，单击按钮右侧的显示框，然后在绘图区中依次选取第一个放样轮廓和第二个放样轮廓。单击按钮右侧的显示框，在绘图区中选择两条三维曲线作为引导线，再单击"确定"按钮，生成引导线放样特征，如图 3-125 所示。

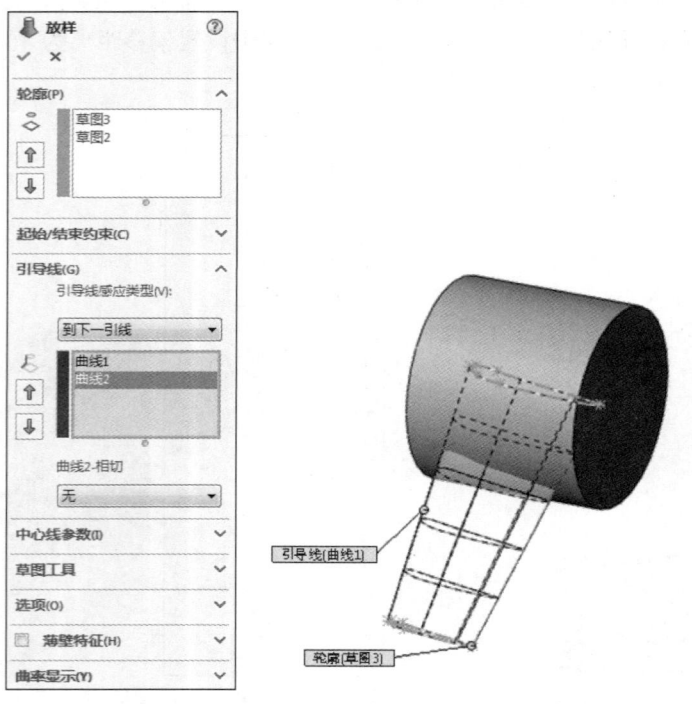

图 3-125　生成引导线放样特征

（14）在 FeatureManager 设计树中右击"基准面 1"，然后在弹出的快捷菜单中选择"隐藏"命令，将基准面 1 隐藏。

综合案例　绘制电源插头模型

本例绘制的电源插头模型如图 3-126 所示。

首先绘制电源插头的主体草图并放样实体；其次在小端运用扫描和旋转命令绘制进线部分；最后在大端绘制插头。电源插头的绘制过程如图 3-127 所示。

微课

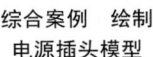

综合案例　绘制
电源插头模型

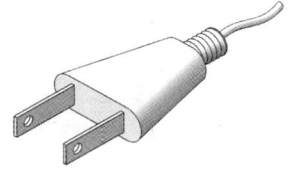

图 3-126　电源插头模型

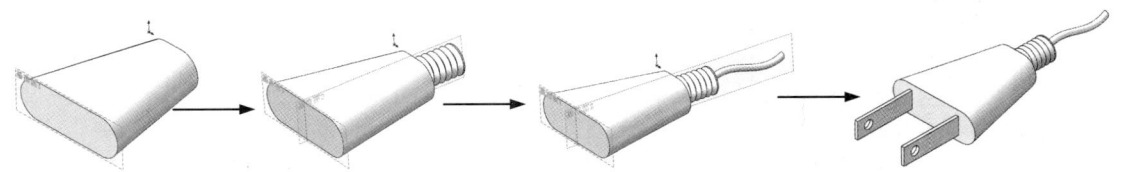

图 3-127　电源插头的绘制过程

1. 生成基体

（1）新建文件。选择"文件"→"新建"菜单命令，或者单击"标准"工具栏中的"新建"按钮□，在弹出的"新建 SOLIDWORKS 文件"对话框中先单击"零件"按钮🗍，再单击"确定"按钮，创建一个新的零件文件。

（2）绘制草图。在 FeatureManager 设计树中单击"前视基准面"作为绘图基准面。单击"草图"控制面板中的"边角矩形"按钮□，绘制一个矩形；单击"草图"控制面板中的"3 点圆弧"按钮🔊，绘制圆弧，圆弧半径为 5mm。

（3）标注尺寸。选择"工具"→"标注尺寸"→"智能尺寸"菜单命令，或者单击"草图"控制面板中的"智能尺寸"按钮✎，标注图形的尺寸。结果如图 3-128 所示。退出草图绘制状态。

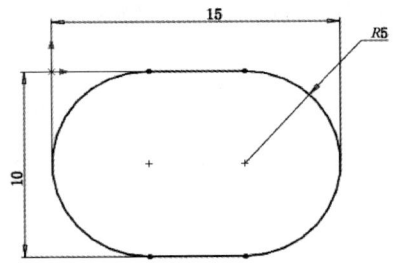

图 3-128　标注尺寸的图形

（4）添加基准面。在 FeatureManager 设计树中单击"前视基准面"，然后选择"插入"→"参考几何体"→"基准面"菜单命令，系统弹出图 3-129 所示的"基准面"属性管理器。在"偏移距离"文本框中输入 30mm，并调整基准面的方向。按照图 3-129 进行设置后，单击"确定"按钮✓，添加基准面 1。

（5）设置视图方向。单击"视图"工具栏中的"等轴测"按钮🗍，将视图以等轴测方向显示。结果如图 3-130 所示。

（6）设置基准面。选择步骤（4）添加的基准面 1，然后单击"视图"工具栏中的"正视于"按钮↑，将基准面 1 作为绘图基准面。

（7）绘制草图。单击"草图"控制面板中的"边角矩形"按钮□，在步骤（5）设置的基准面上绘制一个矩形；单击"草图"控制面板中的"3 点圆弧"按钮🔊，绘制圆弧，圆弧半径为 5mm。

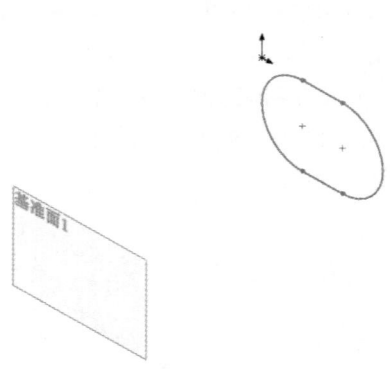

图 3-129　"基准面"属性管理器　　　　　　　图 3-130　等轴测方向显示视图（1）

（8）标注尺寸。单击"草图"控制面板中的"智能尺寸"按钮 ，标注矩形各边的尺寸。结果如图 3-131 所示。退出草图绘制状态。

（9）放样实体。选择"插入"→"凸台/基体"→"放样"菜单命令，或者单击"特征"控制面板中的"放样凸台/基体"按钮 ，系统弹出图 3-132 所示的"放样"属性管理器。在"轮廓"选项组中，依次选择大端矩形草图和小端矩形草图，按照图 3-132 所示进行设置后，单击"确定"按钮 。结果如图 3-133 所示。

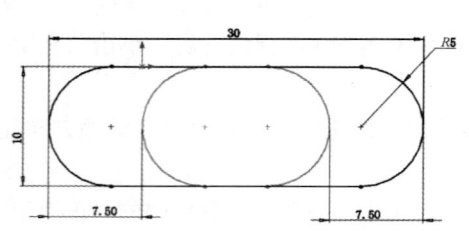

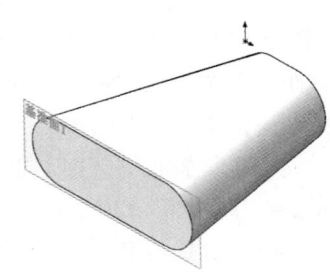

图 3-131　标注尺寸的草图（1）　　　　图 3-132　"放样"属性管理器　　　图 3-133　放样后的图形

　　在选择放样的轮廓时，要先选择大端草图，再选择小端草图，注意不要改变顺序。读者可以反序选择后，观察放样的结果。

（10）添加基准面。在 FeatureManager 设计树中单击"右视基准面"，然后选择"插入"→"参考几何体"→"基准面"菜单命令，或者选择"特征"控制面板"参考几何体"下拉列表中的"基准面"选项 ▥，系统弹出"基准面"属性管理器。在"偏移距离"文本框中输入 7.5mm，并调整基准面的方向。单击"确定"按钮 ✔，添加一个新的基准面。结果如图 3-134 所示。

（11）设置基准面。选择步骤（10）添加的基准面，然后单击"视图"工具栏中的"正视于"按钮 ⊥，将该表面作为绘图基准面。

（12）绘制草图。选择"工具"→"草图绘制实体"→"直线"菜单命令，或者单击"草图"控制面板中的"直线"按钮 ╱，绘制一系列的直线段。结果如图 3-135 所示。

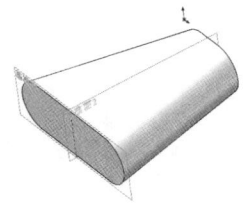

图 3-134　添加的基准面（1）

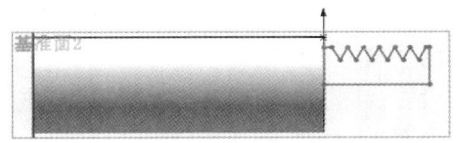

图 3-135　绘制的草图（1）

（13）旋转实体。选择"插入"→"凸台/基体"→"旋转"菜单命令，或者单击"特征"控制面板中的"旋转凸台/基体"按钮 ▦，系统弹出图 3-136 所示的"旋转"属性管理器。在"旋转轴"选项组中，选择步骤（12）绘制的水平直线段。按照图 3-136 所示进行设置后，单击属性管理器中的"确定"按钮 ✔，旋转生成实体。结果如图 3-137 所示。

图 3-136　"旋转"属性管理器

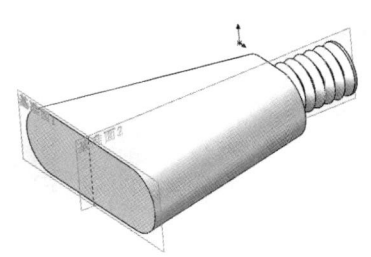

图 3-137　旋转生成的实体

2. 完成绘制

（1）设置基准面。选择"1.生成基体"步骤（10）设置的基准面，然后单击"视图"工具栏中的"正视于"按钮 ⊥，将该基准面作为绘图基准面。

（2）绘制草图。选择"工具"→"草图绘制实体"→"样条曲线"菜单命令，或者单击"草图"控制面板中的"样条曲线"按钮 ∧，绘制一条曲线。结果如图 3-138 所示。退出草图绘制状态。

（3）设置基准面。选择图 3-138 所示的表面 1，然后单击"视图"工具栏中的"正视于"按钮 ⊥，将该表面作为绘图基准面。

（4）绘制草图。单击"草图"控制面板中的"圆"按钮 ⊙，在步骤（3）设置的基准面上绘制一个圆。

（5）标注尺寸。单击"草图"控制面板中的"智能尺寸"按钮 ✦，标注圆的直径。结果如

图 3-139 所示。退出草图绘制状态。

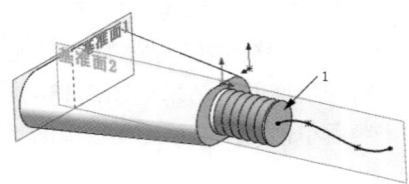

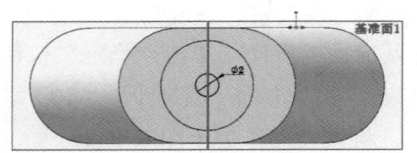

图 3-138 绘制的草图（2）   图 3-139 标注尺寸的草图（2）

（6）扫描实体。选择"插入"→"凸台/基体"→"扫描"菜单命令，或者单击"特征"控制面板中的"扫描"按钮 ✔️，系统弹出图 3-140 所示的"扫描"属性管理器。在"轮廓"栏 ⊙ 中，选择步骤（5）标注的圆；在"路径"栏 ⊂ 中，选择步骤（2）绘制的样条曲线，单击属性管理器中的"确定"按钮 ✔️。

（7）设置视图方向。单击"视图"工具栏中的"等轴测"按钮 📦，将视图以等轴测方向显示。结果如图 3-141 所示。

（8）添加基准面。在 FeatureManager 设计树中单击"基准面 2"，然后选择"插入"→"参考几何体"→"基准面"菜单命令，或者单击"参考几何体"工具栏中的"基准面"按钮 📭，系统弹出"基准面"属性管理器。在"偏移距离"文本框中输入 9mm，勾选"反转等距"复选框，调整基准面的方向。单击"确定"按钮 ✔️，添加一个新的基准面。结果如图 3-142 所示。

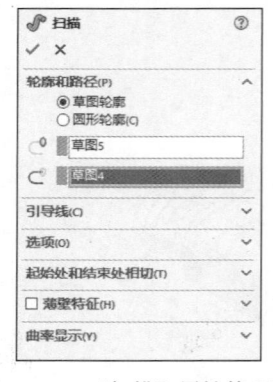

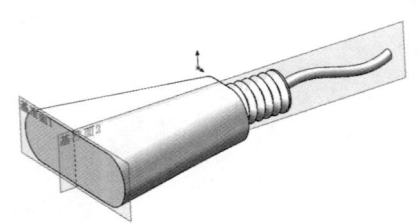

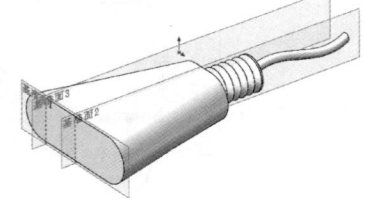

图 3-140 "扫描"属性管理器   图 3-141 等轴测方向显示视图（2）   图 3-142 添加的基准面（2）

（9）设置基准面。单击基准面 3，然后单击"视图"工具栏中的"正视于"按钮 ⬆️，将该基准面作为绘图基准面。

（10）绘制草图。单击"草图"控制面板中的"边角矩形"按钮 ▭，在步骤（9）设置的基准面上绘制一个矩形。单击"草图"控制面板中的"圆"按钮 ⊙，绘制一个圆。

（11）标注尺寸。单击"草图"控制面板中的"智能尺寸"按钮 ◇，标注矩形各边的尺寸及其定位尺寸。结果如图 3-143 所示。

（12）拉伸实体。选择"插入"→"凸台/基体"→"拉伸"菜单命令，或者单击"特征"控制面板中的"拉伸凸台/基体"按钮 🗔，系统弹出"凸台-拉伸"属性管理器。在"深度"文本框中输入 1mm，单击"确定"按钮 ✔️。结果如图 3-144 所示。

（13）添加基准面。在 FeatureManager 设计树中单击"基准面 2"，然后选择"插入"→"参考几何体"→"基准面"菜单命令，或者单击"参考几何体"工具栏中的"基准面"按钮 📭，系统弹出"基准面"属性管理器。在"偏移距离"文本框中输入9mm，单击"确定"按钮✔，添加一个新的基准面。结果如图3-145所示。

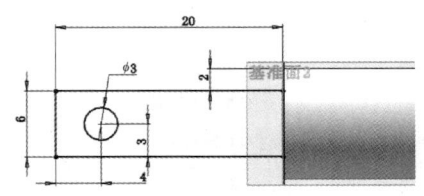

图3-143　标注尺寸的草图（3）

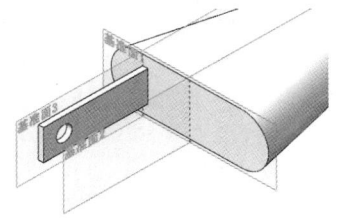

图3-144　拉伸后的图形（1）

（14）设置基准面。单击基准面4，然后单击"视图"工具栏中的"正视于"按钮⬆，将该基准面作为绘图基准面。

（15）绘制草图。单击"草图"控制面板中的"边角矩形"按钮▭，在步骤（14）设置的基准面上绘制一个矩形。单击"草图"控制面板中的"圆"按钮⊙，绘制一个圆。

（16）标注尺寸。单击"草图"控制面板中的"智能尺寸"按钮⬦，标注矩形各边的尺寸及其定位尺寸。结果如图3-146所示。

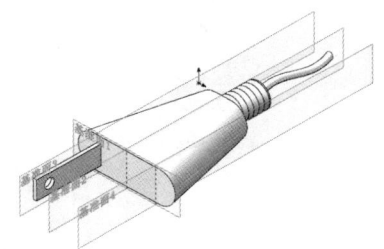

图3-145　添加的基准面（3）

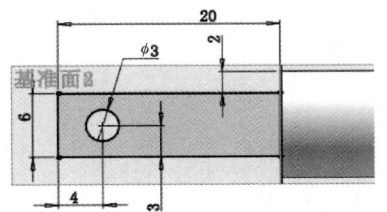

图3-146　标注尺寸的草图（4）

（17）拉伸实体。选择"插入"→"凸台/基体"→"拉伸"菜单命令，或者单击"特征"控制面板中的"拉伸凸台/基体"按钮，系统弹出凸台-拉伸属性管理器。在"深度"文本框中输入1mm，单击"反向"按钮↗，调整拉伸方向，单击"确定"按钮✔。结果如图3-147所示。

（18）设置显示属性。选择"视图"→"隐藏/显示"菜单命令，系统弹出图3-148所示的子菜单。单击"基准轴""临时轴""基准面"，则视图中的临时轴、基准轴和基准面不再显示。结果如图3-126所示。

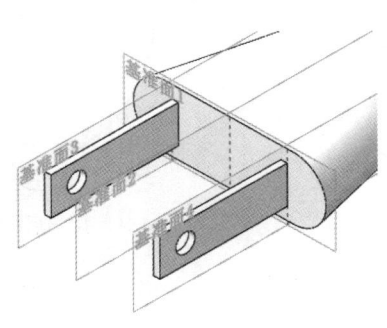

图3-147　拉伸后的图形（2）

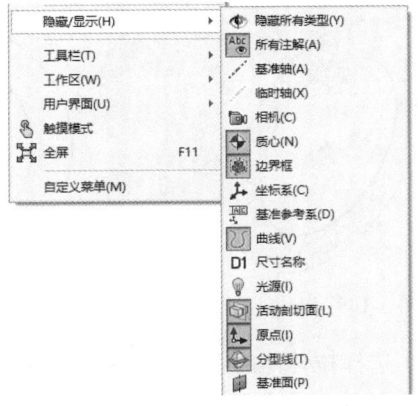

图3-148　"隐藏/显示"的子菜单

项目总结

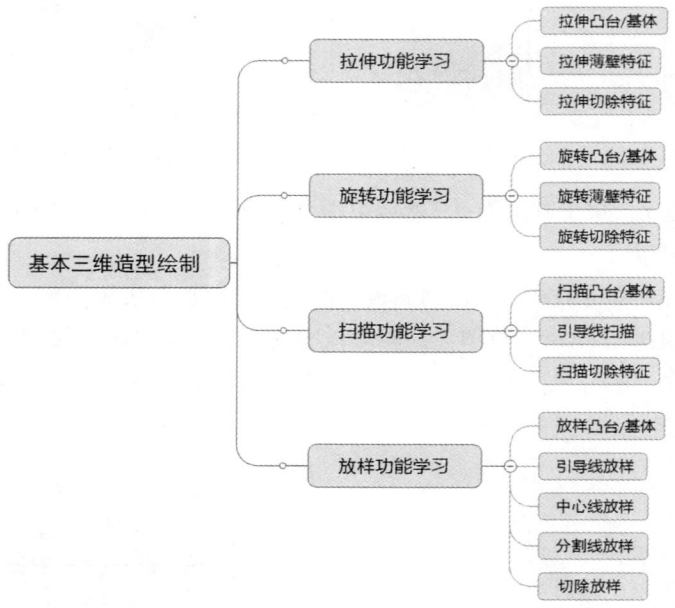

项目实战

实战一　绘制大垫片

练习绘制图 3-149 所示的大垫片。

（1）利用圆命令，绘制草图，如图 3-150 所示。利用拉伸命令，设置拉伸距离为 0.5mm，拉伸后的实体如图 3-151 所示。

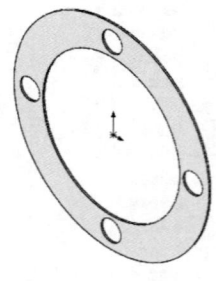

图 3-149　大垫片

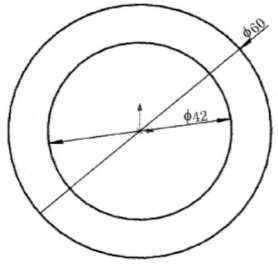

图 3-150　绘制草图（1）

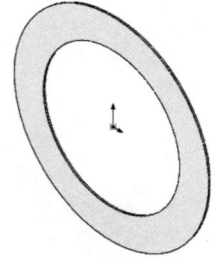

图 3-151　拉伸后的实体

（2）选择拉伸体的上表面，利用圆命令，绘制草图，如图 3-152 所示。利用拉伸切除命令，设置终止条件为完全贯穿。

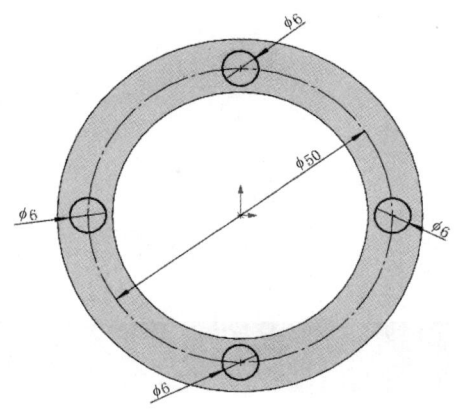

图 3-152　绘制草图（2）

实战二　绘制液压杆

练习绘制图 3-153 所示的液压杆。

（1）单击"前视基准面"，利用相关草图绘制命令，绘制图 3-154 所示的草图。利用拉伸命令，设置拉伸深度为 175mm。

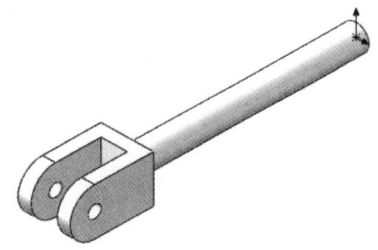

图 3-153　液压杆

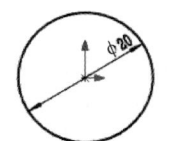

图 3-154　绘制草图（1）

（2）单击"右视基准面"，利用"直线"按钮 ╱、"圆"按钮 ⊙ 和"3 点圆弧"按钮 ⌒，绘制草图并标注尺寸，如图 3-155 所示。利用拉伸凸台命令，设置拉伸终止条件为"两侧对称"，设置拉伸深度为 40mm。

（3）选择"上视基准面"，利用相关草图绘制命令，绘制图 3-156 所示的草图，利用"拉伸切除"命令，设置"方向 1"和"方向 2"的终止条件均为"完全贯穿"。

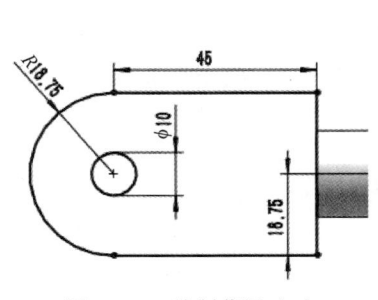

图 3-155　绘制草图（2）

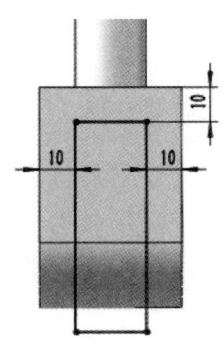

图 3-156　绘制草图（3）

项目4
复杂三维造型绘制

项目导读

SOLIDWORKS 除提供基本特征的实体建模功能外，还通过抽壳、拔模、筋、阵列等操作来实现产品的辅助设计。这些功能使模型创建更精细化，能更广泛地应用于各个行业。

素质目标

- 复杂三维造型绘制的操作更注重细节，可培养学生更加细致入微的工作态度和耐心。
- 复杂的三维造型为学生提供了一个自由发挥的舞台，培养学生的创新设计能力和创新思维。

技能目标

- 掌握孔特征的创建。
- 掌握圆角和倒角特征的创建。
- 掌握抽壳、拔模和筋特征的创建。
- 掌握阵列特征和镜像特征的创建。

任务1 孔特征功能学习

任务引入

领导给了小明一个三维模型，让他在上面创建所需的孔，小明观察了一下图纸，发现不只有简单的直孔，还有一些轮廓比较复杂的孔，这些复杂的孔只能用异形孔命令选择合适的类型来创建了，那么怎么创建直孔呢？怎么根据轮廓的形状来创建异形孔呢？

知识准备

孔特征是机械设计中的常见特征。SOLIDWORKS 2020 将孔特征分成简单直孔和异形孔两种。

无论是简单直孔还是异形孔，都需要选取孔的放置平面，并且标注孔的轴线、其他几何实体之间的相对尺寸，以完成孔的定位。

一、简单直孔

简单直孔通过在确定的平面上，设置孔的直径和深度得到。

1. 执行方式
- 工具栏：单击"特征"工具栏中的"简单直孔"按钮 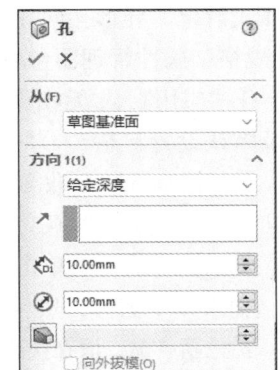 。

待修正

- 菜单栏：选择"插入"→"特征"→"简单直孔"菜单命令。

2. 操作步骤

执行"简单直孔"命令，系统弹出"孔"属性管理器，如图 4-1 所示。

3. 选项说明

（1）从：为简单直孔特征设定开始条件。

① 草图基准面：从草图所处的基准面开始创建简单直孔。

② 曲面/面/基准面：从选择的曲面/面/基准面开始创建简单直孔。

③ 顶点：从选择的顶点开始创建简单直孔。

④ 等距：在与当前草图基准面等距的基准面上开始创建简单直孔。在"输入等距值"文本框中输入等距距离。

（2）方向 1：在下拉列表中选择拉伸的终止条件，具体有以下几种。

图 4-1　"孔"属性管理器（1）

① 给定深度：从草图的基准面拉伸到指定的距离处，平移以生成特征。在其下方的"深度"文本框中输入拉伸深度。

② 完全贯穿：从草图的基准面开始拉伸，直到贯穿所有现有的几何体。

③ 成形到下一面：从草图的基准面拉伸到下一面（隔断整个轮廓），以生成特征。下一面必须在同一零件上。

④ 成形到一顶点：从草图的基准面拉伸到一个平面，这个平面平行于草图基准面且穿越指定的顶点。

⑤ 成形到一面：从草图的基准面拉伸到所选的面以生成特征。

⑥ 到离指定面指定的距离：从草图的基准面拉伸到离某面的特定距离处，以生成特征。

（3）孔直径 ⊘：用于设置孔的直径值。

（4）"拔模打开/关闭"按钮 ▣：利用该选项添加拔模到孔。可以通过设置拔模度数设定拔模角度。

（5）特征范围：用于指定特征影响到哪些实体或零部件。

二、异形孔向导

异形孔即具有复杂轮廓的孔，主要包括柱形沉头孔、锥形沉头孔、孔、直螺纹孔、锥形螺纹孔、旧制孔、柱孔槽口、锥孔槽口和槽口 9 种。异形孔的类型和位置设置都是在"孔规格"

属性管理器中完成。

1. 执行方式

- 工具栏：单击"特征"工具栏中的"异形孔向导"按钮 ⑧。
- 菜单栏：选择"插入"→"特征"→"孔向导"菜单命令。
- 控制面板：单击"特征"控制面板中的"异形孔向导"按钮 ⑧。

2. 操作步骤

执行"异形孔向导"命令，系统弹出"孔规格"属性管理器，如图 4-2 所示。

3. 选项说明

（1）收藏。

管理可在模型中重新使用的"异形孔向导"孔的样式清单。异形孔向导收藏将保存常用孔的所有"孔规格"属性管理器参数。

① "应用默认/无收藏"按钮 ⛨：重设到没有收藏及默认设置状态。

② "添加或更新收藏"按钮 ⭐：将所选"异形孔向导"孔添加到收藏夹列表中。

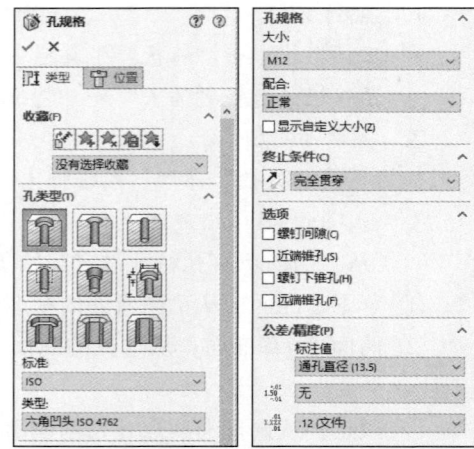

图 4-2 "孔规格"属性管理器（1）

要添加样式，请单击"添加或更新收藏"按钮 ⭐，输入一个名称，然后单击"确定"按钮。

要更新样式，请在类型上编辑属性，在收藏中选择孔，然后单击"添加或更新收藏"按钮 ⭐，输入新名称或现有名称。

③ "删除收藏"按钮 ⭐：删除所选的样式。

④ "保存收藏"按钮 📁：保存所选的样式。单击此按钮，将所选样式保存到浏览的文件夹。用户可以编辑文件名称。

⑤ "装入收藏"按钮 ⭐：装载样式。单击此按钮，浏览文件夹，然后选择一个需要的样式。

（2）孔类型：在该选项的下拉列表中可以选择与异形孔对应紧固件的螺栓类型，如柱形沉头孔对应六角凹头、六角螺栓、凹肩螺钉、六角螺钉和平盘头十字切槽等。一旦选择了紧固件的螺栓类型，异形孔向导将立即更新对应参数栏中的项目。

（3）选项：该选项组中的内容会根据孔类型而发生变化。

① 螺钉间隙：设定螺钉间隙值，将使用文档单位把该值添加到扣件头之上。

② 近端锥孔：用于设置近端口的直径和角度。

③ 螺钉下锥孔：用于设置端口底端的直径和角度。

④ 远端锥孔：用于设置远端处的直径和角度。

（4）公差/精度。

该选项组用于指定公差和精度的值。该选项组还可用于装配体中的异形孔向导特征。公差值将自动同步至工程图中的孔标注。如果更改孔标注中的值，则将在零件中更新相应值。也可为各配置设置不同的公差值。

① 标注值：选择孔类型的描述，例如通孔直径、近端锥形沉头孔直径等。

② 公差类型：从列表中选择无、基本、双边、限制、对称等。

③ 单位精度：从列表中设定保留的小数点后位数。

■ 案例——绘制锁紧件

本例绘制图 4-3 所示的锁紧件。

（1）新建文件。单击"标准"工具栏中的"新建"按钮 ，在弹出的"新建 SOLIDWORKS 文件"对话框中单击"零件"按钮 ，然后单击"确定"按钮，创建一个新的零件文件。

（2）绘制草图。在 FeatureManager 设计树中单击"前视基准面"作为绘图基准面。单击"草图"控制面板中的"圆"按钮 ，以原点为圆心绘制一个圆；单击"草图"控制面板中的"直线"按钮 ，绘制一系列的直线段；单击"草图"控制面板中的"3点圆弧"按钮 ，绘制圆弧；单击"草图"控制面板中的"中心线"按钮 ，绘制一条通过原点的水平中心线。单击"草图"控制面板中的"智能尺寸"按钮 ，标注草图的尺寸。结果如图 4-4 所示。

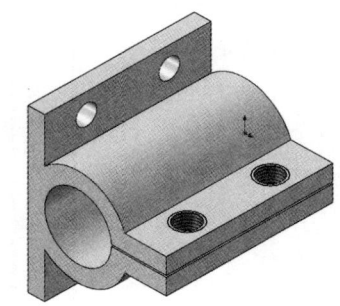

图 4-3　锁紧件

（3）拉伸实体。单击"特征"控制面板中的"拉伸凸台/基体"按钮 ，系统弹出"凸台-拉伸"属性管理器，设置拉伸深度为 60mm，其他采用默认设置，如图 4-5 所示，然后单击"确定"按钮 。结果如图 4-6 所示。

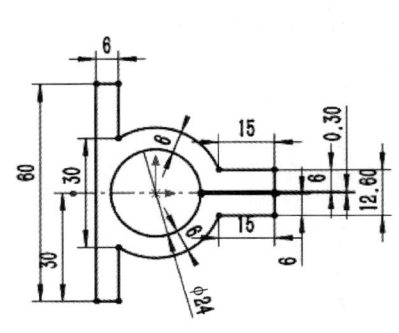

图 4-4　标注尺寸的草图

图 4-5　"凸台-拉伸"属性管理器

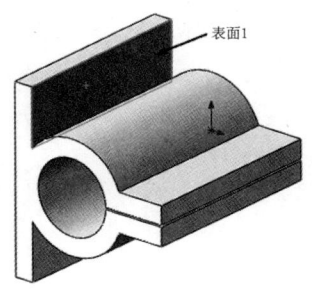

图 4-6　拉伸后的图形

（4）创建简单直孔。单击"特征"控制面板中的"简单直孔"按钮 ，单击图 4-6 中的表面 1 将其设为孔放置面，系统弹出图 4-7 所示的"孔"属性管理器，设置终止条件为"完全贯穿"，输入孔直径为 7.5mm，单击"确定"按钮 ，结果如图 4-8 所示。

（5）编辑孔位置。在 FeatureManager 设计树中右击"孔 1"，在弹出的快捷菜单中单击"编辑草图"按钮 ，如图 4-9 所示，进入草图绘制环境。单击"草图"控制面板中的"智能尺寸"按钮 ，标注定位尺寸，如图 4-10 所示。退出草图绘制环境，结果如图 4-11 所示。

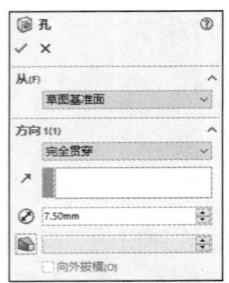

图 4-7　"孔"属性管理器（2）

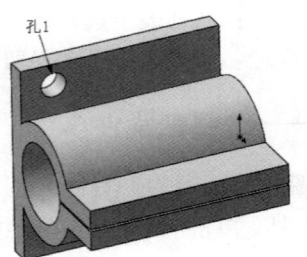

图 4-8　创建简单直孔

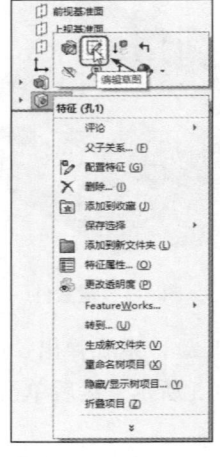

图 4-9　快捷菜单

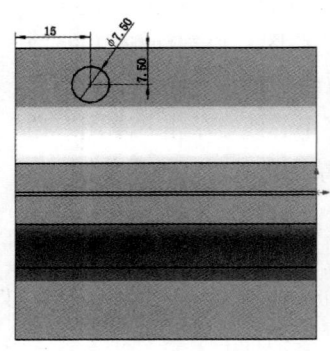

图 4-10　标注定位尺寸

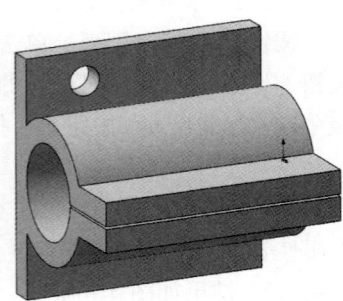

图 4-11　编辑孔位置结果

（6）创建其他 3 个孔。重复步骤（4）和（5），创建参数相同的其他 3 个孔，如图 4-12 所示。

（7）添加柱形沉头孔。单击"特征"控制面板中的"异形孔向导"按钮 ，系统弹出"孔规格"属性管理器，按照图 4-13 所示进行设置，单击"位置"标签，切换到图 4-14 所示的"位置"选项卡，在图 4-12 所示的表面 2 上添加两个孔，并标注孔的位置，如图 4-15 所示。单击"确定"按钮 ，完成柱形沉头孔的绘制。结果如图 4-16 所示。

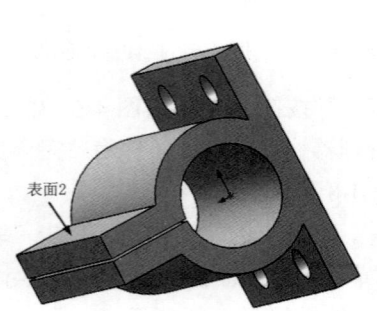

图 4-12　创建其他 3 个孔

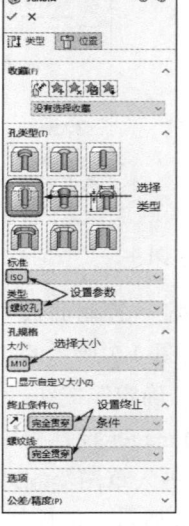

图 4-13　"孔规格"属性管理器（2）

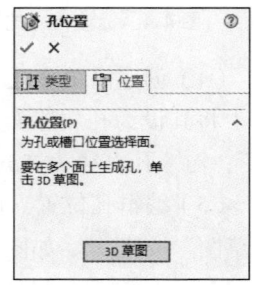

图 4-14　"位置"选项卡

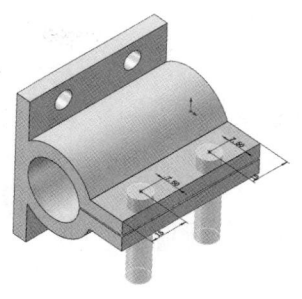
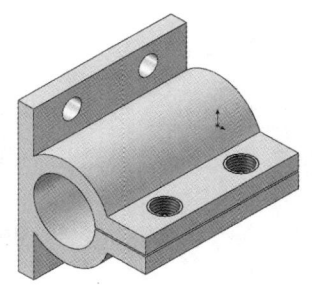

图 4-15　标注孔的位置　　　　　　　　　图 4-16　钻孔后的图形

　　常用的异形孔有柱形沉头孔、锥形沉头孔、孔和直螺纹孔等。"异形孔向导"命令集成了机械设计中常用孔的类型，使用该命令可以很方便地创建各种类型的孔。

任务 2　圆角与倒角功能学习

任务引入

　　小明在设计零件的时候，比较注重细节部分，对一些比较锐利的边角进行圆角和倒角处理，能使零件变得平滑一些，这样可以防止伤人和便于搬运、装配以及避免应力集中等，那么怎么创建圆角和倒角呢？

知识准备

　　SOLIDWORKS 2020 可以对一个面上的所有边线、多个面、多个边线或多个边线环创建圆角，对边或角创建倒角。在 SOLIDWORKS 2020 中包括恒定大小圆角、变量大小圆角、面圆角和完整圆角四种类型。

一、圆角

　　使用圆角特征可以在一个零件上生成内圆角或外圆角。圆角特征在零件设计中起着重要作用。大多数情况下，如果能在零件特征上加入圆角，则有助于造型上的变化，或是产生平滑的效果。图 4-17 所示为各种圆角类型的应用实例。

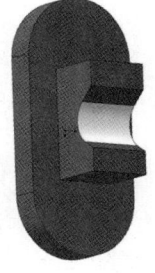

（a）恒定大小圆角　　　（b）变量大小圆角　　　（c）面圆角　　　（d）完整圆角

图 4-17　各种圆角类型

1. 执行方式

- 工具栏：单击"特征"工具栏中的"圆角"按钮🔲。
- 菜单栏：选择"插入"→"特征"→"圆角"菜单命令。
- 控制面板：单击"特征"控制面板中的"圆角"按钮🔲。

2. 操作步骤

执行"圆角"命令，系统弹出"圆角"属性管理器，如图 4-18 所示。

3. 选项说明

当在"圆角"属性管理器中选择"手工"选项卡时，SOLIDWORKS 2020 可以为一个面上的所有边线、多个面、多条边线或多个边线环创建圆角。在 SOLIDWORKS 2020 中有以下几种圆角类型。

- 恒定大小圆角🔲：可以为所选边线以相同的圆角半径进行圆角化操作。
- 变量大小圆角🔲：可以为边线的每个顶点指定不同的圆角半径。
- 面圆角🔲：可以在混合曲面之间沿着零件边线进行面圆角操作，生成平滑过渡。
- 完整圆角🔲：可以将不相邻的面混合起来。

（1）恒定大小圆角。

① 要圆角化的项目🔲。

- 边线、面、特征和环：在绘图区中选择的要进行圆角处理的实体。
- 显示选择工具栏：显示/隐藏选择工具栏。
- 切线延伸：勾选复选框，将圆角延伸到所有与所选面相切的面，如图 4-19 所示。

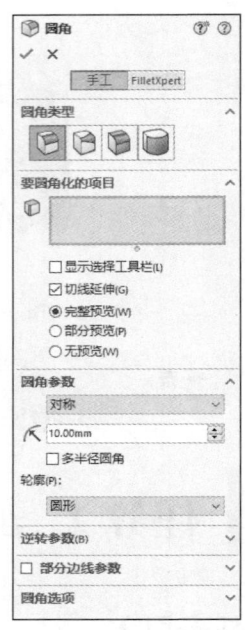

图 4-18 "圆角"属性管理器

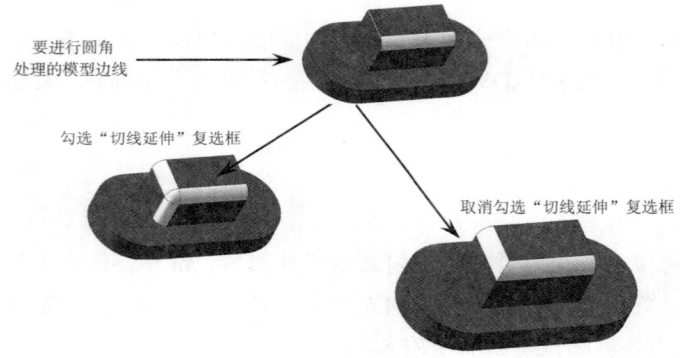

图 4-19 切线延伸

- 完整预览：显示所有边线的圆角预览。
- 部分预览：只显示一条边线的圆角预览。按 A 键来依次显示每个圆角预览。
- 无预览：选中该选项可提高复杂模型的重建效率。

② 圆角参数。

- 圆角方法。

对称：创建一个由半径定义的对称圆角，如图 4-20 所示。

非对称：创建一个由两个半径定义的非对称圆角，如图 4-21 所示。此时需要在管理器中设置"距离 1"和"距离 2"的值。单击"反向"按钮，互换距离 1 和距离 2 的方向。

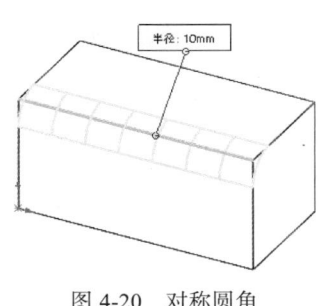

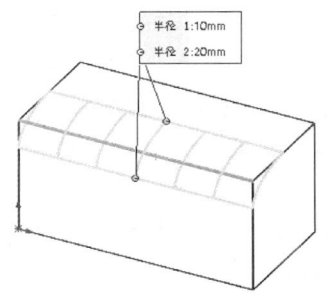

图 4-20　对称圆角　　　　　　　　　　　图 4-21　非对称圆角

- 半径：设置圆角半径。选择"对称"圆角方法时需要设置该项。
- 多半径圆角：以不同的半径值生成圆角。可使用不同半径为 3 条边线生成圆角。不能为具有共同边线的面或环指定多个半径，如图 4-22 所示。
- 轮廓：设置圆角的轮廓类型，轮廓定义圆角的横截面形状。图 4-23 所示的轮廓下拉列表中给出了轮廓的类型。

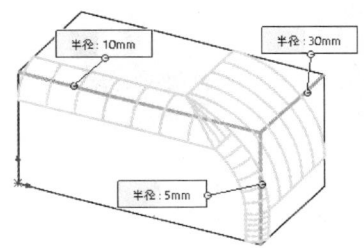

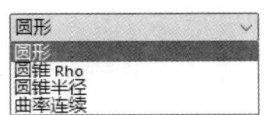

图 4-22　多半径圆角　　　　　　　　　图 4-23　轮廓下拉列表

圆形：最基本的圆角轮廓类型，它使用恒定的半径值来创建圆角。

圆锥 Rho：设置定义曲线质量的比率。输入值介于 0 和 1 之间。

圆锥半径：设置沿曲线肩部点的曲率半径。

曲率连续：在相邻曲面之间创建能使曲线更为平滑的曲率。

③ 逆转参数：设置这些选项能在混合曲面之间沿着零件边线创建圆角，生成平滑的过渡。可通过选择一个顶点和一个半径，为每条边线指定相同或不同的逆转距离，如图 4-24 所示。在设定逆转参数前，需勾选"多半径圆角"复选框。在绘图区，为边线、面、特征和环选择 3 条带共同顶点的边线，必须选择汇合于共同顶点的边线。

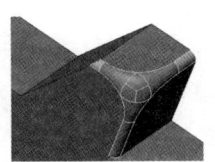

（a）逆转距离对所有边线相同　　　（b）逆转距离对所有边线不同

图 4-24　逆转圆角的应用

- 距离 ⚒：从顶点测量而设定圆角逆转距离。
- 逆转顶点 🗇：在绘图区中选择一个或多个顶点。逆转圆角边线在所选顶点汇合。

- 逆转距离 ⅄：以相应的逆转距离值列举边线数。要将不同的逆转距离应用到边线，在逆转距离中选取一条边线，然后设定距离并按 Enter 键确认。
- 设定所有：应用当前的距离到逆转距离下的所有边线。

④ 部分边线参数。

- 开始条件：选择开始条件，例如无、等距距离、等距百分比或选定参考。
- 终止条件：选择终止条件，例如无、等距距离、等距百分比或选定参考。

⑤ 圆角选项。

- 通过面选择：用隐藏边线的面选择边线。
- 保持特征：勾选该复选框，如果应用一个大到可覆盖特征的圆角半径，则保持切除或凸台特征可见。取消勾选该复选框，则以圆角包罗切除或凸台特征。图 4-25 中（a）和（b）所示为"保持特征"应用到圆角生成正面凸台和右切除特征的模型，图 4-25（c）所示为"保持特征"应用到所有圆角的模型。

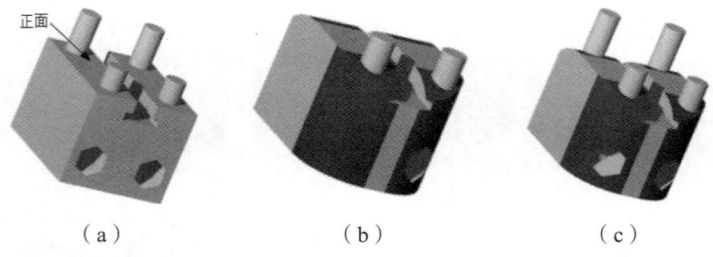

（a）　　　　　　　　（b）　　　　　　　　（c）

图 4-25　保持特征选项的应用

- 圆形角：勾选该复选框，可生成带圆形角的等半径圆角。这时必须选择至少两个相邻边线来进行圆角化。圆形角圆角在边线之间有平滑过渡，可消除边线汇合处的尖锐接合点。图 4-26（a）所示为无圆形角应用了等半径圆角的效果，图 4-26（b）所示为带圆形角应用了等半径圆角的效果。

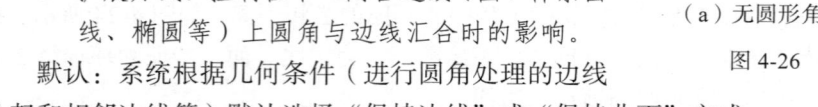

（a）无圆形角　　　　（b）带圆形角

图 4-26　圆形角圆角的应用

- 扩展方式：控制在单一闭合边线（圆、样条曲线、椭圆等）上圆角与边线汇合时的影响。

默认：系统根据几何条件（进行圆角处理的边线凸起和相邻边线等）默认选择"保持边线"或"保持曲面"方式。

保持边线：系统将保持邻近的直线形边线的完整性，但圆角曲面会断裂成分离的曲面。在许多情况下，圆角的顶部边线中会有沉陷，如图 4-27（a）所示。

保持曲面：使用相邻曲面来剪裁圆角，因此圆角边线是连续且光滑的，但是相邻边线会受到影响，如图 4-27（b）所示。

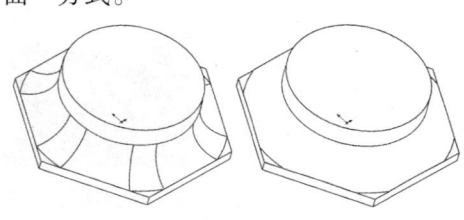

（a）保持边线　　　　（b）保持曲面

图 4-27　保持边线与曲面

（2）变量大小圆角。

① 平滑过渡：生成一个圆角，当一个圆角边线与一个邻面结合时，圆角半径从一个半径平滑地变化为另一个半径。

② 直线过渡：生成一个圆角，圆角半径从一个半径线性的变化成另一个半径，但是不与邻近圆角的边线相结合。

（3）面圆角。

① 包络控制线：选择零件上一条边线或面上一条投影分割线作为决定面圆角形状的边界。圆角的半径由控制线和要圆角化的边线之间的距离控制。

② 曲率连续：解决不连续问题并在相邻曲面之间生成更平滑的曲率。欲核实曲率连续性的效果，可显示斑马条纹，也可使用曲率工具分析曲率。曲率连续圆角比标准圆角更平滑，因为边界处在曲率中无跳跃。

③ 等宽：生成等量宽度的圆角。等宽的应用效果如图 4-28 所示。

④ 辅助点：当不清楚在何处发生面混合时解决模糊选择。在辅助点顶点处单击，然后单击要插入面圆角的边上的一个顶点，圆角会在靠近辅助点的位置生成。

（4）完整圆角。（略）

（a）应用前　　（b）应用后

图 4-28　等宽的应用效果

二、倒角

在零件设计过程中，通常会对锐利的零件边角进行倒角处理，以防止伤人，避免应力集中，便于搬运、装配等。此外，有些倒角特征也是机械加工过程中不可缺少的工艺。图 4-29 所示是应用倒角特征后的零件实例。

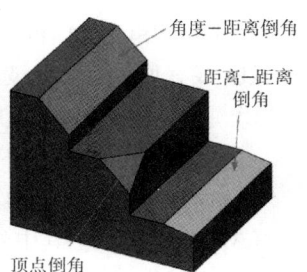

图 4-29　应用倒角特征后的
零件实例

1．执行方式

● 工具栏：单击"特征"工具栏中的"倒角"按钮⬡。

● 菜单栏：选择"插入"→"特征"→"倒角"菜单命令。

● 控制面板：单击"特征"控制面板中的"倒角"按钮⬡。

2．操作步骤

执行"倒角"命令，系统弹出"倒角"属性管理器，如图 4-30 所示。

3．选项说明

（1）倒角类型。

① 角度-距离：在所选边线上指定距离和倒角角度来生成倒角特征，如图 4-31（a）所示。

② 距离-距离：在所选边线两侧分别指定两个距离值来生成倒角特征，如图 4-31（b）所示。

③ 顶点：在与顶点相交的 3 条边线上分别指定距顶点的距离来生成倒角特征，如图 4-31（c）所示。

④ 等距面：通过偏移选定边线两侧的面来求解等距面倒角特征，如图 4-31（d）所示。

⑤ 面-面：混合非相邻、非连续的面，如图 4-31（e）所示。

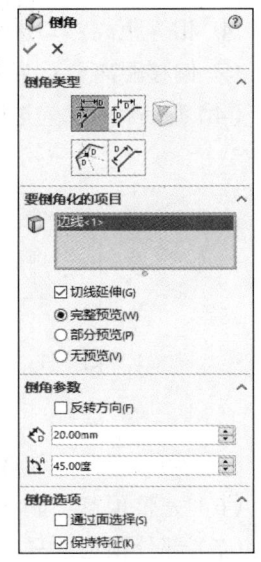

图 4-30　"倒角"属性管理器

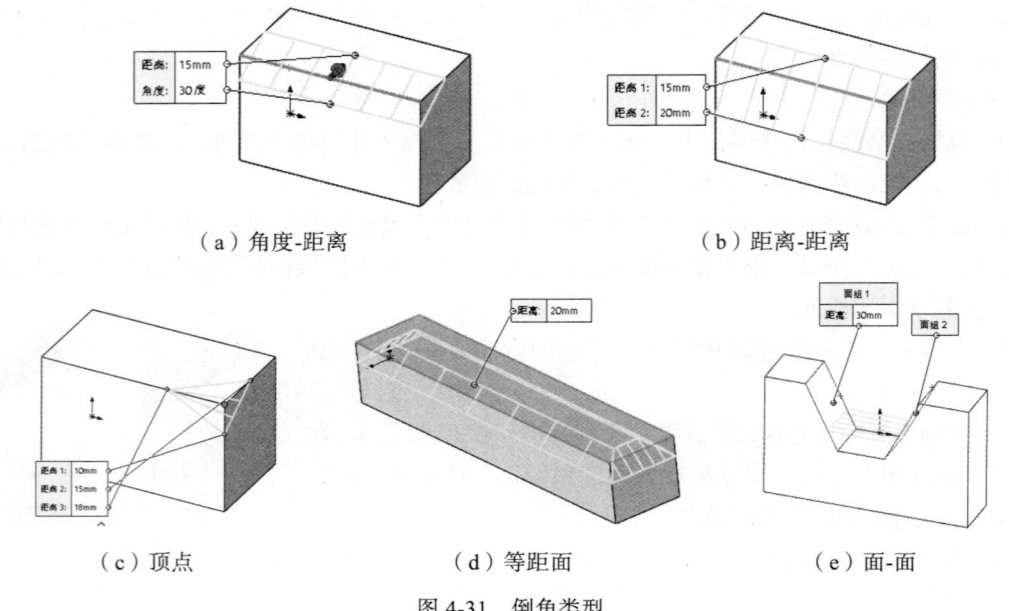

（a）角度-距离　　　　　　　　　　　　　　　　（b）距离-距离

（c）顶点　　　　　　　　　（d）等距面　　　　　　　　　（e）面-面

图 4-31　倒角类型

（2）要倒角化的项目。其中的选项会根据倒角类型发生变化。用户可选择适当的项目来加倒角。

① 线、面和环🗂：选择倒角类型为"角度-距离"和"距离-距离"时，显示该列表框。

② 要倒角化的顶点🗂：选择倒角类型为"顶点"时，显示该列表框。

③ 线、面、特征和环🗂：选择倒角类型为"等距面"时，显示该列表框。

④ 面组 1 和面组 2🗂：选择倒角类型为"面-面"时，显示该列表框。

（3）倒角参数。其中的选项会根据倒角类型发生变化。

① 反转方向：勾选该复选框，可调整距离与角度的方向。

② 距离⟨⟩：设置倒角距离值。

③ 角度∟：设置倒角角度值。

④ 相等距离：勾选该复选框，则为距顶点的距离应用单一值，适用于"顶点"倒角类型。

⑤ 偏移距离⟍：为非对称的"等距面"倒角和"面-面"倒角设置距离值。

（4）保持特征：勾选该复选框，则当应用倒角特征时，会保持零件的其他特征，如图 4-32 所示。

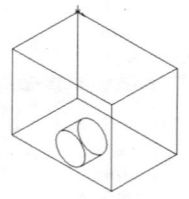　　　　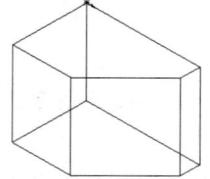　　　　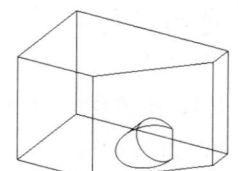

（a）原始零件　　　　（b）取消勾选"保持特征"复选框　　　　（c）勾选"保持特征"复选框

图 4-32　倒角特征

（5）切线延伸：勾选该复选框表示将倒角延伸到所有与所选面相切的面。

（6）完整预览：显示所有边线的倒角预览。

（7）部分预览：只显示一条边线的倒角预览。按 A 键可依次显示每个倒角预览。

（8）无预览：选中该选项可以提高复杂模型的重建效率。

■ 案例——绘制销轴

本例绘制图 4-33 所示的销轴。

（1）新建文件。启动 SOLIDWORKS 2020，单击"标准"工具栏中的"新建"按钮 📄，在打开的"新建 SOLIDWORKS 文件"对话框中选择"零件"按钮 🛩，再单击"确定"按钮 ✔。

（2）绘制草图。在 FeatureManager 设计树中选择"前视基准面"作为绘图基准面，单击"视图"工具栏中的"正视于"按钮 🛫。单击"草图"控制面板中的"圆形"按钮 ⊙，以系统坐标原点为圆心绘制销轴第一段草图轮廓，在弹出的"圆"属性管理器中设置圆的半径为 3，单击"确定"按钮 ✔，如图 4-34 所示。

图 4-33　销轴

（3）创建拉伸特征。单击"特征"控制面板上的"拉伸凸台/基体"按钮 🗐，系统弹出"凸台-拉伸"属性管理器。设置拉伸终止条件为"给定深度"，并设置拉伸深度为 20mm。单击"确定"按钮 ✔，完成拉伸，结果如图 4-35 所示。

（4）绘制草图。选择步骤（3）所创建的销轴第一段底面作为绘图基准面，单击"视图"工具栏中的"正视于"按钮 🛫，使绘图平面转为正视方向。单击"草图"控制面板中的"圆形"按钮 ⊙，以销轴第一段底面圆心为圆心，绘制销轴第二段的底面圆形草图轮廓，并设置圆的半径为 6，然后单击"确定"按钮 ✔，如图 4-36 所示。

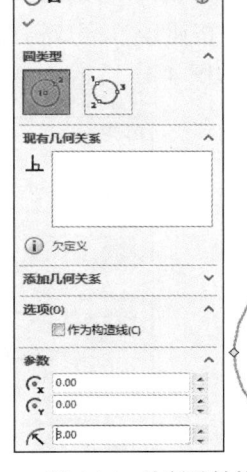
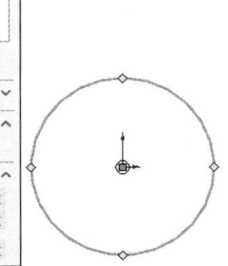

图 4-34　绘制销轴第一段草图轮廓

（5）创建拉伸特征。单击"特征"控制面板上的"拉伸"按钮 🗐，系统弹出"拉伸"属性管理器。设置拉伸终止条件为"给定深度"，并设置拉伸深度为 2mm。单击"确定"按钮 ✔，完成销轴第二段的实体拉伸。通过二次拉伸创建的销轴主体如图 4-37 所示。

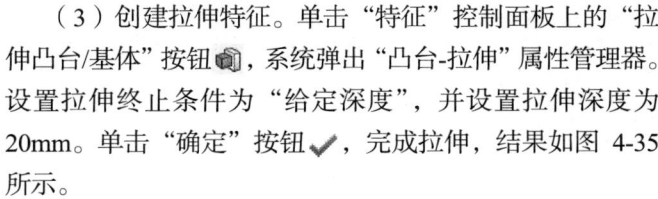
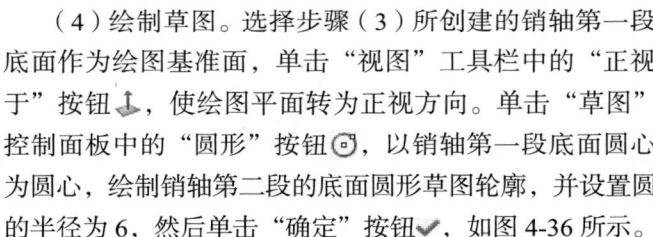
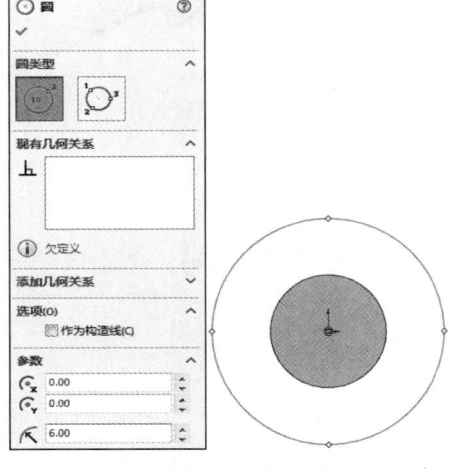

图 4-35　完成的销轴第一段　　图 4-36　绘制销轴第二段的圆形草图轮廓　　图 4-37　通过二次拉伸创建的销轴主体

（6）创建销轴倒角特征。单击"特征"控制面板上的"倒角"按钮 ，系统弹出"倒角"属性管理器。设置倒角类型为"角度距离"，设置倒角的距离为 1mm，设置角度为 45 度。选择生成倒角特征的销轴小端棱边，如图 4-38 所示。保持"倒角"属性管理器中其他选项的系统默认值不变，单击"确定"按钮 ✓，结果如图 4-39 所示。

（7）创建销轴的圆角特征。单击"特征"控制面板上的"圆角"按钮 ，系统弹出"圆角"属性管理器。在"圆角参数"中设置圆角半径为 0.5mm，保持其他选项的系统默认值不变。选择生成圆角特征的销轴大端边线及轴段的交界边线，如图 4-40 所示。单击"确定"按钮 ✓，完成销轴的绘制。最终的销轴实体模型如图 4-41 所示。

图 4-38　设置倒角参数

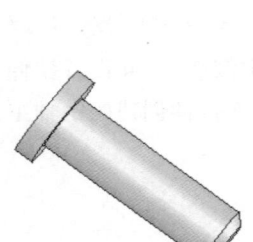

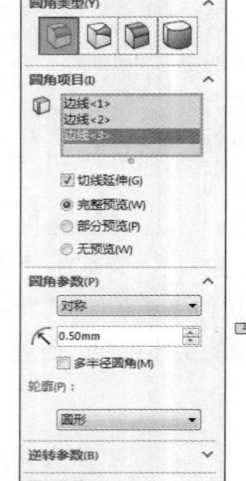

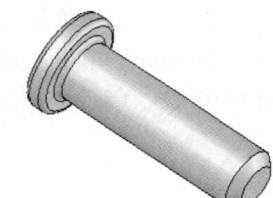

图 4-39　创建完成的 　　　　　　　图 4-40　设置圆角参数　　　　图 4-41　最终生成的销轴
　　　销轴倒角特征　　　　　　　　　　　　　　　　　　　　　　　　　　实体模型

任务 3　抽壳特征功能学习

任务引入

小明接到一个任务，要让他设计一个零件，但是这个零件是空心的，将外观设计出来很简单，但掏空零件的内部要怎么做呢？

知识准备

当在零件上的一个面使用抽壳工具进行抽壳操作时，系统会掏空零件的内部，使所选择的面敞开，并在剩余的面上生成薄壁特征。

如果没有选择模型上的任何面，则抽壳实体零件时将生成一个掏空的闭合模型。通常在抽壳时设定各个表面厚度相等，也可以对某些表面厚度单独进行设定。

图 4-42 所示为对零件创建抽壳特征后建模的实例。

1. 执行方式

- 工具栏：单击"特征"工具栏中的"抽壳"按钮 ⬚。
- 菜单栏：选择"插入"→"特征"→"抽壳"菜单命令。
- 控制面板：单击"特征"控制面板中的"抽壳"按钮 ⬚。

2. 操作步骤

执行"抽壳"命令，系统弹出"抽壳"属性管理器，如图 4-43 所示。

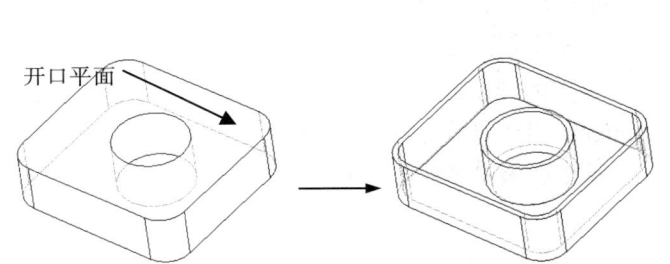

图 4-42　抽壳特征实例　　　　　图 4-43　"抽壳"属性管理器（1）

一、等厚度抽壳

等厚度抽壳指的是在实体上除了要删除的面以外，其他所有的面具有相同的抽壳厚度。选项说明如下。

（1）厚度 ⬚：设定保留面的厚度。

（2）要移除的面 ⬚：在绘图区中选择一个或多个面。

（3）壳厚朝外：勾选该复选框，则向外增加零件的厚度。

（4）显示预览：勾选该复选框，可预览抽壳特征。

二、多厚度抽壳

多厚度抽壳可以生成不同面具有不同厚度的抽壳特征，如图 4-44 所示。只需要在绘图区中选择要抽壳的多个面，然后设定不同的抽壳厚度值即可。

选项说明如下。

要创建一个多厚度的抽壳特征，需要对属性管理器中的以下选项进行设置。

（1）多厚度面：选择应用不同厚度的面。

（2）多厚度 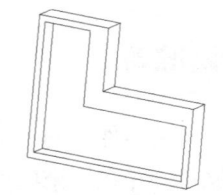：用于设定不同的厚度值，选择多厚度面，才能激活此项。

图 4-44　多厚度抽壳特征实例

■ 案例——绘制闪盘盖

本例绘制图 4-45 所示的闪盘盖。

（1）新建文件。启动 SOLIDWORKS 2020，选择"文件"→"新建"菜单命令，创建一个新的零件文件。

（2）绘制草图。在 FeatureManager 设计树中选择"前视基准面"作为绘图基准面。单击"草图"控制面板中的"边角矩形"按钮 □，以原点为角点绘制一个矩形；单击"草图"控制面板中的"3 点圆弧"按钮 ⌒，在矩形的左侧绘制一段圆弧。

微课

案例——绘制闪盘盖

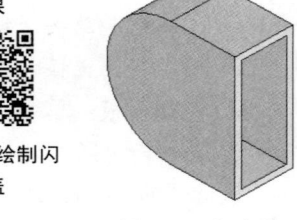

图 4-45　闪盘盖

（3）标注尺寸。单击"草图"控制面板中的"智能尺寸"按钮 ✎，然后标注步骤（2）绘制的草图的尺寸，如图 4-46 所示。

（4）剪裁实体。单击"草图"控制面板中的"剪裁实体"按钮 ⚡，剪裁掉图 4-46 所示的直线 1。剪裁后的图形如图 4-47 所示。

（5）拉伸实体。单击"特征"控制面板中的"拉伸凸台/基体"按钮 ⬚，系统弹出"凸台-拉伸"属性管理器。设置拉伸深度为 9.00mm，然后单击"确定"按钮 ✓。

（6）设置视图方向。单击"视图"工具栏中的"等轴测"按钮 ▣，将视图以等轴测方向显示。创建的拉伸特征如图 4-48 所示。

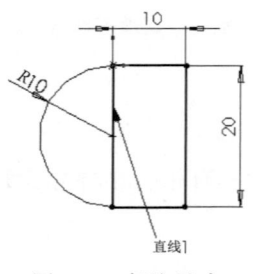

图 4-46　标注尺寸

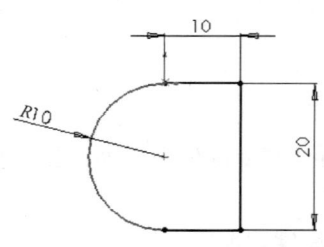

图 4-47　剪裁后的图形

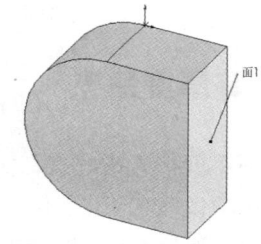

图 4-48　创建的拉伸特征

（7）抽壳实体。单击"特征"控制面板中的"抽壳"按钮 ▣，系统弹出"抽壳"属性管理器。在"参数"选项组的"厚度"文本框中输入 1.00mm，单击"要移除的面"图标 ▣ 右侧的列表框，选择图 4-48 所示的面 1。"抽壳"属性管理器设置如图 4-49 所示，单击"确定"按钮 ✓。

（8）设置视图方向。单击"视图"工具栏中的"等轴测"按钮 ▣，将视图以等轴测方向显示。抽壳实体如图 4-50 所示。

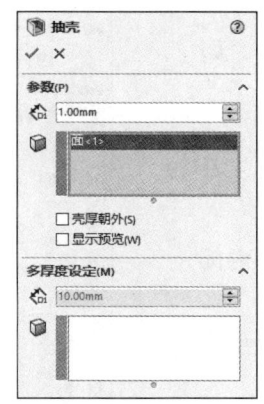

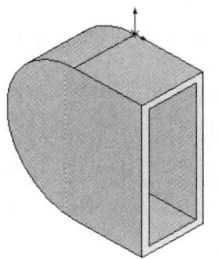

图 4-49　"抽壳"属性管理器（2）　　　　图 4-50　抽壳实体

任务 4　拔模特征功能学习

任务引入

领导让小明设计一个模具模型，为了保证模具在生产产品的过程中能让产品顺利脱模，他经过了严密的设计且进行了适当的拔模。那么怎么对零件进行拔模呢？

知识准备

拔模是零件模型上常见的特征，是以指定的角度斜削模型中所选的面。经常应用于铸造零件，由于拔模角度的存在可以使型腔零件更容易脱出模具。SOLIDWORKS 提供了丰富的拔模功能。用户既可以在现有的零件上插入拔模特征，也可以在拉伸特征的同时进行拔模。

图 4-51 所示是一个拔模特征的应用实例。

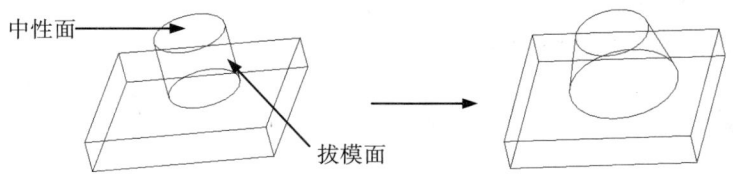

图 4-51　拔模特征的应用实例

1．执行方式

- 工具栏：单击"特征"工具栏中的"拔模"按钮 。
- 菜单栏：选择"插入"→"特征"→"拔模"菜单命令。
- 控制面板：单击"特征"控制面板中的"拔模"按钮 。

2．操作步骤

执行"拔模"命令，系统弹出"拔模"属性管理器，如图 4-52 所示。

3．选项说明

在"拔模"属性管理器中选择"手工"选项卡，可见 3 种拔模类型。

（1）中性面：可拔模部分或所有外部面、部分或所有内部面、相切的面，以及内部和外部面组合。

（2）分型线：可以对分型线周围的曲面进行拔模，分型线可以是空间曲线。

（3）阶梯拔模：分型线拔模的变体，阶梯拔模即用于生成一个绕拔模方向的基准面旋转的面。

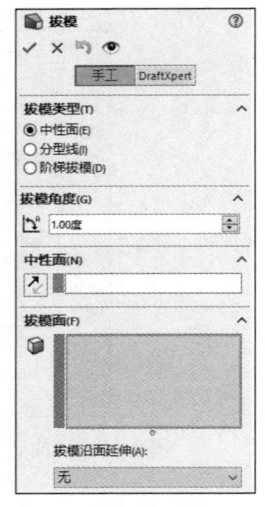

图 4-52　"拔模"属性管理器（1）

一、中性面拔模

1．操作步骤

当选择拔模类型为"中性面"时，"拔模"属性管理器如图 4-52 所示。

2．选项说明

（1）拔模角度 ：设定拔模角度（垂直于中性面进行测量），适用于"中性面"和"阶梯拔模"拔模类型。

（2）中性面：在拔模的过程中大小不变的固定面，用于指定拔模角的旋转轴。如果中性面与拔模面相交，则相交处即为旋转轴。

（3）拔模面：选取的零件表面，此面将生成拔模斜度。

（4）拔模沿面延伸：如果要在其他面上延伸拔模，就在此下拉列表里选，具体包括以下内容。

① 无：只在所选的面上进行拔模。

② 沿切面：将拔模延伸到所有与所选面相切的面。

③ 所有面：所有面均进行拔模。

④ 内部的面：对所有从中性面拉伸的内部面进行拔模。

⑤ 外部的面：对所有在中性面旁边的外部面进行拔模。

二、分型线拔模

1．操作步骤

当选择拔模类型为"分型线"时，"拔模"属性管理器如图 4-53 所示。

2．选项说明

（1）允许减少角度：在由最大角度所生成的角度总和或拔模角度为 90° 及以上时允许创建拔模。

（2）方向 1 拔模角度 ：指定在一个方向上垂直于分型线的拔模角度。

（3）方向 2 拔模角度 ：指定在与方向 1 相反的方向上垂直于分型线测量的拔模角度。

（4）对称拔模：在两个方向应用相同的拔模角度。

（5）拔模方向：在绘图区中选取边线或面，确定拔模的方向，仅限于分型线或阶梯拔模。单击"反向"按钮 ↗ ，调整拔模方向。

（6）分型线：在绘图区中选取分型线。

（7）其他面：让用户为分型线的每条线段指定不同的拔模方向。在分型线框中单击边线名称，然后单击其他面。只有当创建"分型线"拔模并为方向 2 指定拔模角度时，此选项可用。

图 4-53　"拔模"属性管理器（2）

拔模分型线必须满足以下条件。
① 在每个拔模面上至少有一条分型线段与基准面重合。
② 其他所有分型线处于基准面的拔模方向。
③ 没有分型线与基准面垂直。

三、阶梯拔模

1．操作步骤

当选择拔模类型为"阶梯拔模"时，"拔模"属性管理器如图 4-54 所示。

2．选项说明

（1）锥形阶梯：以与锥形曲面相同的方式生成曲面，仅限于阶梯拔模。

（2）垂直阶梯：垂直于原有主要面而生成曲面，仅限于阶梯拔模。

（3）分型线：在绘图区中选取分型线。

（4）其他面：为分型线的每条线段指定不同的拔模方向。

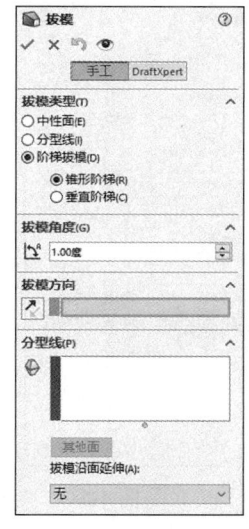

图 4-54　"拔模"属性管理器（3）

■ 案例——绘制陀螺

本例绘制图 4-55 所示的陀螺。

（1）新建文件。单击"标准"工具栏中的"新建"按钮 ▯ ，在弹出的"新建 SOLIDWORKS 文件"对话框中单击"零件"按钮 ◥ ，然后单击"确定"按钮，创建一个新的零件文件。

（2）绘制草图。在 FeatureManager 设计树中单击"前视基准面"作为绘图基准面。单击"草图"控制面板中的"圆"按钮 ⊙ ，以原点为圆心绘制一个直径为 20mm 的圆。

（3）拉伸实体。单击"特征"控制面板中的"拉伸凸台/基体"按钮 ▩ ，系统弹出图 4-56 所示的"凸台-拉伸"属性管理器，设置拉伸深度为 10mm，其他采用默认设置，单击"确定"按钮 ✔ ，结果如图 4-57 所示。

微课

案例——绘制陀螺

图 4-55　陀螺

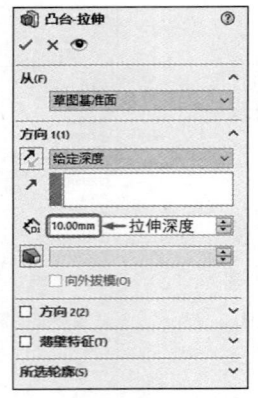

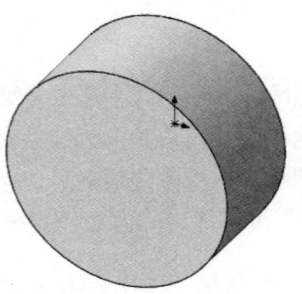

图 4-56 "凸台-拉伸"属性管理器（1）　　　　图 4-57 拉伸后的图形（1）

（4）拔模操作。单击"特征"控制面板中的"拔模"按钮，系统弹出图 4-58 所示的"拔模"属性管理器，拔模类型选择中性面，选取前视基准面作为中性面，选取拉伸体的外圆柱面作为拔模面，输入拔模角度为 43 度，单击"确定"按钮，结果如图 4-59 所示。

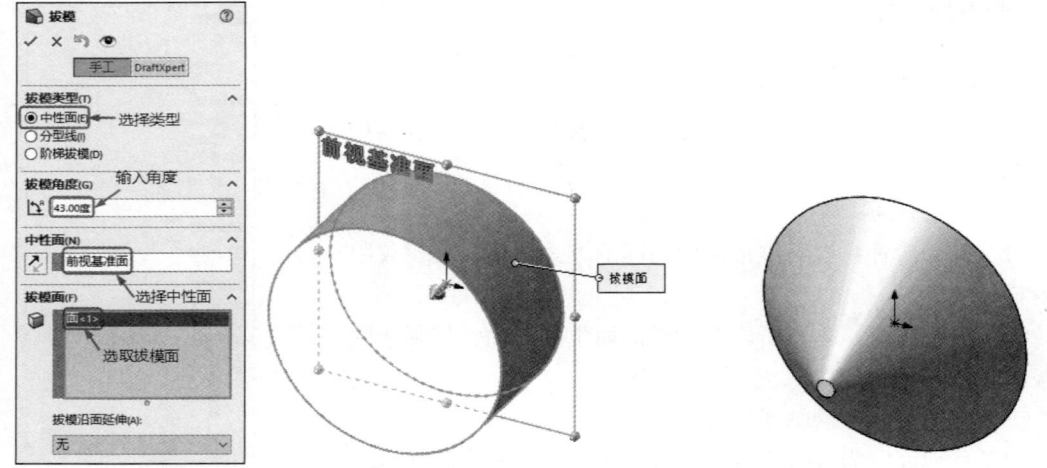

图 4-58 "拔模"属性管理器（4）　　　　　　图 4-59 拔模后的图形

（5）设置基准面。在 FeatureManager 设计树中单击"前视基准面"，然后单击"视图"工具栏中的"正视于"按钮，将该表面作为绘图基准面。单击"草图"控制面板中的"转换实体引用"按钮，提取大圆边线。

（6）拉伸实体。单击"特征"控制面板中的"拉伸凸台/基体"按钮，系统弹出图 4-60所示的"凸台-拉伸"属性管理器，设置拉伸深度为 10mm，单击"反向"按钮，调整拉伸方向，勾选"合并结果"复选框，再单击"确定"按钮，结果如图 4-61 所示。

（7）设置基准面，绘制草图。在 FeatureManager 设计树中单击"上视基准面"，然后单击"视图"工具栏中的"正视于"按钮，将该基准面作为绘图基准面。单击"草图"控制面板的"中心线"按钮，绘制一条通过原点的竖直中心线；单击"草图"控制面板的"圆心/起/终点画弧"按钮，绘制一段圆弧。圆心为中心线和最下端直线的交点，起点为最下端直线左端的端点，终点为逆时针方向与竖直中心线的交点；单击"草图"控制面板中的"直线"按钮，绘制从最下端直线左端到中心线的直线段，结果如图 4-62 所示。

图 4-60 "凸台-拉伸"属性管理器（2）

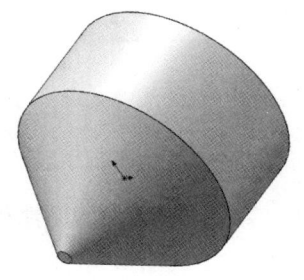

图 4-61 拉伸后的图形（2）

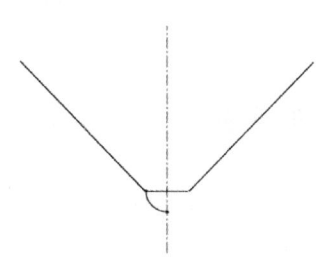

图 4-62 绘制的草图

（8）旋转为半球体。单击"特征"控制面板中的"旋转凸台/基体"按钮 ，系统弹出提示框。单击"是"按钮，弹出"旋转"属性管理器，设置如图 4-63 所示，结果如图 4-64 所示。

图 4-63 "旋转"属性管理器

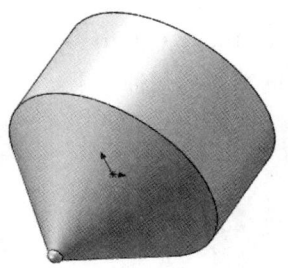

图 4-64 旋转后的图形

> 提示
>
> 在使用"旋转凸台/基体"命令时，需要有一个旋转轴和一个绕轴旋转的草图。需要生成实体时，草图应是闭合的；需要生成薄壁特征时，草图应是非闭合的。

（9）圆角实体。单击"特征"控制面板中的"圆角"按钮，系统弹出图 4-65 所示的"圆角"属性管理器，设置圆角半径为 2mm，然后选取图 4-65 中的边线 1，再单击"确定"按钮 ，结果如图 4-55 所示。

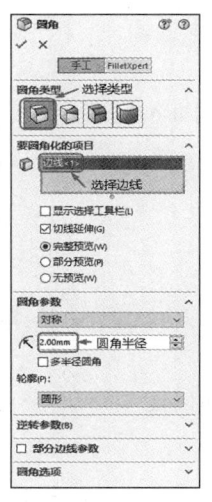

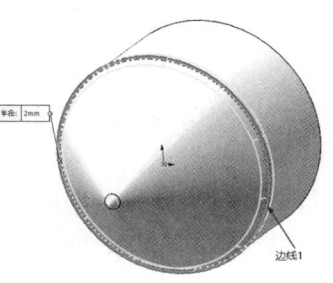

图 4-65 "圆角"属性管理器

任务 5　筋特征功能学习

任务引入

小明需要设计一个支架零件，为了增加零件的刚性和强度，使设计的零件更牢固，他在零件上添加了筋，那么怎么创建筋呢？

知识准备

筋是零件上增加强度的部分，它是一种由开环或闭环草图轮廓生成的特殊拉伸实体，它是在草图轮廓与现有零件之间添加的指定方向和厚度的材料。

在 SOLIDWORKS 2020 中，筋实际上是由开环的草图轮廓生成的特殊类型的拉伸特征。图 4-66 所示为筋特征的几种效果。

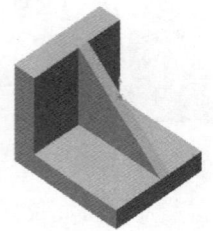

图 4-66　筋特征效果

1．执行方式
- 工具栏：单击"特征"工具栏中的"筋"按钮。
- 菜单栏：选择"插入"→"特征"→"筋"菜单命令。
- 控制面板：单击"特征"控制面板中的"筋"按钮。

2．操作步骤

执行"筋"命令，系统弹出"筋"属性管理器，如图 4-67 所示。

3．选项说明

（1）厚度：可添加厚度到所选草图边上。

① 第一边：只添加材料到草图的一边。

② 两侧：将材料均匀添加到草图的两边。

③ 第二边：只添加材料到草图的另一边。

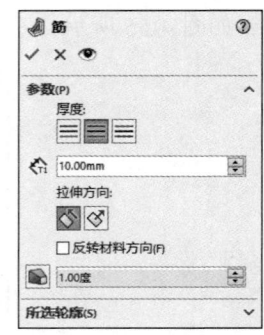

图 4-67　"筋"属性管理器

（2）筋厚度：设置筋厚度。

如果添加拔模，可以设置草图基准面或壁接口处的厚度。

① 在草图基准面处：设置草图基准面处的厚度。

② 在壁接口处：设置壁接口处的厚度。

（3）拉伸方向：选择筋的拉伸方向。

① 平行于草图◇：平行于草图生成筋拉伸。

② 垂直于草图◇：垂直于草图生成筋拉伸。

（4）反转材料方向：更改拉伸的方向。

（5）拔模开/关▥：添加拔模到筋。

微课

案例——绘制导流盖

■ 案例——绘制导流盖

本例绘制图 4-68 所示的导流盖。

（1）新建文件。启动 SOLIDWORKS 2020，单击"标准"工具栏中的"新建"按钮▢，在弹出的"新建 SOLIDWORKS 文件"对话框中，单击"零件"按钮▥，然后单击"确定"按钮，新建一个零件文件。

（2）新建草图。在 FeatureManager 设计树中选择"前视基准面"作为绘图基准面，单击"草图"控制面板中的"草图绘制"按钮▭，新建一张草图。

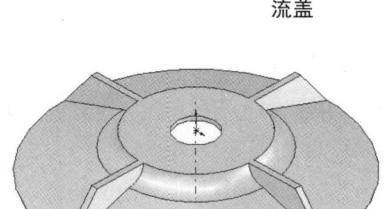

图 4-68　导流盖

（3）绘制中心线。单击"草图"控制面板中的"中心线"按钮⟋，过原点绘制一条竖直中心线。

（4）绘制轮廓。单击"草图"控制面板中的"直线"按钮⟋和"切线弧"按钮⟋，绘制旋转草图轮廓。

（5）标注尺寸。单击"草图"控制面板中的"智能尺寸"按钮⟋，为草图标注尺寸，如图 4-69 所示。

（6）旋转生成实体。单击"特征"控制面板中的"旋转凸台/基体"按钮⟋，在弹出的询问对话框中单击"否"按钮，

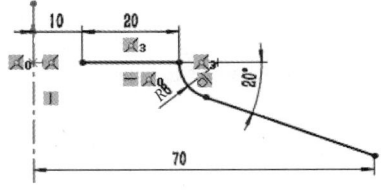

图 4-69　标注草图尺寸（1）

如图 4-70 所示。在"旋转"属性管理器中设置终止条件为"给定深度"，设置方向 1 角度为 360 度。单击薄壁拉伸的"反向"按钮⟋，使薄壁向内部拉伸，并设置方向 1 薄壁的厚度为 2mm，如图 4-71 所示。单击"确定"按钮✓，生成旋转薄壁特征。

图 4-70　询问对话框

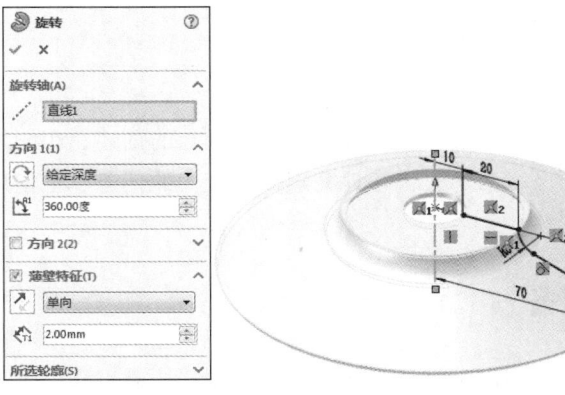

图 4-71　设置旋转薄壁特征

（7）新建草图。在 FeatureManager 设计树中单击"右视基准面"作为草图绘制基准面，再单击"草图"控制面板中的"草图绘制"按钮▭，新建一张草图。单击"视图"工具栏中的"正

视于"按钮🔧。

（8）绘制直线。单击"草图"控制面板中的"直线"按钮╱，将鼠标指针移至台阶的边缘处，当鼠标指针变为⬝形状时，表示鼠标指针正位于边缘上。移动鼠标指针以生成从台阶边缘到零件边缘的折线。

（9）标注尺寸。单击"草图"控制面板中的"智能尺寸"按钮⬦，为草图标注尺寸，如图 4-72 所示。

（10）生成筋。单击"特征"控制面板上的"筋"按钮🥄，在"筋"属性管理器中，单击"两侧"按钮▤，设置厚度生成方式为两边均等添加材料，设置筋的厚度为 3mm。单击"平行于草图"按钮◈，设定筋的拉伸方向为平行于草图，单击"确定"按钮✔，生成筋特征，如图 4-73 所示。

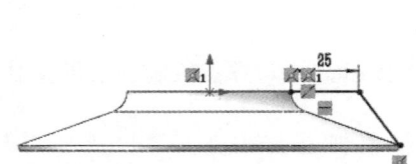

图 4-72　标注草图尺寸（2）

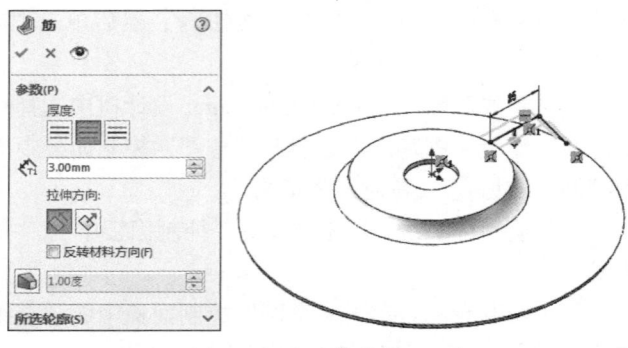

图 4-73　生成筋特征

（11）创建其余 3 个筋特征。

（12）保存文件。单击"标准"工具栏中的"保存"按钮▤，将文件保存为"导流盖.sldprt"，最终效果如图 4-68 所示。

任务 6　阵列特征功能学习

任务引入

领导让小明设计一个零件，通过领导的描述，小明发现零件中有很多一样的特征，只是位置不同而已，为了更快速地完成领导交代的任务，他使用了阵列操作。那么怎么将相同特征进行阵列呢？

知识准备

特征阵列用于将任意特征作为源特征，通过指定阵列尺寸产生多个类似的子样本特征。特征阵列完成后，源特征和子样本特征成为一个整体，用户可将其视为一个特征进行相关的操作，如删除、修改等。如果修改了源特征，则阵列中的所有子样本特征也随之更改。

SOLIDWORKS 2020 提供了线性阵列、圆周阵列、草图驱动阵列、曲线驱动阵列、表格驱动阵列和填充阵列 6 种阵列方式。

一、线性阵列

线性阵列是指沿一条或两条直线路径生成多个子样本特征。图 4-74 所示为应用了线性阵列的零件模型。

1. 执行方式

- 工具栏：单击"特征"工具栏中的"线性阵列"按钮 ⠿⠿。
- 菜单栏：选择"插入"→"阵列/镜像"→"线性阵列"菜单命令。
- 控制面板：单击"特征"控制面板中的"线性阵列"按钮 ⠿⠿。

2. 操作步骤

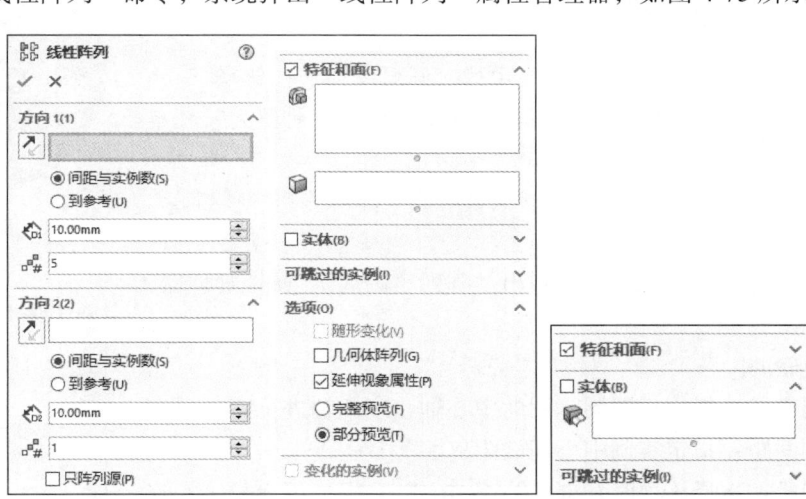

（a）　　　　　　（b）

图 4-74　应用了线性阵列的零件模型

执行"线性阵列"命令，系统弹出"线性阵列"属性管理器，如图 4-75 所示。

图 4-75　"线性阵列"属性管理器

3. 选项说明

（1）阵列方向：用于设定阵列方向，可选择线性边线、直线、轴、尺寸、平面、圆锥面、空间曲面、圆形边线和参考平面。单击"反向"按钮 ⟲ 可反转阵列方向。

（2）间距与实例数：单独设置实例数和间距。

① 间距 ⚙：设定阵列实例间距。

② 实例数 ⠿⠿：设定阵列实例数。此数量包括源特征。

（3）到参考：根据选定的参考几何图形设定实例数和间距。

（4）只阵列源：勾选该复选框，只将源特征在方向 2 中进行阵列。

（5）要阵列的特征 ⚙：选择源特征来生成阵列。

（6）要阵列的面 ⚙：通过使用构成特征的面生成阵列。在绘图区中选择特征的所有面。这对于只输入了构成特征的面而不是特征本身的模型很有用。当使用要阵列的面时，阵列必须保持在同一面或边界内，不能跨越边界。

（7）要阵列的实体/曲面实体：在多实体零件中，用所选的实体生成阵列。

（8）可跳过的实例：在生成阵列时跳过在绘图区中选择的阵列实例。

（9）随形变化：允许重复时执行阵列更改。

（10）几何体阵列：通过使用特征的几何体（面和边线）来生成阵列，而不阵列和求解特征的每个实例。几何体阵列可加速阵列的生成和重建。对于具有与零件其他部分合并的特征，不能生成几何体阵列。

（11）延伸视象属性：将 SOLIDWORKS 的颜色、纹理和装饰螺纹等数据延伸给所有阵列实例。

（12）变化的实例：仅在对阵列实例选择特征时，此选项才可用。

二、圆周阵列

圆周阵列是指绕一个轴心以圆周路径生成多个子样本特征。图 4-76 所示为应用了圆周阵列的零件模型。

1. 执行方式

● 工具栏：单击"特征"工具栏中的"圆周阵列"按钮 ✿。

● 菜单栏：选择"插入"→"阵列/镜像"→"圆周阵列"菜单命令。

● 控制面板：单击"特征"控制面板中的"圆周阵列"按钮 ✿。

2. 操作步骤

执行"圆周阵列"命令，系统弹出"阵列（圆周）"属性管理器，如图 4-77 所示。

3. 选项说明

（1）阵列轴：选择用于圆周阵列的中心轴，绕此轴进行阵列。

（2）实例间距：指定实例中心间的距离。

（3）等间距：选择该项时，SOLIDWORKS 会根据用户指定的阵列实例数和圆周阵列角度（默认"角度 ✿"为 360°），自动计算每个阵列实例之间的夹角。

（4）角度 ✿：指定每个实例之间的角度。

（5）实例数 ✿：指定阵列个数。

（6）要阵列的特征：使用所选择的特征作为源特征以生成阵列。

（7）要阵列的面：使用构成源特征的面生成阵列。

（8）实体：通过使用用户在多实体零件中选择的实体生成阵列。

（9）可跳过的实例：在生成阵列时跳过在绘图区中选择的阵列实例。当将鼠标指针移动到每个阵列实例上时，其形状变为 ✋并且坐标也出现在绘图区中。单击以选择要跳过的阵列实例。若想恢复阵列实例，再次单击绘图区中的实例标号即可。

图 4-76　应用了圆周阵列的零件模型

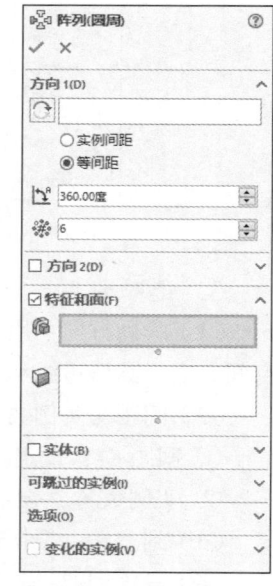

图 4-77　"阵列（圆周）"属性管理器

三、草图驱动阵列

SOLIDWORKS 2020 还可以根据草图点来安排特征的阵列。用户只要控制草图点，即可将整个阵列扩散到草图中的每个点。

1. 执行方式

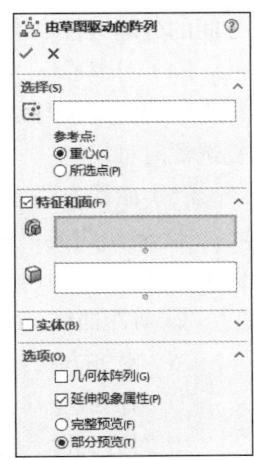

- 工具栏：单击"特征"工具栏中的"草图驱动的阵列"按钮。
- 菜单栏：选择"插入"→"阵列/镜像"→"草图驱动的阵列"菜单命令。
- 控制面板：单击"特征"控制面板中的"草图驱动的阵列"按钮。

2. 操作步骤

执行"草图驱动的阵列"命令，系统弹出"由草图驱动的阵列"属性管理器，如图 4-78 所示。

3. 选项说明

（1）参考草图：在 FeatureManager 设计树中选择草图用于阵列。

（2）参考点：选择阵列的参考位置。

① 重心：如果选中该单选按钮，则使用源特征的重心作为参考点。

② 所选点：如果选中该单选按钮，则在绘图区中选择参考点。可以使用源特征的重心、草图原点、顶点或另一个草图点作为参考点。

图 4-78 "由草图驱动的阵列"属性管理器

四、曲线驱动阵列

曲线驱动阵列是指沿二维曲线或者三维曲线生成阵列实例，参考的曲线可以为开环的也可以为闭环的。图 4-79 所示为应用了曲线驱动阵列的零件模型。

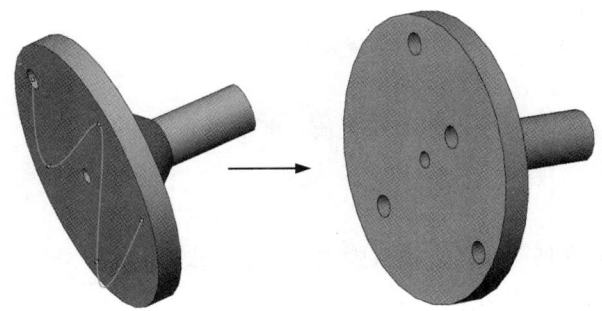

图 4-79 应用了曲线驱动阵列的零件模型

1. 执行方式

- 工具栏：单击"特征"工具栏中的"曲线驱动的阵列"按钮。
- 菜单栏：选择"插入"→"阵列/镜像"→"曲线驱动的阵列"菜单命令。
- 控制面板：单击"特征"控制面板中的"曲线驱动的阵列"按钮。

2. 操作步骤

执行"曲线驱动的阵列"命令，系统弹出"曲线驱动的阵列"属性管理器，如图 4-80 所示。

3．选项说明

（1）阵列方向：在绘图区选择曲线、边线、草图实体，或从 FeatureManager 设计树中选择草图作为阵列的路径。单击"反向"按钮，可反转阵列方向。

（2）实例数🔢：设定阵列中源特征的实例数。

（3）等间距：勾选该复选框，则设定相邻阵列实例间距相等。实例之间的分隔方位取决于为阵列方向选择的曲线和曲线的绘制方法。

（4）间距：为阵列实例之间的距离设定数值。曲线与要阵列的特征之间的距离按与该曲线垂直的方向来测量。此项在未勾选"等间距"复选框时可用。

（5）曲线方法：通过在阵列方向选择的曲线来定义阵列的方向。

① 转换曲线：所选曲线原点到源特征的 x 和 y 的距离均为每个实例保留。

② 等距曲线：所选曲线原点到源特征的垂直距离均为每个实例保留。

（6）对齐方法：设置阵列对齐的方法。

① 与曲线相切：对齐为阵列方向所选择的与曲线相切的每个实例。

② 对齐到源：对齐每个实例以与源特征的原有对齐匹配。

（7）面法线：选取三维曲线所处的面来生成曲线驱动的阵列，只针对三维曲线有效。

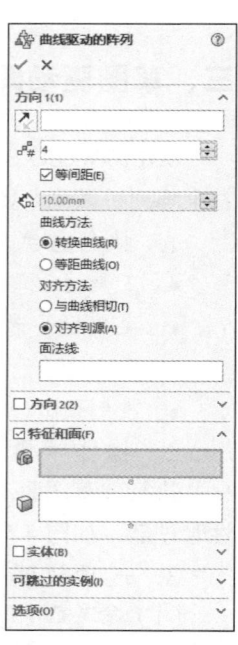

图 4-80　"曲线驱动的阵列"属性管理器

五、表格驱动阵列

表格驱动阵列是指添加或检索以前生成的 x 坐标和 y 坐标，在需阵列模型的面上增添源特征。

1．执行方式

● 工具栏：单击"特征"工具栏中的"表格驱动的阵列"按钮。

● 菜单栏：选择"插入"→"阵列/镜像"→"表格驱动的阵列"菜单命令。

● 控制面板：单击"特征"控制面板中的"表格驱动的阵列"按钮。

2．操作步骤

执行"表格驱动的阵列"命令，系统弹出"由表格驱动的阵列"对话框，如图 4-81 所示。

3．选项说明

（1）读取文件：带 x 坐标和 y 坐标的阵列表或文本文件。单击"浏览"按钮，然后选择阵列表文件（*.sldptab）或文本文件（*.txt）来输入现有的 x 坐标和 y 坐标。

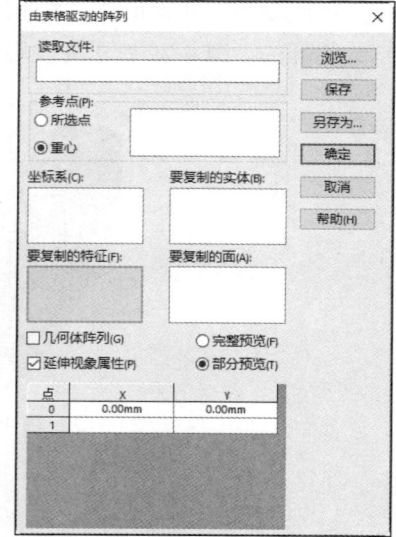

图 4-81　"由表格驱动的阵列"对话框

表格驱动阵列所选的文本文件应只包含两列：左列用于 x 坐标，右列用于 y 坐标。两列应由一分隔符分开，如空格、逗号或制表符。用户可在同一文本文件中使用不同分隔符组合。不要在文本文件中包含任何其他信息，因为会引发读取失败。

（2）参考点：指定在放置阵列实例时 x 坐标和 y 坐标所指代的点。参考点的 x 坐标和 y 坐标在阵列表中显示为"点 0"。

① 所选点：将参考点设定到所选顶点或草图点。

② 重心：将参考点设定到源特征的重心。

（3）坐标系：设定用来生成表格阵列的坐标系，包括原点。从 FeatureManager 设计树选择用户生成的坐标系。

（4）要复制的特征：选择要进行阵列的一个或多个特征。

（5）要复制的面：选择要进行阵列的面，当使用要复制的面时，阵列必须保持在同一面或边界内，不能跨越边界。

（6）要复制的实体：选择要进行阵列的实体。

（7）x 坐标和 y 坐标表：使用 x 坐标和 y 坐标为阵列实例生成位置点。若要为由表格驱动的阵列的每个实例输入 x 坐标和 y 坐标，双击点 0 以下的区域，即可输入其他点的坐标。将为点 0 显示参考点的 x 坐标和 y 坐标。

六、填充阵列

填充阵列是在特定边界内，通过设置参数来控制阵列位置、数量的阵列方式。

1. 执行方式

- 工具栏：单击"特征"工具栏中的"填充阵列"按钮。
- 菜单栏：选择"插入"→"阵列/镜像"→"填充阵列"菜单命令。
- 控制面板：单击"特征"控制面板中的"填充阵列"按钮。

2. 操作步骤

执行上述命令，系统弹出"填充阵列"属性管理器，如图 4-82 所示。

3. 选项说明

（1）填充边界：定义要使用阵列填充的区域。选择草图、平面上的二维曲线、面或一组共有平面。如果使用草图作为边界，可能需要选择阵列方向。

（2）阵列布局。

① 穿孔：允许用户在指定的填充边界内生成一系列均匀分布的孔洞。选择该选项时，需要设置以下参数。

- 实例间距：设定实例中心间的距离。
- 交错断续角度：设定各实例行之间的交错断续角度，起始点位于阵列方向所用的向量。
- 边距：设定填充边界与最远端实例之间的边距。可以将边距的值设定为 0。
- 阵列方向：设定方向参考。如果未指定参考，系统将使用最合适的参考。
- 实例数：根据设置计算出的阵列中的实例数。用户无法编辑

图 4-82　"填充阵列"
属性管理器

此数量。验证前，该文本框显示为红色。

- 验证计数：单击该按钮，计算生成的实例数。阵列可能会超过填充边界，从而导致一些实例未与模型相交，验证计数不包括这些额外实例。

② 圆周形：生成圆周形阵列。

③ 方形：生成方形阵列。

④ 多边形：生成多边形阵列。

（3）特征和面。

① 所选特征：选中该单选按钮时，需要设置以下参数。

图 4-83　选择"生成源切"选项

- 要阵列的特征：确定填充边界内实例的阵列布局。选择可自定义形状进行阵列，或对特征进行阵列。阵列实例以源特征为中心呈同轴心分布。

- 要阵列的面：选择要阵列的面。各面必须形成一个与填充边界面相接触的闭合实体。

② 生成源切：为要阵列的源特征自定义切除形状。选中该单选按钮时，属性管理器中相应部分如图 4-83 所示，包括 4 种类型的切除形状。

- 圆形：生成圆形切割作为源特征。

- 方形：生成方形切割作为源特征。

- 菱形：生成菱形切割作为源特征。

- 多边形：生成多边形切割作为源特征。

图 4-84 所示为部分阵列效果实例（设置"阵列布局"及"源切"类型）。

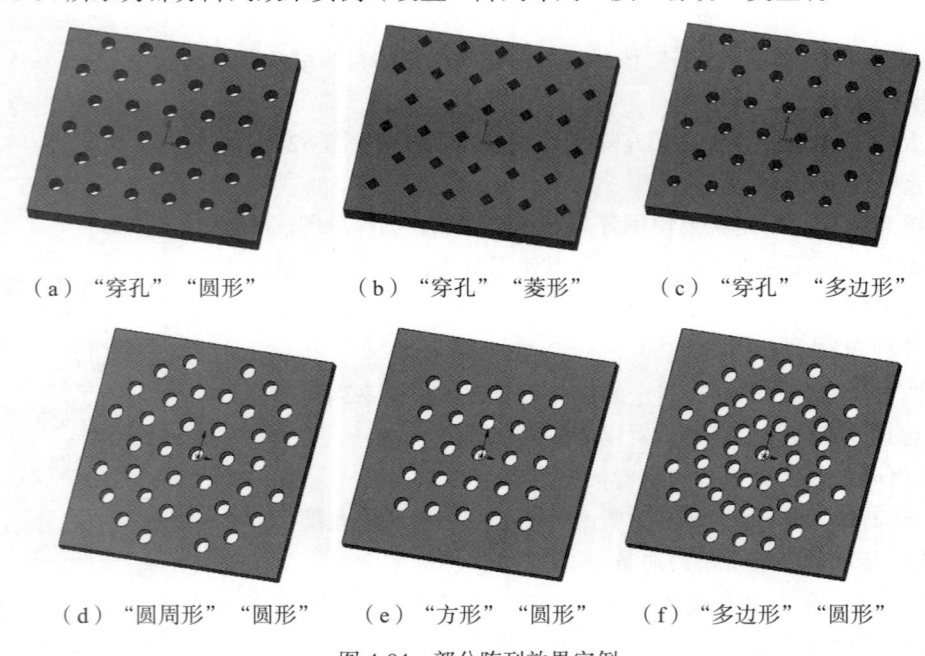

（a）"穿孔""圆形"　　　（b）"穿孔""菱形"　　　（c）"穿孔""多边形"

（d）"圆周形""圆形"　　　（e）"方形""圆形"　　　（f）"多边形""圆形"

图 4-84　部分阵列效果实例

■ 案例——绘制平移台底座

本例绘制图 4-85 所示的平移台底座。

（1）新建文件。启动 SOLIDWORKS 2020，单击"标准"工具栏中的"新建"按钮 □，在弹出的"新建 SOLIDWORKS 文件"对话框中单击"零件"按钮 ⑤，然后单击"确定"按钮，创建一个新的零件文件。

（2）绘制草图。在 FeatureManager 设计树中单击"前视基准面"作为绘图基准面。单击"草图"控制面板中的"边角矩形"按钮 □，绘制一个矩形，矩形的一个角点在原点处。

（3）标注尺寸。单击"草图"控制面板中的"智能尺寸"按钮 ←，标注矩形各边的尺寸。结果如图 4-86 所示处。

（4）拉伸实体。单击"特征"控制面板中的"拉伸凸台/基体"按钮 ⑩，系统弹出"凸台-拉伸"属性管理器，设置拉伸深度为 12mm，然后单击"确定"按钮 ✓，结果如图 4-87 所示。

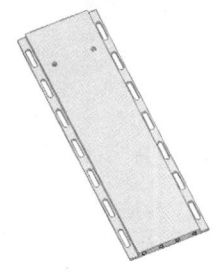

图 4-85　平移台底座

图 4-86　标注尺寸的草图（1）

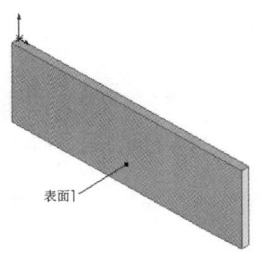

图 4-87　拉伸后的图形

（5）设置基准面。单击图 4-87 中的表面 1，然后单击"视图"工具栏中的"正视于"按钮 ↓，将该表面作为绘图基准面。

（6）绘制草图。单击"草图"控制面板中的"边角矩形"按钮 □，在步骤（5）设置的基准面上绘制两个矩形。

（7）标注尺寸。单击"草图"控制面板中的"智能尺寸"按钮 ←，标注步骤（6）绘制的草图的尺寸，结果如图 4-88 所示。

（8）拉伸切除实体。单击"特征"控制面板中的"切除拉伸"按钮 ⑩，系统弹出"切除-拉伸"属性管理器，设置拉伸深度为 8mm，然后单击"确定"按钮 ✓，结果如图 4-89 所示。

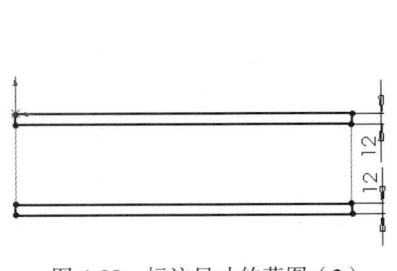

图 4-88　标注尺寸的草图（2）

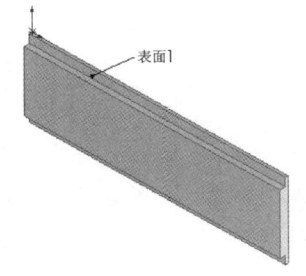

图 4-89　拉伸切除后的图形（1）

（9）设置基准面。单击图 4-89 中的表面 1，然后单击"视图"工具栏中的"正视于"按钮 ↓，将该表面作为绘图基准面。

（10）绘制草图。单击"草图"控制面板中的"边角矩形"按钮 □，绘制一个矩形；单击"草图"控制面板中的"3 点圆弧"按钮 ⌒，分别以矩形一条边的两个端点作为圆弧的两个端点绘制一段圆弧。

（11）标注尺寸。单击"草图"控制面板中的"智能尺寸"按钮 ✐，标注步骤（10）绘制的草图的尺寸及其定位尺寸，结果如图 4-90 所示。

（12）剪裁实体。单击"草图"控制面板中"剪裁实体"按钮 ⫶，剪裁图 4-90 中的圆弧与矩形的交线，结果如图 4-91 所示。

（13）拉伸切除实体。单击"特征"控制面板中的"切除拉伸"按钮 ⬚，系统弹出"切除-拉伸"属性管理器，设置终止条件为"完全贯穿"，然后单击"确定"按钮 ✓，结果如图 4-92 所示。

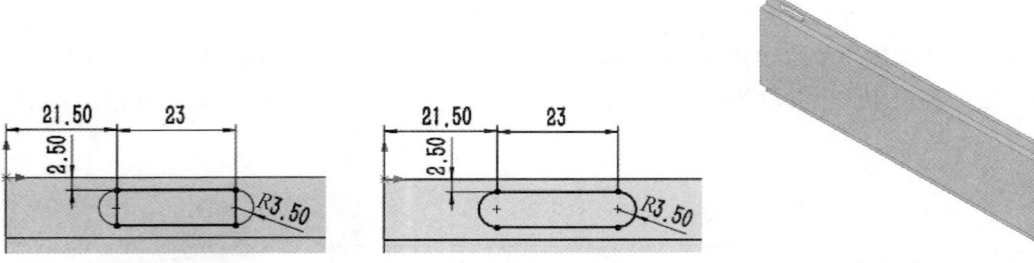

图 4-90　标注尺寸的草图（3）　　　　图 4-91　剪裁后的草图　　　　图 4-92　拉伸切除后的图形（2）

（14）线性阵列实体。单击"特征"控制面板上的"线性阵列"按钮 ▦，系统弹出图 4-93 所示的"线性阵列"属性管理器。在方向 1"边线"中选择图 4-92 中的水平边线；设置间距为 50mm、"实例数"为 7，并调整阵列方向。在方向 2"边线"中选择图 4-92 中的竖直边线；设置间距为 100mm、"实例数"为 2，并调整阵列方向。单击"确定"按钮 ✓，结果如图 4-94 所示。

（15）设置基准面。单击图 4-94 所示的背侧表面，然后单击"视图"工具栏中的"正视于"按钮 ↧，将该表面作为绘图基准面。

（16）添加柱形沉头孔。单击"特征"控制面板上的"异形孔向导"按钮 ⬙，系统弹出"孔规格"属性管理器。按照图 4-95 所示进行设置后，打开"位置"选项卡，单击"3D 草图"按钮，然后单击步骤（15）设置的基准面，添加两个点，作为柱形沉头孔的位置并标注尺寸，结果如图 4-96 所示。单击"确定"按钮 ✓，结果如图 4-97 所示。

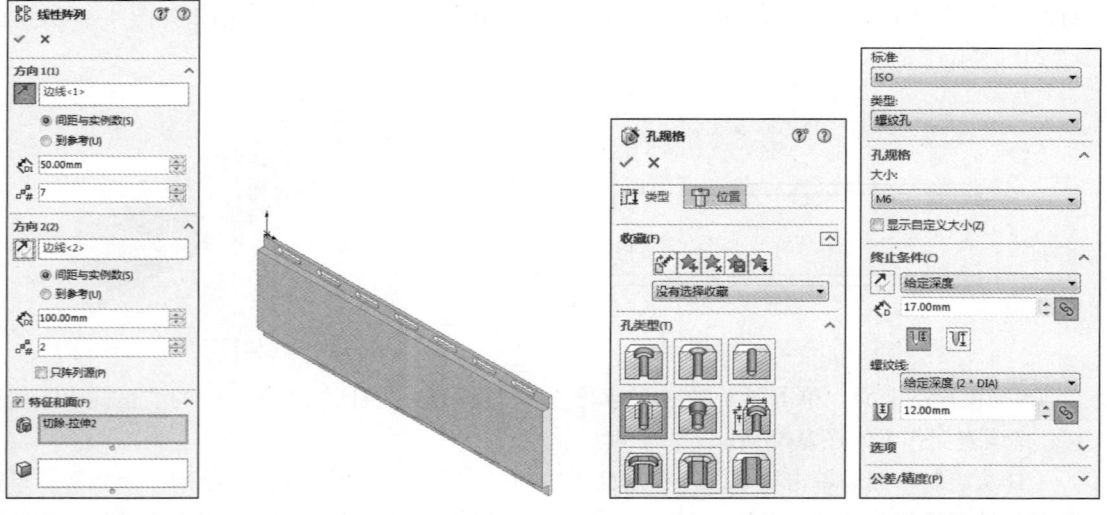

图 4-93　"线性阵列"　　　　图 4-94　阵列后的图形　　　　图 4-95　"孔规格"属性管理器（1）
　　　　属性管理器

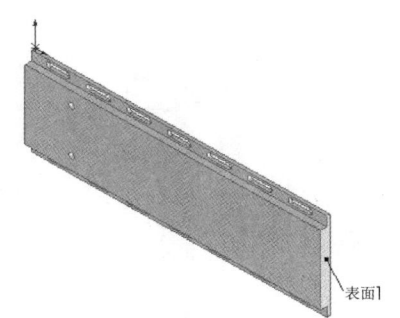

图 4-96　标注尺寸的草图（4）　　　　　　图 4-97　添加的柱形沉头孔

（17）设置基准面。单击图 4-97 中的表面 1，然后单击"视图"工具栏中的"正视于"按钮 ，将该表面作为绘图基准面。

（18）添加螺纹孔。单击"特征"控制面板上的"异形孔向导"按钮 ，系统弹出"孔规格"属性管理器。按照图 4-98 所示进行设置后，打开"位置"选项卡，单击"3D 草图"按钮，然后单击基准面，添加 4 个点，作为螺纹孔的位置并标注尺寸，结果如图 4-99 所示。单击"确定"按钮 ，结果如图 4-100 所示。

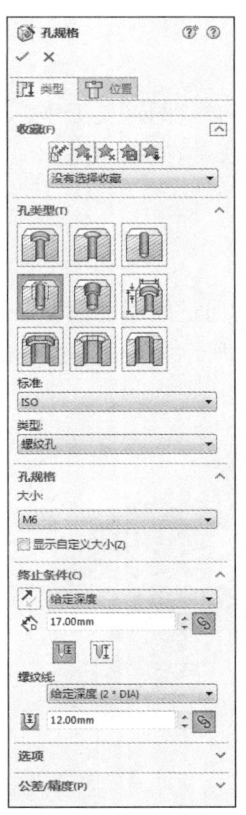

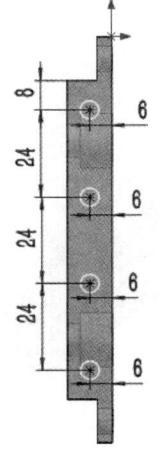

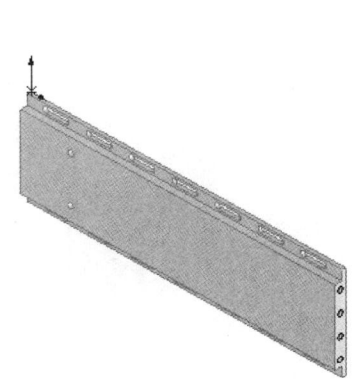

图 4-98　"孔规格"属性管理器（2）　　图 4-99　标注尺寸的草图（5）　　图 4-100　添加的螺纹孔（1）

参考步骤（18），在底座的另一端添加螺纹孔，螺纹孔的位置如图 4-101 所示，结果如图 4-102 所示。

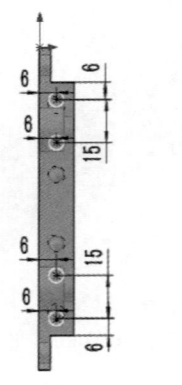

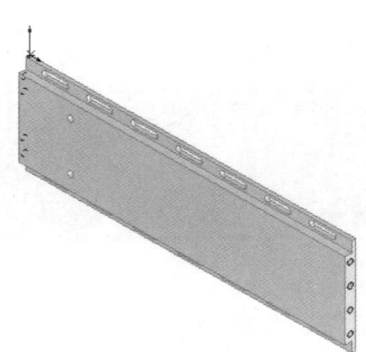

图 4-101　标注尺寸的草图（6）　　　　图 4-102　添加的螺纹孔（2）

任务 7　镜像特征功能学习

任务引入

领导让小明设计一个零件，小明发现零件是对称的，为了避免不必要的重复工作，绘制好零件的一半后他使用了镜像操作，很快就设计好了零件。那么怎么进行镜像操作呢？

知识准备

如果零件结构是对称的，用户可以只创建零件模型的一半，然后通过使用镜像特征的方法生成整个零件。如果修改了源特征，则镜像特征随之更改。图 4-103 所示为运用镜像特征生成零件模型的过程。

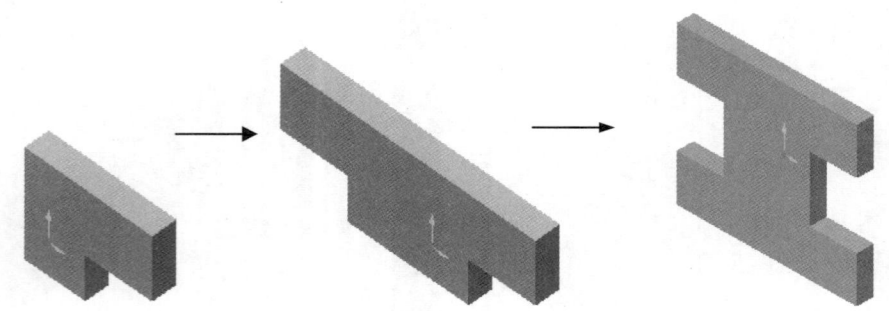

图 4-103　运用镜像特征生成零件模型的过程

1. 执行方式

- 工具栏：单击"特征"工具栏中的"镜像"按钮 。
- 菜单栏：选择"插入"→"阵列/镜像"→"镜像"菜单命令。
- 控制面板：单击"特征"控制面板中的"镜像"按钮 。

2．操作步骤

执行"镜像"命令，系统弹出"镜像"属性管理器，如图4-104所示。

3．选项说明

（1）镜像面/基准面 ⬚：选择基准面或其他平面作为镜像面。

（2）要镜像的特征 ⬚：指定要镜像的特征。可以选择一个或多个特征。

（3）要镜像的面 ⬚：指定要镜像的面。

（4）要镜像的实体：在单一或多实体零件中选择一个实体来生成镜像实体。

（5）选项：SOLIDWORKS 2020支持对镜像进行设置。

① 几何体阵列：只使用特征的几何体（面和边线）来生成阵列，而不阵列和求解特征的每个实例。几何体阵列选项可以加速阵列的生成及重建。

图4-104　"镜像"属性
管理器（1）

② 延伸视象属性：将 SOLIDWORKS 的颜色、纹理和装饰螺纹数据应用于所有镜像实例的特征。

■ 案例——绘制台灯灯泡

本例绘制图4-105所示的台灯灯泡。

（1）新建文件。选择"文件"→"新建"菜单命令，或者单击"标准"工具栏中的"新建"按钮 ⬚，在弹出的"新建SOLIDWORKS文件"对话框中单击"零件"按钮 ⬚，再单击"确定"按钮，创建一个新的零件文件。

（2）绘制底座草图。在FeatureManager设计树中单击"前视基准面"作为绘图基准面。单击"草图"控制面板中的"圆"按钮 ⬚，绘制一个圆心在原点的圆。

（3）标注尺寸。选择"工具"→"尺寸"→"智能尺寸"菜单命令，或者单击"草图"控制面板中的"智能尺寸"按钮 ⬚，标注圆的直径，结果如图4-106所示。

微课

案例——绘制台灯
灯泡

图4-105　台灯灯泡

（4）拉伸实体。选择"插入"→"凸台/基体"→"拉伸"菜单命令，或者单击"特征"控制面板中的"拉伸凸台/基体"按钮 ⬚，系统弹出"凸台-拉伸"属性管理器，设置拉伸深度为40mm，然后单击"确定"按钮 ⬚，结果如图4-107所示。

（5）设置基准面。单击图4-107所示的外表面1，然后单击"视图"工具栏中的"正视于"按钮 ⬚，将该表面作为绘图基准面，结果如图4-108所示。

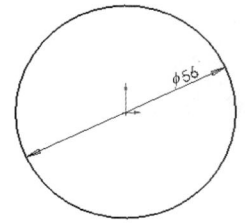

图4-106　标注尺寸的草图（1）

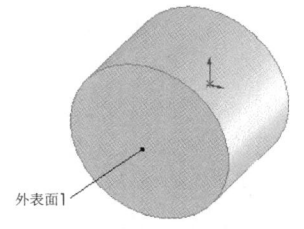

图4-107　拉伸后的图形（1）

图4-108　设置的基准面（1）

（6）绘制灯管草图。选择"工具"→"草图绘制实体"→"圆"菜单命令，或者单击"草图"控制面板中的"圆"按钮 ⊙，在步骤（5）设置的基准面上绘制一个圆。

（7）标注尺寸。单击"草图"控制面板中的"智能尺寸"按钮 ，标注步骤（6）绘制圆的直径及其定位尺寸，结果如图 4-109 所示，然后退出草图绘制。

（8）添加基准面。在 FeatureManager 设计树中单击"右视基准面"，选择"插入"→"参考几何体"→"基准面"菜单命令，或者选择"特征"控制面板"参考几何体"下拉列表中的"基准面"选项 ，系统弹出图 4-110 所示的"基准面"属性管理器。设置"偏移距离"为 13mm，并调整基准面的方向。按照图 4-110 进行设置后，单击"确定"按钮 ，结果如图 4-111 所示。

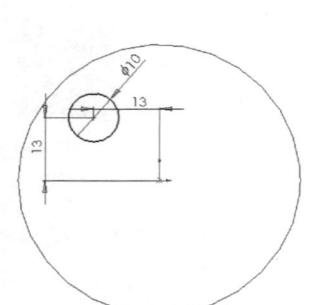
图 4-109　标注尺寸的草图（2）

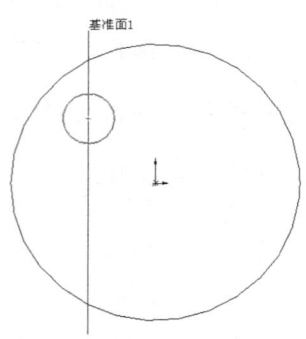
图 4-110　"基准面"属性管理器

图 4-111　添加的基准面

（9）设置基准面。在 FeatureManager 设计树中单击步骤（8）添加的基准面，然后单击"视图"工具栏中的"正视于"按钮 ，将该基准面作为绘图基准面，结果如图 4-112 所示。

（10）绘制草图。单击"草图"控制面板中的"直线"按钮 ，绘制起点在图 4-111 所示的小圆圆心的直线段，终点在左端水平方向上任意一点的直线段，单击"草图"控制面板中的"中心线"按钮 ，绘制一条通过原点的水平中心线，结果如图 4-113 所示。

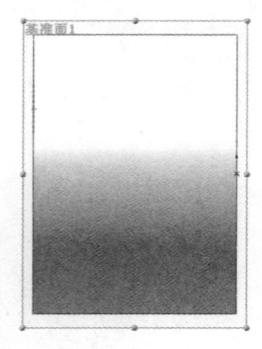
图 4-112　设置的基准面（2）

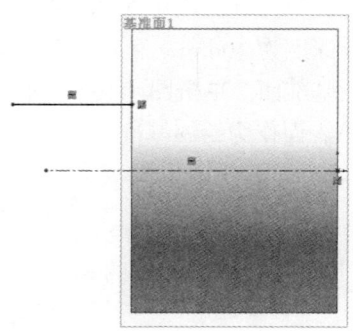
图 4-113　绘制的草图（1）

（11）镜像实体。选择"工具"→"草图工具"→"镜像"菜单命令，或者单击"草图"控制面板中的"镜像实体"按钮![icon]，系统弹出"镜像"属性管理器。在"要镜像的实体"选项组中，选择步骤（10）绘制的直线段；在"镜像点"一栏中选择步骤（10）绘制的水平中心线。单击"确定"按钮![icon]，结果如图 4-114 所示。

（12）绘制草图。单击"草图"控制面板中的"切线弧"图标![icon]，绘制端点为直线段端点的圆弧，结果如图 4-115 所示。

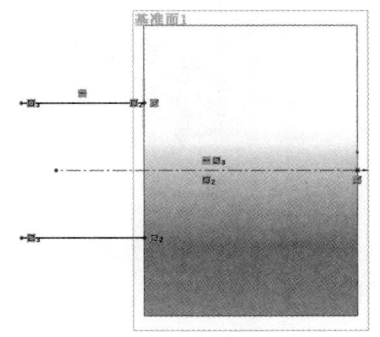
图 4-114 镜像后的图形（1）

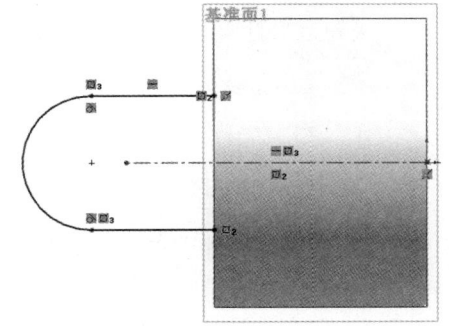
图 4-115 绘制的草图（2）

（13）标注尺寸。单击"草图" 控制面板中的"智能尺寸"按钮![icon]，标注图 4-115 中的尺寸，结果如图 4-116 所示，然后退出草图绘制。

（14）设置视图方向。单击"视图"工具栏中的"等轴测"按钮![icon]，将视图以等轴测方向显示，结果如图 4-117 所示。

（15）扫描实体。选择"插入"→"凸台/基体"→"扫描"菜单命令，系统弹出图 4-118 所示的"扫描"属性管理器。在"轮廓"![icon]栏选择图 4-117 所示的草图 2；在"路径"![icon]栏选择图 4-117 所示的草图 3，单击"确定"按钮![icon]。

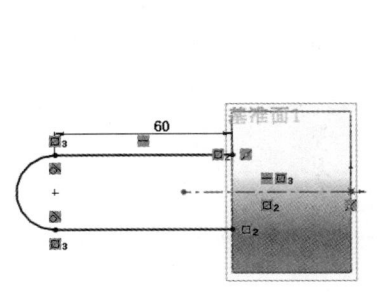
图 4-116 标注尺寸的草图（3）

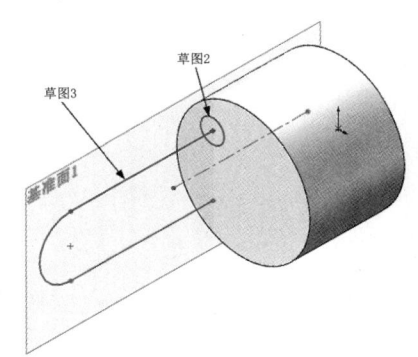
图 4-117 等轴测视图

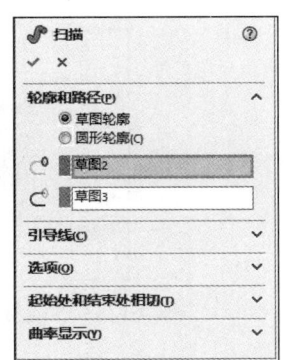
图 4-118 "扫描"属性管理器

（16）隐藏基准面。选择"视图"→"隐藏/显示"→"基准面"菜单命令，视图中就不会显示基准面，结果如图 4-119 所示。

（17）镜像实体。选择"插入"→"阵列/镜像"→"镜像"菜单命令，或者单击"特征"控制面板中的"镜像"按钮![icon]，系统弹出图 4-120 所示的"镜像"属性管理器。在"镜像面/基准面"栏中选择"右视基准面"；在"要镜像的特征"栏中选择步骤（15）生成的扫描的实体。单击"确定"按钮![icon]，结果如图 4-121 所示。

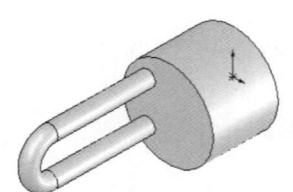

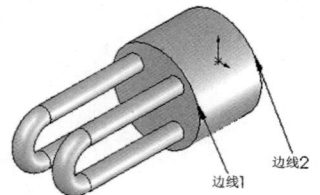

图 4-119　扫描后隐藏基准面的图形　　图 4-120　"镜像"属性管理器（2）　　图 4-121　镜像后的图形（2）

（18）圆角化实体。单击"特征"控制面板中的"圆角"按钮，系统弹出图 4-122 所示的"圆角"属性管理器，设置"半径"为 10mm，然后选取图 4-121 所示的边线 1 和边线 2，单击"确定"按钮。调整视图方向，将视图以合适的方向显示，结果如图 4-123 所示。

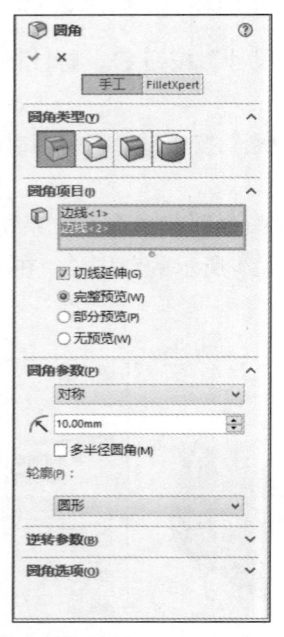

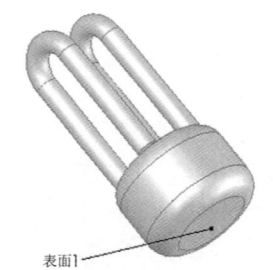

图 4-122　"圆角"属性管理器（1）　　　　　图 4-123　圆角化的图形（1）

（19）设置基准面。选择图 4-123 所示的表面 1，然后单击"视图"工具栏中的"正视于"按钮，将该表面作为绘图基准面，结果如图 4-124 所示。

（20）绘制草图。单击"草图"控制面板中的"圆"按钮，以原点为圆心绘制一个圆。

（21）标注尺寸。单击"草图"控制面板中的"智能尺寸"按钮，标注步骤（20）绘制的圆的直径，结果如图 4-125 所示。

（22）拉伸实体。单击"特征"控制面板中的"拉伸凸台/基体"按钮，系统弹出"凸台-拉伸"属性管理器，设置拉伸深度为 10mm，按照图 4-126 所示进行设置后，单击"确定"按钮。

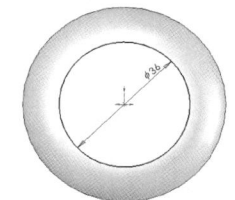

图 4-124　设置的基准面（3）　　　图 4-125　标注尺寸的草图（4）　　　图 4-126　"凸台-拉伸"属性管理器

（23）设置视图方向。单击"视图"工具栏中的"旋转视图"按钮 ⟳，将视图以合适的方向显示，结果如图 4-127 所示。

（24）圆角化实体。单击"特征"控制面板中的"圆角"按钮 ⬦，系统弹出"圆角"属性管理器，设置圆角半径为 6mm，然后选取图 4-127 所示的边线 1 和边线 2，按照图 4-128 所示进行设置后，单击"确定"按钮 ✓，结果如图 4-129 所示。

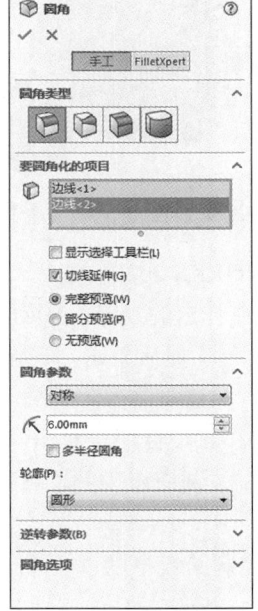

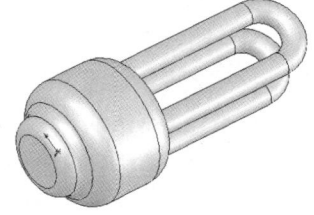

图 4-127　拉伸后的图形（2）　　　图 4-128　"圆角"属性管理器（2）　　　图 4-129　圆角化的图形（2）

综合案例　凉水壶设计

本例绘制的凉水壶如图 4-130 所示。

图 4-130　凉水壶

微课

综合案例　凉水壶
设计

　　绘制时，首先利用"拉伸"命令拉伸出基本轮廓，并利用"抽壳"命令绘制壶身；其次利用"扫描"命令扫描壶把；最后利用"圆角"命令修饰外形。凉水壶的绘制过程如图 4-131 所示。

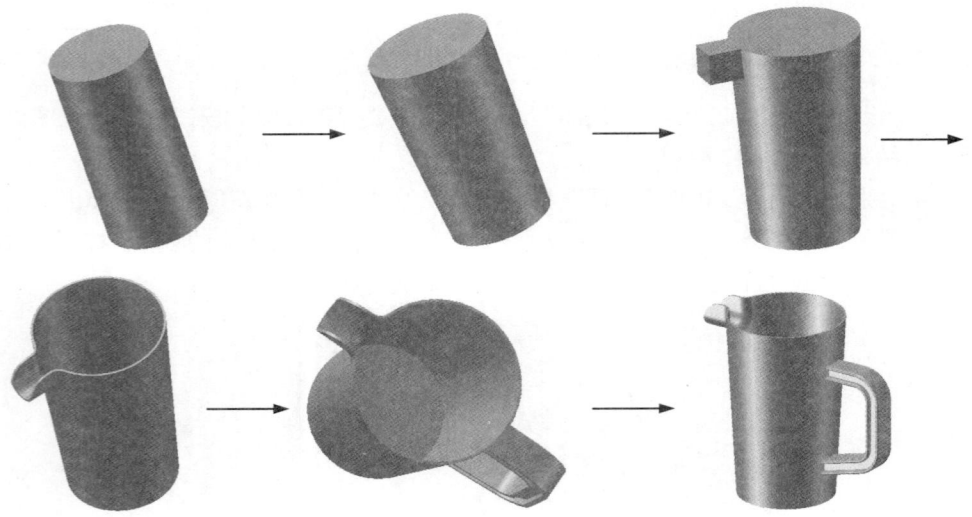

图 4-131　凉水壶的绘制过程

　　（1）新建文件。启动 SOLIDWORKS 2020，选择"文件"→"新建"菜单命令，或者单击"标准"工具栏中的"新建"按钮 ，在弹出的"新建 SOLIDWORKS 文件"对话框中单击"零件"按钮 ，然后单击"确定"按钮，创建一个新的零件文件。

　　（2）绘制草图。在 FeatureManager 设计树中单击"前视基准面"作为绘图基准面。单击"草图"控制面板中的"圆"按钮 ，绘制图 4-132 所示的圆。

　　（3）拉伸实体。单击"特征"控制面板中的"拉伸凸台/基体"按钮 ，系统弹出图 4-133 所示的"凸台-拉伸"属性管理器，设置拉伸深度为 200mm。单击属性管理器中的"确定"按钮 ，结果如图 4-134 所示。

图 4-132　绘制圆

$\phi 100$

　　（4）拔模实体。单击"特征"控制面板中的"拔模"按钮 ，系统弹出图 4-135 所示的"拔模"属性管理器。在视图中选择拉伸实体的下表面作为中性面，外表面作为拔模面，输入拔模角度为 3 度。单击属性管理器中的"确定"按钮 ，结果如图 4-136 所示。

　　（5）绘制草图。在 FeatureManager 设计树中单击"上视基准面"作为绘图基准面。单击"草图"控制面板中的"矩形"按钮 ，绘制图 4-137 所示的草图。

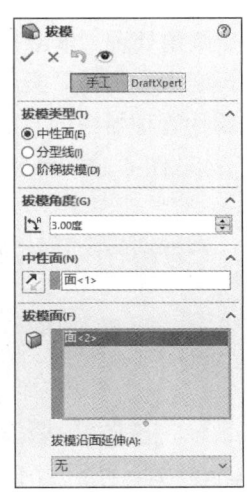

图 4-133　"凸台-拉伸"属性管理器　　　图 4-134　拉伸实体结果（1）　　　图 4-135　"拔模"属性管理器

（6）拉伸实体。单击"特征"控制面板中的"拉伸凸台/基体"按钮 ，系统弹出"凸台-拉伸"属性管理器。设置拉伸终止条件为"给定深度"、拉伸深度为 90mm，单击"确定"按钮 。结果如图 4-138 所示。

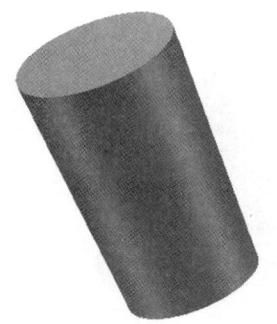

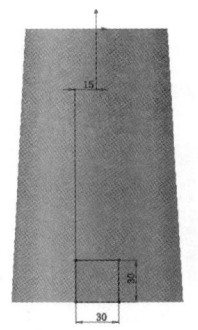

图 4-136　拔模结果　　　　　　　　图 4-137　草图绘制结果　　　　　　　图 4-138　拉伸实体结果（2）

（7）圆角化实体。单击"特征"控制面板中的"圆角"按钮 ，系统弹出图 4-139 所示的"圆角"属性管理器。选择"完整圆角"类型，在视图中选取图 4-140 所示的 3 个面，然后单击属性管理器中的"确定"按钮 。结果如图 4-141 所示。

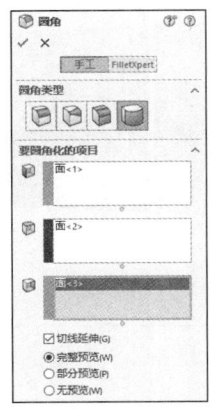

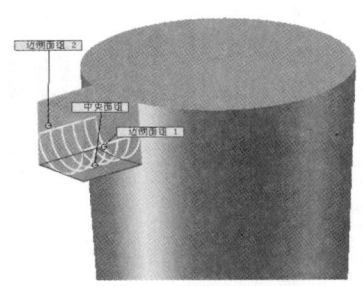

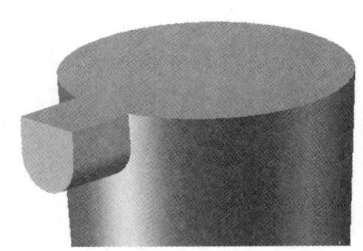

图 4-139　"圆角"属性管理器　　　图 4-140　选择进行圆角化的面　　　图 4-141　圆角绘制结果（1）

（8）圆角处理。单击"特征"工具栏中的"圆角"按钮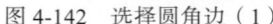，系统弹出"圆角"属性管理器。选择"恒定大小圆角"类型，设置圆角半径为 20mm，在视图中选取图 4-142 所示的边线，然后单击属性管理器中的"确定"按钮✓。重复"圆角"命令，在属性管理器中设置圆角半径为 10mm，选取图 4-143 所示的边线进行圆角处理。结果如图 4-144 所示。

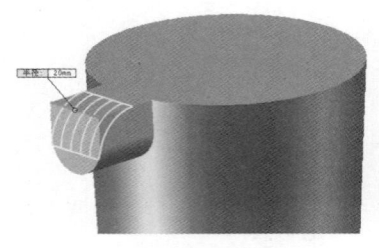

图 4-142 选择圆角边（1）　　图 4-143 选择圆角边（2）　　图 4-144 圆角绘制结果（2）

（9）抽壳处理。单击"特征"控制面板中的"抽壳"按钮，系统弹出"抽壳"属性管理器。设置抽壳厚度为 2mm，在绘图区选取图 4-145 所示的面作为移除面，然后单击属性管理器中的"确定"按钮✓。结果如图 4-146 所示。

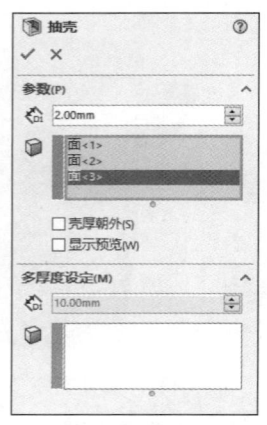

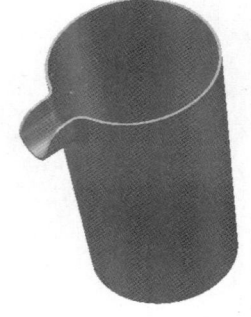

图 4-145　"抽壳"属性管理器和移除面　　　　图 4-146　抽壳结果

（10）绘制扫描路径。在 FeatureManager 设计树中单击"右视基准面"作为绘图基准面。单击"草图"控制面板中的"直线"按钮、"圆角"按钮和"智能尺寸"按钮，绘制如图 4-147 所示的草图。

（11）绘制扫描轮廓。在 FeatureManager 设计树中单击"上视基准面"作为绘图基准面。单击"草图"控制面板中的"直线"按钮和"智能尺寸"按钮，绘制如图 4-148 所示的草图。

（12）绘制扫描把手。单击"特征"控制面板中的"扫描"按钮，系统弹出"扫描"属性管理器，如图 4-149 所示。选取步骤（11）绘制的草图作为扫描轮廓，选取步骤（10）绘制的草图作为扫描路径，然后单击属性管理器

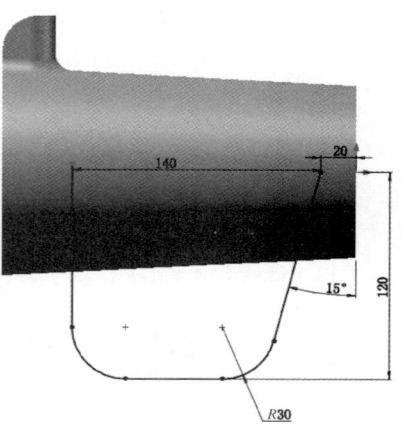

图 4-147　扫描路径草图

中的"确定"按钮 ✓。结果如图 4-150 所示。

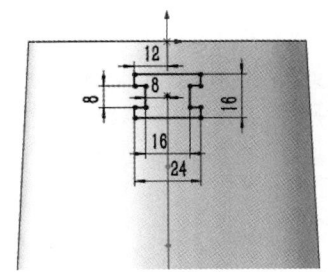
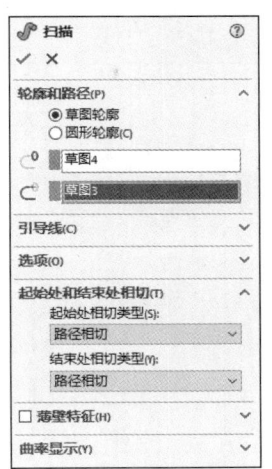
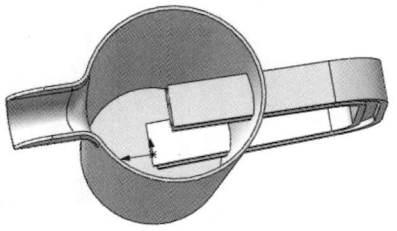

图 4-148　扫描轮廓草图　　图 4-149　"扫描"属性管理器　　图 4-150　壶把绘制结果

（13）绘制扫描截面。在绘图区选择水壶的内底面作为绘图基准面。单击"草图"控制面板中的"转换实体引用"按钮 ⬡，将底面边线转换为草图。

（14）切除把手。单击"特征"控制面板中的"拉伸切除"按钮 ▣，系统弹出"切除-拉伸"属性管理器。设置终止条件为"完全贯穿"，单击"拔模"按钮 ◪，输入拔模角度为 3 度，勾选"向外拔模"复选框，如图 4-151 所示。单击属性管理器中的"确定"按钮 ✓，结果如图 4-152 所示。

（15）圆角处理。单击"特征"控制面板中的"圆角"按钮 ◪，系统弹出"圆角"属性管理器。选择"恒定大小圆角"类型，设置圆角半径为 2mm，在绘图区选取图 4-153 所示的边线，然后单击属性管理器中的"确定"按钮 ✓。结果如图 4-130 所示。

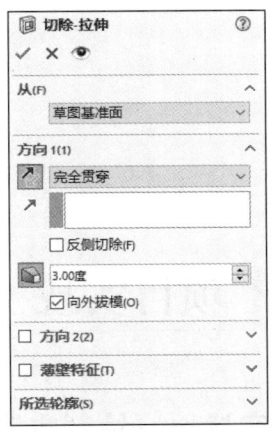

图 4-151　"切除-拉伸"
属性管理器

图 4-152　把手切除结果　　　　　图 4-153　选择圆角边线

项目总结

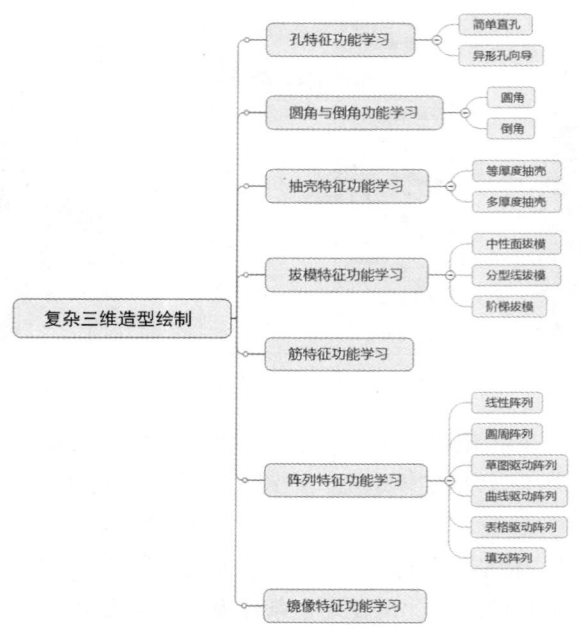

项目实战

实战一　绘制主连接零件

练习绘制图 4-154 所示的主连接零件。

（1）使用"拉伸凸台/基体"命令，创建拉伸实体，如图 4-155 所示。

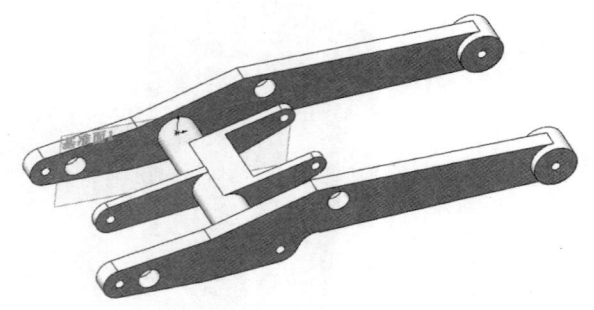

图 4-154　主连接零件

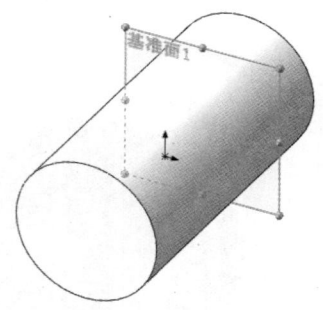

图 4-155　拉伸实体（1）

（2）以"前视基准面"为参考，偏移距离为 22mm，创建"基准面 1"。在"基准面 1"上使用"草图"控制面板中的"转换实体引用"按钮⬜、"圆"按钮⊙、"直线"按钮╱和"剪裁实体"按钮 ，绘制图 4-156 所示的草图并标注尺寸。拉伸实体，设置拉伸深度为 10mm，反向，拉伸实体如图 4-157 所示。

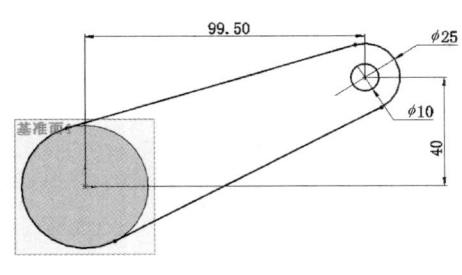

图 4-156　绘制草图（1）

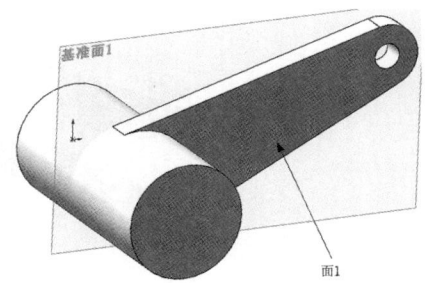

图 4-157　拉伸实体（2）

（3）选择图 4-157 所示的面 1，绘制拉伸草图，如图 4-158 所示，使用"拉伸凸台/基体"命令，终止条件为"成形到一面"，拉伸草图到图 4-159 所示的面 1。

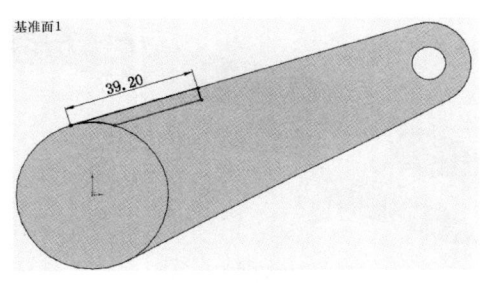

图 4-158　绘制草图（2）

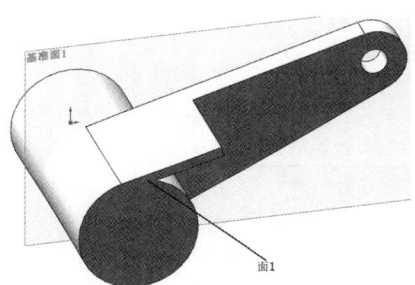

图 4-159　拉伸实体（3）

（4）在图 4-159 所示的面 1 上绘制草图并标注尺寸，如图 4-160 所示。拉伸实体，拉伸距离为 5mm，如图 4-161 所示。

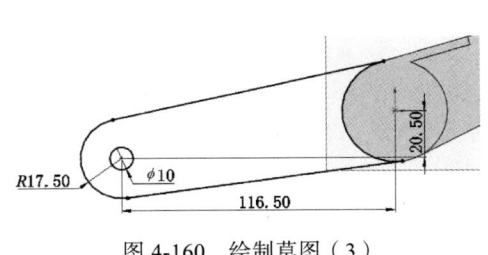

图 4-160　绘制草图（3）

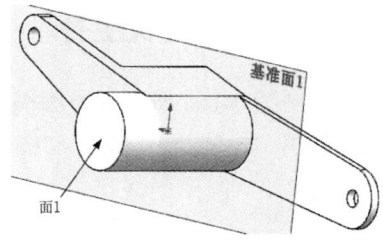

图 4-161　拉伸实体（4）

（5）选择图 4-161 所示的面 1，绘制图 4-162 所示的草图并标注尺寸。拉伸凸台，设置拉伸深度为 20mm，反向，如图 4-163 所示。

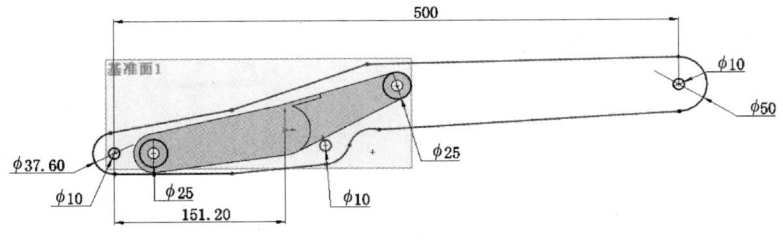

图 4-162　绘制草图（4）

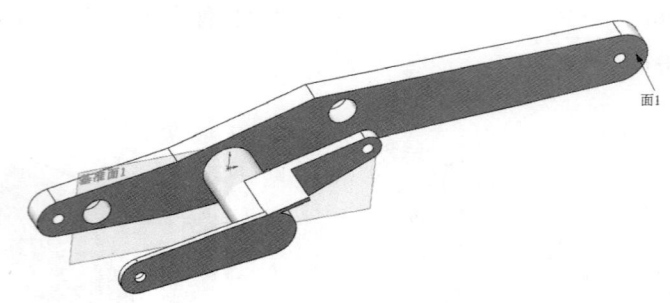

图 4-163　拉伸实体（5）

（6）选择图 4-163 所示的面 1，使用"转换实体引用"按钮⬡和"圆"按钮⊙绘制图 4-164 所示的草图，拉伸实体，设置"方向 1"的拉伸深度为 10mm，"方向 2"的拉伸深度为 30mm，如图 4-165 所示。

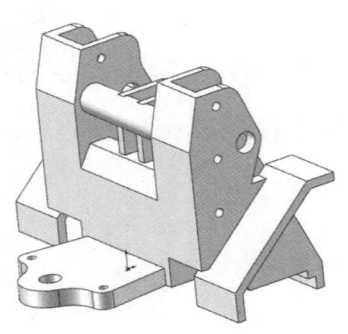

图 4-164　绘制草图（5）

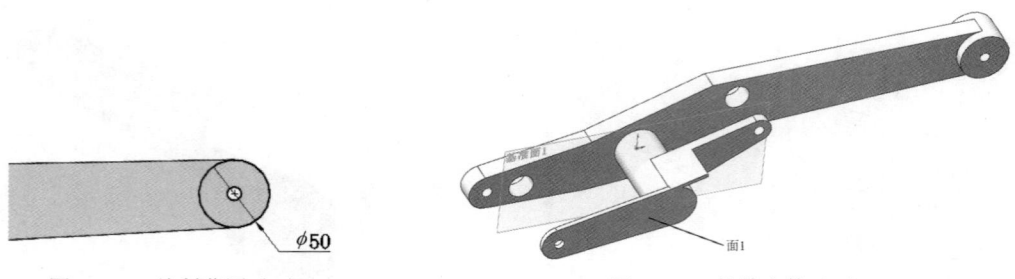

图 4-165　拉伸实体（6）

（7）执行"镜像"命令，选择图 4-165 所示的面 1 作为镜像基准面，以前面所创建的所有特征为源特征生成整个零件，结果如图 4-154 所示。

实战二　绘制挖掘机主件

练习绘制图 4-166 所示的挖掘机主件。

（1）利用"拉伸凸台/基体""抽壳"命令绘制基本壳体，如图 4-167 所示。

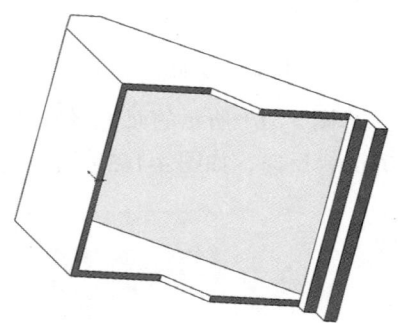

图 4-166　挖掘机主件

图 4-167　基本壳体

（2）利用"拉伸凸台/基体""切除拉伸"和"圆角"等命令创建翼板，如图 4-168 所示。

（3）利用"拉伸凸台/基体""简单直孔"等命令及设置基准面的方法创建轴和孔，如图 4-169 所示。

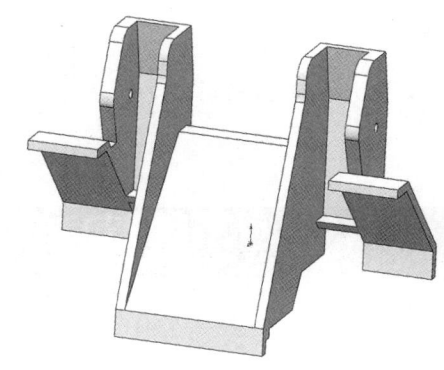

图 4-168　翼板

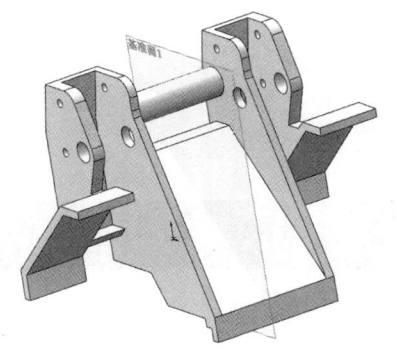

图 4-169　轴和孔

（4）利用"镜像"和"拉伸凸台/基体"等命令创建剩余特征。

项目 **5**

装配建模

项目导读

用 SOLIDWORKS 生成新零部件时，可以直接参考已有的零部件并保持这种参考关系。在装配环境里，可以方便地设计和修改零部件，使 SOLIDWORKS 的性能得到提升。

素质目标

- 通过装配建模了解各零部件的装配流程和注意事项，培养学生的工程实践能力。
- 在装配建模的过程中难免会遇到各种问题，通过解决问题并最终完成模型的装配，培养学生分析、解决问题的能力，使他们能够独立思考问题和应对挑战。

技能目标

- 学会零件的装配和定位。
- 学会零件的复制、阵列和镜像操作。
- 学会爆炸视图的创建和编辑。

任务 1　装配与定位功能学习

任务引入

领导让小明把设计好的零件装配在一起展示给客户看，那么要按照什么样的步骤装配呢？如果发现零件装错了怎么删除呢？零件之间的位置怎么进行约束呢？

知识准备

零件设计完成后，可根据要求进行装配。零件之间的装配关系实际上就是零件之间的位置约束关系。可以把一个大型的零件装配模型看作由多个子装配体组成，因而在创建大型的零件装配模型时，可先创建各个子装配体，再将各个子装配体按照它们之间的位置关系进行装配，最终形成一个大型的零件装配模型。

一、装配体设计方法

设计方法分为自下而上和自上而下两种。

（1）自下而上设计方法。

自下而上设计方法是比较传统的设计方法。首先设计并创建零件，其次将零件插入装配体，最后配合定位零件。若想更改零件，必须单独编辑零件，且更改后的零件在装配体中可见。

自下而上设计方法对于预先制作好、现售的零件，或者金属器件、皮带轮、发动机等标准零件是首选，这些零件不根据设计的变化而更改形状和大小。本书中的装配文件都采用自下而上设计方法。

（2）自上而下设计方法。

在零件的某些特征、完整零件或整个装配体上使用自上而下设计方法。在实践中，设计师通常使用自上而下设计方法来布局装配体并捕捉其特定自定义零件的关键方面。

在自上而下设计方法中，零件的一个或多个特征由装配体中的某项命令定义，如布局草图或几何体。顶层（装配体）表明设计意图，然后在其中向下生成零件，因此称为"自上而下"。

可以在关联装配体中生成一个新零件，也可以在关联装配体中生成新的子装配体。

二、零件装配步骤

进行零件装配时，必须合理选取第一个装配零件。该零件应满足如下两个条件。

（1）是整个装配体模型中最为关键的零件。

（2）用户在以后的工作中不会删除该零件。

通常零件的装配步骤（针对自下而上的设计方法）如下。

（1）建立一个装配体文件（*.SLDASM），进入零件装配模式。

（2）调入第一个零件模型。在默认情况下，装配体中的第一个零件是固定的，但是用户可以随时将其解除固定。

（3）调入其他与装配体有关的零件模型或子装配体。

（4）分析并建立零件之间的装配关系。

（5）检查零部件之间的干涉关系。

（6）全部零件装配完毕后，将装配体模型保存。

当用户将一个零部件（单个零件或子装配体）放入装配体中时，该零部件文件会与装配体文件形成链接。零部件出现在装配体中，但是零部件的数据还保持在源零部件文件中。对零部件文件所作的任何改变都会更新到装配体文件中。

三、建立装配体文件

1. 执行方式

- 菜单栏：选择"文件"→"新建"→"装配体"菜单命令。
- 工具栏：单击"标准"工具栏中的"新建"→"装配体"按钮 。

2. 操作步骤

（1）执行"新建"命令，系统弹出"新建 SOLIDWORKS 文件"对话框，如图 5-1 所示。在对话框中单击"装配体"按钮 ，再单击"确定"按钮，进入装配体制作界面，如图 5-2 所示。

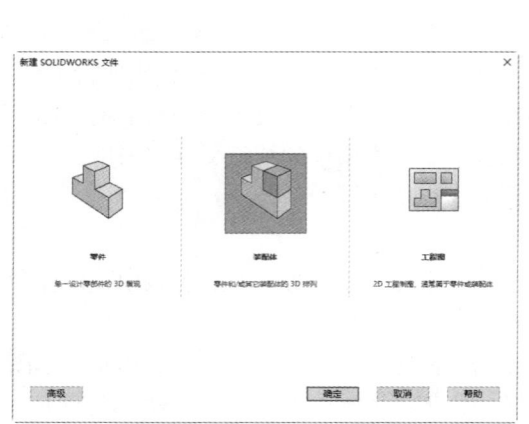

图 5-1　"新建 SOLIDWORKS 文件"对话框

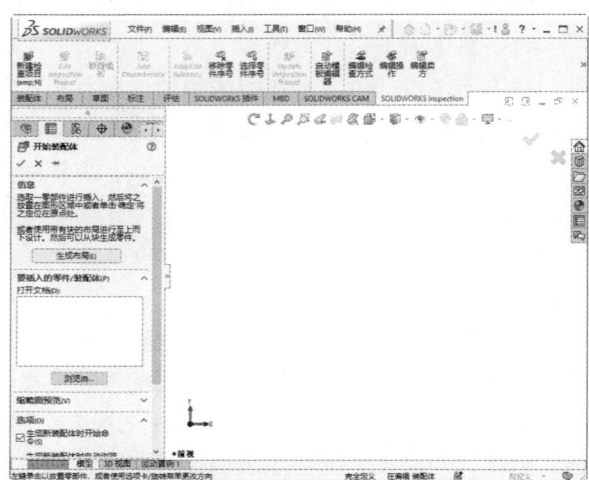

图 5-2　装配体制作界面

（2）在"开始装配体"属性管理器中单击"要插入的零件/装配体"选项组中的"浏览"按钮，弹出"打开"对话框。

（3）在"打开"对话框中选择一个零件作为装配体的基准零件，单击"打开"按钮，然后在绘图区合适位置单击以放置零件。调整视图以等轴测方向显示，即可得到导入零件后的界面，如图 5-3 所示。

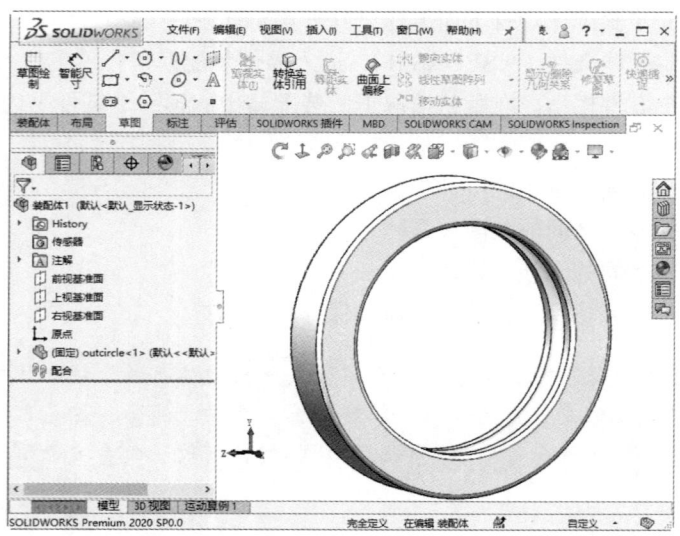

图 5-3　导入零件后的界面

> 注意　保存装配体时，文件的扩展名为"*.SLDASM"，其文件名前的图标与零件图的图标不同。

四、插入装配零部件

装配体文件在创建完成后，要进行零部件的插入和配合才能将其装配成装配体。

1. 执行方式

- 菜单栏：选择"插入"→"零部件"→"现有零件/装配体"菜单命令。
- 选项卡：单击"装配体"选项卡中的"插入零部件"按钮 ⬚。

2. 操作方法

制作装配体需要按照装配的过程依次插入相关零部件，有多种方法可以将零部件添加到一个新的或已有的装配体中。

（1）使用"插入零部件"属性管理器。

（2）从任务窗格的文件探索器中拖动。

（3）从"打开"对话框中拖动。

（4）从资源管理器中拖动。

（5）从 Internet Explorer 中拖动相关超文本链接。

（6）在装配体中拖动以增加现有零部件的实例。

（7）从任务窗格的设计库中拖动。

（8）使用插入、智能扣件来添加如螺栓、螺钉、螺母、销钉及垫圈等零部件。

五、删除装配零部件

删除装配零部件功能主要用于清理或修改装配体结构。下面介绍删除装配零部件的操作步骤。

（1）在绘图区或 FeatureManager 设计树中单击"零部件"。

（2）按 Delete 键；或选择"编辑"→"删除"菜单命令；或右击，在弹出的快捷菜单中选择"删除"命令，此时会弹出图 5-4 所示的"确认删除"对话框。

（3）单击"是"按钮以确认删除，此零部件及其所有相关项目（配合、零部件阵列、爆炸步骤等）都会被删除。

第一个插入的零部件在装配图中默认状态是固定的，即不能移动和旋转，在 FeatureManager 设计树中，其名称前有"（固定）"标识。如果插入的不是第一个零部件，则其状态是浮动的，在 FeatureManager 设计树中，其名称前有"（-）"标识。固定和浮动显示如图 5-5 所示。

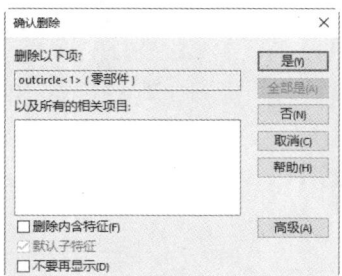

图 5-4 "确认删除"对话框

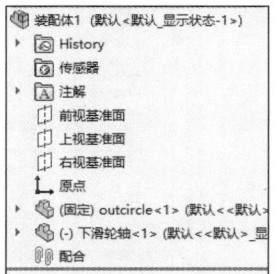

图 5-5 固定和浮动显示

■ 案例——插入轴承装配图零件

轴承装配图如图 5-6 所示。本例完成在新建装配体中依次插入零件轴承 6315 内外圈、保持架、滚珠装配体。

（1）单击"标准"工具栏中的"新建"按钮，在弹出的"新建 SOLIDWORKS 文件"对话框中单击"装配体"按钮，再单击"确定"按钮，进入新建的装配体编辑界面。

（2）单击"装配体"控制面板中的"插入零部件"按钮，在"插入零部件"属性管理器中单击"浏览"按钮，在弹出的"打开"对话框中找到"轴承 6315 内外圈.SLDPRT"所在的文件夹并打开，如图 5-7 所示。选择该文件，单击"打开"按钮。

图 5-6 轴承装配图

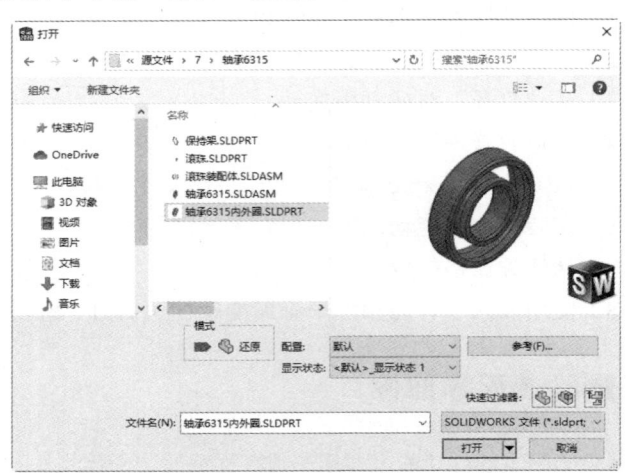

图 5-7 "打开"对话框

（3）此时被打开的文件"轴承 6315 内外圈.SLDPRT"出现在绘图区中，鼠标指针变为形状。拖动零部件到原点（若绘图区不显示原点，可通过选择"视图"→"隐藏/显示"→"原点"菜单命令设置），在鼠标指针变为形状时松开鼠标，零件轴承 6315 内外圈的原点就与新装配体原点重合，轴承也被固定。此时的模型如图 5-8 所示，从中可以看到轴承 6315 内外圈被固定。

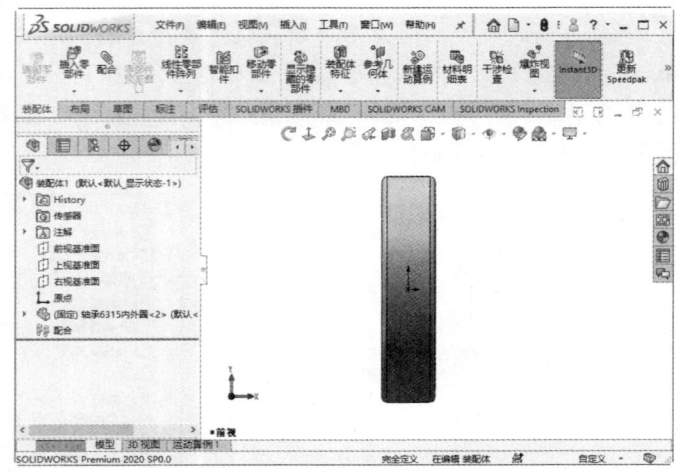

图 5-8 轴承 6315 内外圈被插入装配体中并固定

（4）单击"装配体"控制面板中的"插入零部件"按钮 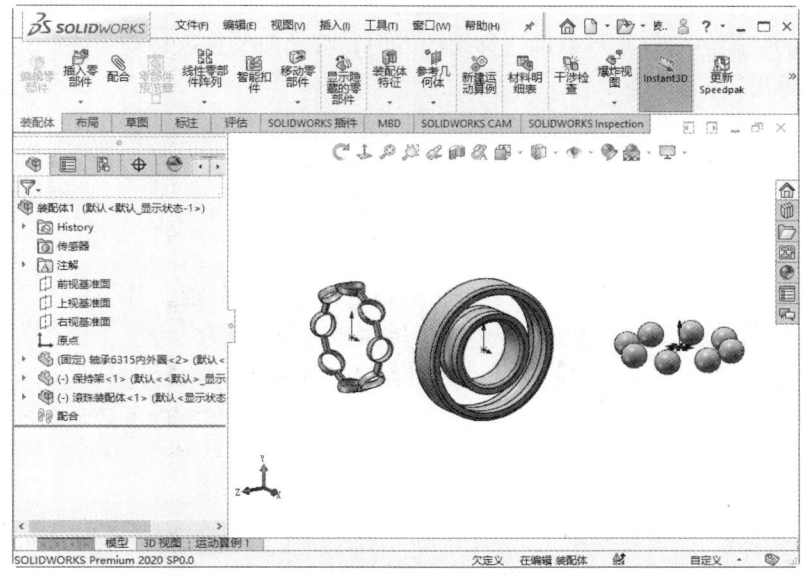，在"插入零部件"属性管理器中单击"浏览"按钮，并在弹出的"打开"对话框中找到"保持架.SLDPRT"文件，并将其打开。

（5）当鼠标指针变为 形状时，将零件保持架插入装配体中的任意位置。

（6）用同样的办法将滚珠装配体插入装配体中的任意位置。

（7）单击"标准"工具栏中的"保存"按钮 ，设置保存路径为源文件\原始文件\项目 5\，将零件保存为"轴承 6315.SLDASM"。最后界面的效果如图 5-9 所示。

图 5-9　插入零部件后的界面

六、零部件的固定

当一个零部件被固定后，它就不能相对于装配体原点移动了。默认情况下，装配体中的第一个零件是固定的。如果装配体中至少有一个零部件被固定下来，它就可以为其余零部件提供位置参考，防止其余零部件在添加配合关系时意外移动。

要固定零部件，只要在 FeatureManager 设计树或绘图区中右击要固定的零部件，在弹出的快捷菜单中选择"固定"命令即可；如果要解除固定关系，在该快捷菜单中选择"浮动"命令即可。

当一个零部件被固定后，在 FeatureManager 设计树中，该零部件名称之前出现字符"（固定）"，表明该零部件已被固定。

七、零部件的移动

移动零部件只适用于没有被固定且没有被添加完全配合关系的零部件。

1. 执行方式

- 工具栏：单击"装配体"工具栏中的"移动零部件"按钮 。
- 菜单栏：选择"工具"→"零部件"→"移动"菜单命令。

● 控制面板：单击"装配体"控制面板中的"移动零部件"按钮。

2. 操作步骤

执行"移动零部件"命令，系统弹出"移动零部件"属性管理器，如图 5-10 所示。

3. 选项说明

（1）自由拖动：系统默认移动方式，可以在视图中把选中的零部件拖动到任意位置。

（2）沿装配体 XYZ：选择零部件并沿装配体的 *x*、*y* 或 *z* 方向拖动。绘图区中显示的装配体坐标系可以确定移动的方向，移动前要在欲移动方向的轴附近单击。

（3）沿实体：首先选择实体，然后选择零部件并沿该实体拖动。如果选择的实体是一条直线、边线或轴，所移动的零部件具有一个自由度。如果选择的实体是一个基准面或平面，所移动的零部件就具有两个自由度。

（4）由 Delta XYZ：在属性管理器中输入 ΔX、ΔY、ΔZ 的值，如图 5-11 所示，然后单击"应用"按钮，零部件按照指定的数值移动。

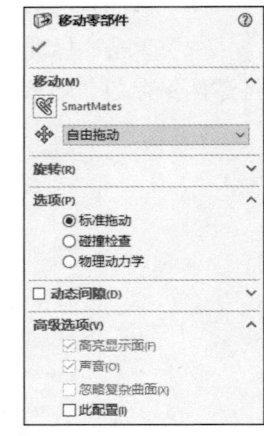

图 5-10 "移动零部件"属性管理器

（5）到 XYZ 位置：选择零部件上的一点，在属性管理器中输入 *x*、*y* 或 *z* 坐标，如图 5-12 所示，然后单击"应用"按钮，将所选零部件上的点移动到指定的坐标位置。

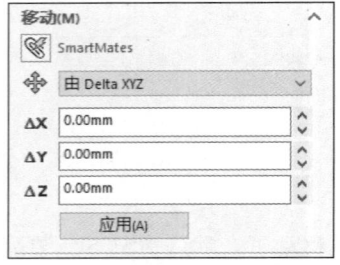

图 5-11 "由 Delta XYZ"选项

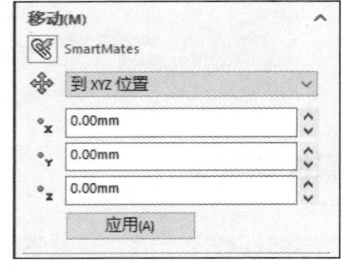

图 5-12 "到 XYZ 位置"选项

八、零部件的旋转

零部件的旋转功能允许用户以特定的角度和方向调整零部件的位置。用户无法旋转一个位置已经固定或完全定义了配合关系的零部件。

1. 执行方式

● 工具栏：单击"装配体"工具栏中的"旋转零部件"按钮。

● 菜单栏：选择"工具"→"零部件"→"旋转"菜单命令。

● 控制面板：单击"装配体"控制面板中的"旋转零部件"按钮。

2. 操作步骤

执行"旋转零部件"命令，系统弹出"旋转零部件"属性管理器，如图 5-13 所示。

3. 选项说明

零部件的旋转类型有 3 种，即自由拖动、对于实体和由 Delta XYZ，如图 5-14 所示。

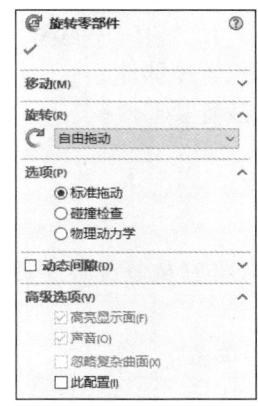

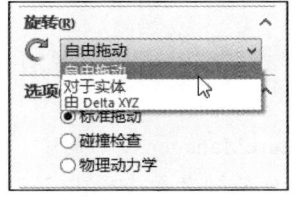

图 5-13 "旋转零部件"属性管理器　　　　图 5-14 零部件的旋转类型

（1）自由拖动：选择零部件并沿任意方向拖动旋转。

（2）对于实体：选择一条直线、边线或轴，然后围绕所选实体旋转零部件。

（3）由 Delta XYZ：选择零部件，在"旋转零部件"属性管理器中输入 x、y、z 的值，然后零部件将按照指定的角度分别绕 x 轴、y 轴和 z 轴旋转。

九、配合关系的添加

使用配合关系，既可相对于其他零部件来精确地定位零部件，也可定义零部件如何相对于其他的零部件移动和旋转。只有添加了完整的配合关系，才算完成了装配体模型。

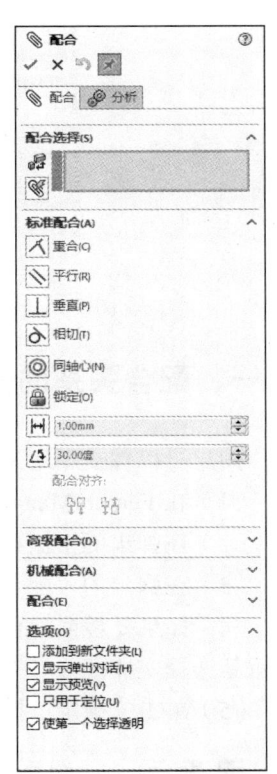

1. 执行方式

- 工具栏：单击"装配体"工具栏中的"配合"按钮 ⌘。
- 菜单栏：选择"插入"→"配合"菜单命令。
- 控制面板：单击"装配体"控制面板中的"配合"按钮 ⌘。

2. 操作步骤

执行"配合"命令，系统弹出"配合"属性管理器，如图 5-15所示。

3. 选项说明

（1）标准配合。

① ⼈ 重合：面与面、面与直线（轴）、直线与直线（轴）、点与面、点与直线之间重合。

② ＼ 平行：面与面、面与直线（轴）、直线与直线（轴）、曲线与曲线之间平行。

③ ⊥ 垂直：面与面、直线（轴）与面之间垂直。

④ ⋏ 相切：使所选项彼此相切。至少一个选定项必须为圆柱、圆锥或球面。

⑤ ◎ 同轴心：圆柱与圆柱、圆柱与圆锥、圆形与圆弧边线之间具有相同的轴。

图 5-15 "配合"属性管理器

⑥ ⊞ 锁定：保持两个零部件之间的相对位置和方向。

（2）配合对齐。

① 同向对齐：以所选面的法向或轴向的相同方向来放置零部件。

② 反向对齐：以所选面的法向或轴向的相反方向来放置零部件。

十、配合关系的删除

如果装配体中的某个配合关系有错误，用户可以随时将它从装配体中删除，具体操作流程如下。

（1）在 FeatureManager 设计树中，右击想要删除的配合关系。

（2）在弹出的快捷菜单中单击"删除"命令，如图 5-16 所示，或选中要删除的配合关系按 Delete 键。

（3）在弹出的"确认删除"对话框中单击"是"按钮，如图 5-17 所示，以确认删除。

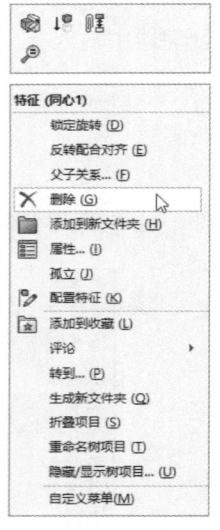

图 5-16　快捷菜单

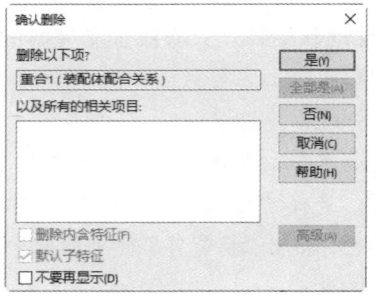

图 5-17　"确认删除"对话框

十一、配合关系的修改

用户可以像重新定义特征一样，对已经存在的配合关系进行修改，具体操作流程如下。

（1）在 FeatureManager 设计树中右击要修改的配合关系。

（2）在弹出的快捷菜单中选择"编辑特征"命令。

（3）在弹出的"配合"属性管理器中改变相关选项。

（4）如果要替换配合实体，可在"要配合的实体"右侧的显示框中删除原来的实体，然后重新选择实体。

（5）单击"确定"按钮，完成配合关系的修改。

■ 案例——装配轴承

移动和旋转零部件，将装配体中的零件调整到合适的位置，如图 5-18 所

微课

案例——装配轴承

示。下面就为轴承 6315 添加配合关系。

（1）单击"标准"工具栏中的"打开"按钮，打开本书配套资源中的"源文件\项目 5\轴承 6315.SLDASM"图形文件。单击"装配体"控制面板中的"配合"按钮，在绘图区中选择要配合的实体——保持架的内圆弧面和滚珠装配体的中心轴，所选实体会出现在"配合"属性管理器中的右侧的显示框中，如图 5-19 所示。在"标准配合"选项组中，单击"同轴心"按钮，单击"确定"按钮，将保持架和滚珠装配体的中心线和轴重合。

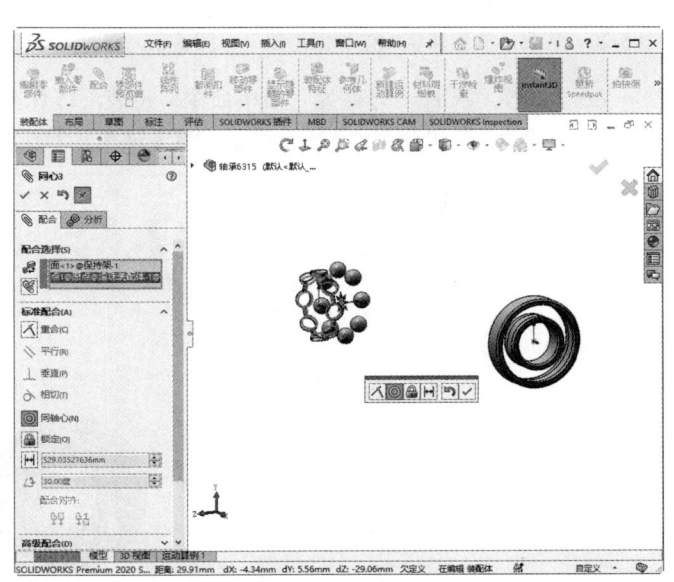

图 5-18　在装配体中调整零件到合适的位置　　　　图 5-19　选择配合实体后的界面

（2）单击"装配体"控制面板中的"配合"按钮，在 FeatureManager 设计树中选择保持架零件的"前视基准面"和滚珠装配体的"上视基准面"。在"标准配合"选项组中单击"重合"按钮，再单击"确定"按钮，为两个零部件的所选基准面添加重合关系。

（3）单击"装配体"控制面板中的"配合"按钮，在 FeatureManager 设计树中选择保持架零件的"右视基准面"和滚珠装配体的"前视基准面"。在"标准配合"选项组中单击"重合"按钮，再单击"确定"按钮，为两个零部件的所选基准面添加重合关系。

至此，保持架和滚珠装配体的装配就完成了，添加配合关系后的装配体如图 5-20 所示。

（4）单击"装配体"控制面板中的"配合"按钮，在 FeatureManager 设计树中选择保持架零件的"前视基准面"和零件轴承 6315 内外圈的"右视基准面"。在"标准配合"选项组中单击"重合"按钮，再单击"确定"按钮，为两个零部件的所选基准面添加重合关系，如图 5-21所示。

（5）单击"装配体"控制面板中的"配合"按钮，在绘图区中选择零件轴承 6315 内外圈的中心轴和滚珠装配体的中心轴（若绘图区不显示中心轴，可选择"视图"→"隐藏/显示"→"临时轴"菜单命令进行设置）。在"标准配合"选项组中单击"重合"按钮，使零件轴承 6315内外圈和保持架同轴线，如图 5-22 所示。单击"装配体"工具栏中的"旋转零部件"按钮，可以自由地旋转保持架，说明装配体还没有被完全定义。要固定保持架，还需要再定义一个配合关系。

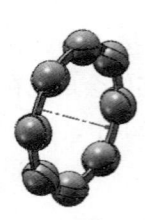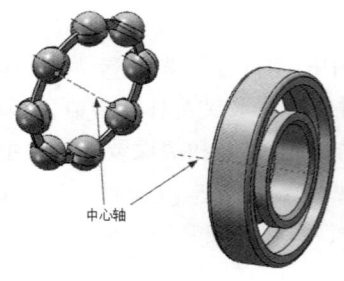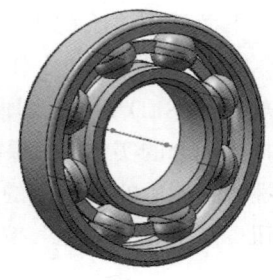

图 5-20　装配好的滚珠装配体和保持架　　　图 5-21　基准面重合后的效果　　　图 5-22　中心轴同轴后的效果

（6）选择"文件→另存为"菜单命令，将装配体保存起来。选择"视图"→"隐藏/显示"→"隐藏所有类型"菜单命令，将所有草图或参考轴等元素隐藏起来，最后的装配体效果如图 5-23 所示。

图 5-23　完全定义好装配关系的装配体

任务 2　零部件复制相关功能学习

任务引入

　　小明在创建装配体的时候发现有相同的零部件需要装配在不同的位置，通过观察，有的是在对称位置，有的是按照一定规律分布，于是小明装配好一个零部件后采用镜像和阵列等命令将零部件装配到了所需的位置，这样大大提高了工作效率。那么怎么进行镜像、阵列等操作呢？

知识准备

　　在同一个装配体中可能存在多个相同的零部件，在装配时，用户可以不必每次都重新插入零部件，而是利用复制、阵列或镜像的方法，快速完成具有规律性的零部件的插入和装配。

一、零部件的复制

SOLIDWORKS 可以复制已经在装配体文件中存在的零部件，下面结合图 5-24 介绍复制零部件的操作步骤。

（1）打开"源文件"文件夹中的"零件的复制"文件。按住 Ctrl 键，在 FeatureManager 设计树中选择需要复制的零部件，然后将其拖动到绘图区中合适的位置，复制后的装配体如图 5-25 所示，此时 FeatureManager 设计树如图 5-26 所示。

图 5-24　打开的文件实体

（2）添加相应的配合关系，配合后的装配体如图 5-27 所示。

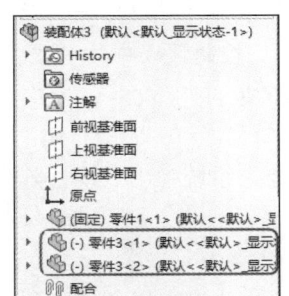

图 5-25　复制后的装配体（1）

图 5-26　复制装配体后的
FeatureManager 设计树（1）

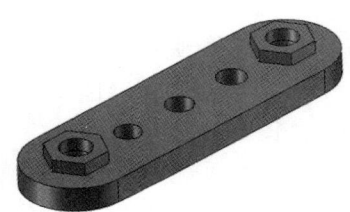

图 5-27　配合后的装配体

■ 案例——创建链节装配体

本例采用零件复制的方法创建链节装配体模型，如图 5-28 所示。

（1）单击"标准"工具栏中的"打开"按钮 ，打开本书配套资源中的"源文件\项目 5\复制零件"，如图 5-29 所示。

微课

案例——创建链节
装配体

图 5-28　链节装配体模型

（2）按住 Ctrl 键，在 FeatureManager 设计树中选择需要复制的零部件，然后将其拖动到视图中的合适位置，复制后的装配体如图 5-30 所示，此时 FeatureManager 设计树如图 5-31 所示。

（3）添加相应的配合关系，配合后的装配体如图 5-28 所示。

图 5-29　实体模型

图 5-30　复制后的装配体（2）

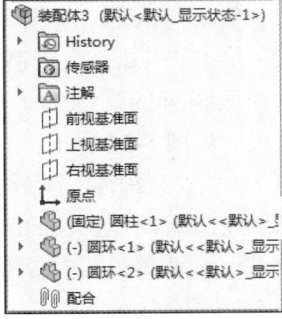

图 5-31　复制装配体后的
FeatureManager 设计树（2）

二、零部件的阵列

零部件的阵列分为线性阵列和圆周阵列。如果装配体中具有相同的零部件，并且这些零部件按照线性或者圆周的方式排列，则可以使用线性阵列或圆周阵列的相关命令进行操作。

线性阵列可以同时阵列一个或者多个零部件，并且阵列出来的零部件不需要再添加配合关系就可完成配合。

零部件的圆周阵列与线性阵列类似，只是需要一根进行圆周阵列的轴线。

1. 执行方式

- 工具栏：单击"装配体"工具栏中的"线性零部件阵列/圆周零部件阵列"按钮 ▓▓/▓。
- 菜单栏：选择"插入"→"零部件阵列"→"线性阵列/圆周阵列"菜单命令。
- 控制面板：单击"装配体"控制面板中的"线性零部件阵列/圆周零部件阵列"按钮 ▓▓/▓。

2. 操作步骤

执行"线性零部件阵列"命令，系统弹出"线性阵列"属性管理器，如图 5-32 所示。

3. 选项说明

（1）阵列方向：选择线性边线作为方向以创建阵列。

（2）反向 ▨：反向阵列的方向。

（3）旋转实例：基于输入值绕选定轴旋转实例。

（4）只阵列源：勾选时，只使用源零部件而不复制方向 1 的阵列实例在方向 2 中生成线性阵列；取消勾选时，源零部件和方向 1 生成的所有实例在方向 2 中阵列。

（5）要阵列的零部件：指定源零部件。

（6）同步柔性子装配体零部件的移动：勾选时，当用户移动源柔性子装配体中的零部件时，将移动阵列实例中的零部件；反之，当用户移动阵列实例中的零部件时，柔性子装配体中的零部件也将被移动。

图 5-32 "线性阵列"属性管理器（1）

■ 案例——创建底座装配体 1

本例采用零件阵列的方法创建底座装配体模型，如图 5-33 所示。

（1）单击"标准"工具栏中的"新建"按钮 ▢，创建一个装配体文件。

（2）单击"装配体"控制面板中的"插入零部件"按钮 ▧，插入已绘制完成的"底座.sldprt"文件，并调整视图中零件的方向，底座零件及尺寸如图 5-34 所示。

（3）单击"装配体"控制面板中的"插入零部件"按钮 ▧，插入已绘制完成的"圆柱.sldprt"文件，圆柱零部件及尺寸如图 5-35 所示。调整视图中各零件的方向，插入零部件后的装配体如图 5-36 所示。

微课

案例——创建底座装配体 1

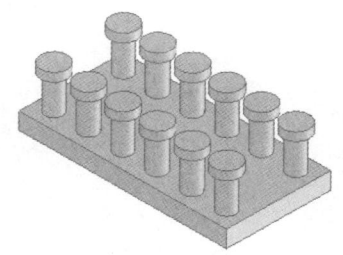

图 5-33 底座装配体模型（1）

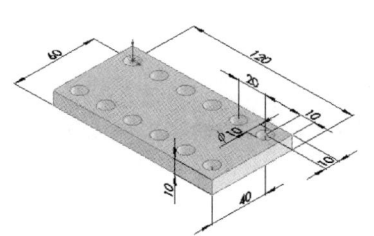

图 5-34　底座零件及尺寸

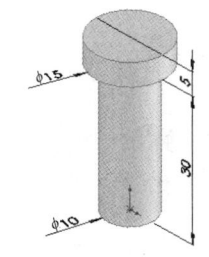

图 5-35　圆柱零部件及尺寸（1）

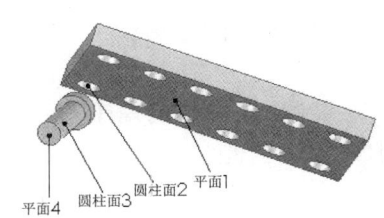

图 5-36　插入零部件后的装配体（1）

（4）单击"装配体"控制面板中的"配合"按钮，系统弹出"配合"属性管理器。

（5）将图 5-36 所示的平面 1 和平面 4 添加为"重合"配合关系，将圆柱面 2 和圆柱面 3 添加为"同轴心"配合关系，注意配合的方向。

（6）单击"确定"按钮，配合添加完毕。

（7）单击"视图"工具栏中的"等轴测"按钮，将视图以等轴测方向显示。配合后的底座装配体如图 5-37 所示。

（8）单击"装配体"控制面板中的"线性零部件阵列"按钮，系统弹出"线性阵列"属性管理器。

（9）在"要阵列的零部件"选项组中选择图 5-37 所示的圆柱；在"方向 1"选项组的"阵列方向"列表框中选择图 5-37 所示的边线 1，注意设置阵列的方向；在"方向 2"选项组的"阵列方向"列表框中选择图 5-37 所示的边线 2，注意设置阵列的方向，其他设置如图 5-38 所示。

（10）单击"确定"按钮，完成零部件的线性阵列。线性阵列后的模型如图 5-33 所示，此时装配体的 FeatureManager 设计树如图 5-39 所示。

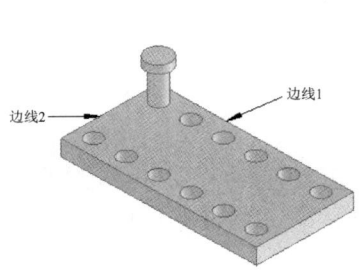

图 5-37　配合后的底座装配体（1）

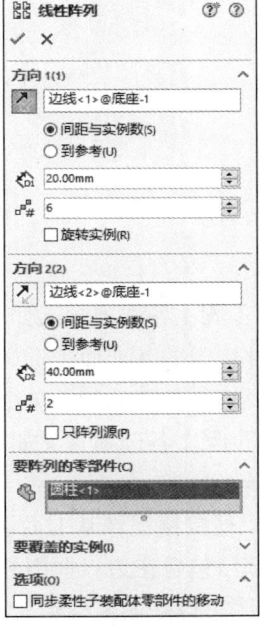

图 5-38　"线性阵列"
属性管理器（2）

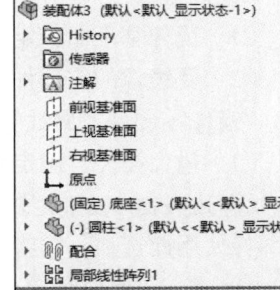

图 5-39　FeatureManager
设计树（1）

三、零部件的镜像

装配体环境中的镜像操作与零部件设计环境中的镜像操作类似。在装配体环境中，有相同且对称的零部件时，可以使用镜像零部件操作来完成。

1. 执行方式

- 工具栏：单击"装配体"工具栏中的"镜像零部件"按钮 。
- 菜单栏：选择"插入"→"镜像零部件"菜单命令。
- 控制面板：单击"装配体"控制面板中的"镜像零部件"按钮 。

2. 操作步骤

执行"镜像零部件"命令，系统弹出"镜像零部件"属性管理器，图 5-40 所示为步骤 1 相关设置。单击"下一步"按钮 ，界面显示步骤 2 相关设置，如图 5-41 所示。

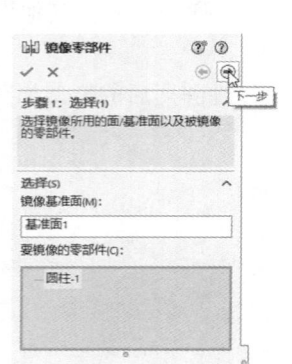

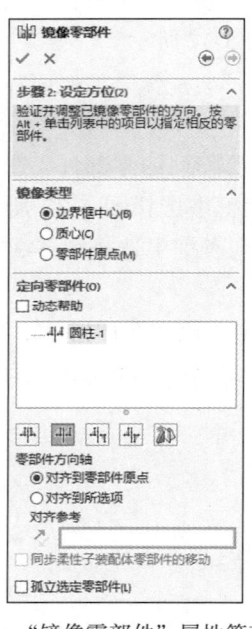

图 5-40　"镜像零部件"属性管理器（1）　　　　图 5-41　"镜像零部件"属性管理器（2）

3. 选项说明

"镜像零部件"属性管理器中步骤 1 各选项含义如下。

（1）镜像基准面：定义零部件镜像的基准面（选择基准面或平面）。

（2）要镜像的零部件：定义要镜像的零部件（单个零件或子装配体）。

"镜像零部件"属性管理器中步骤 2 各选项含义如下。

（1）镜像类型：确定轴的旋转。

① 边界框中心：定位镜像，以便围绕镜像基准面镜像所选零部件的边界框中心。对非对称零部件使用此选项。它将镜像零部件包含在边界框内并计算其相对于边界框中心的方位。

② 质心：定位镜像，以便围绕镜像平面来镜像所选零部件的质心。

③ 零部件原点：绕选定参考基准面的零部件原点镜像零部件实例。

（2）定向零部件：添加现有零部件的实例。在零部件列表中选择一个项目，然后选择以下选项：

① 动态帮助：当将鼠标指针悬停在控件上时显示详细帮助。

② X 已镜像，Y 已镜像 ⊣⊢：绕基准面 x 轴和 y 轴镜像。

③ X 已镜像并反转，Y 已镜像 ⊣⊢：绕基准面 x 轴和 y 轴镜像，且反转 x 轴方向。

④ X 已镜像，Y 已镜像并反转 ⊣⊢：绕基准面 x 轴和 y 轴镜像，且反转 y 轴方向。

⑤ X 已镜像并反转，Y 已镜像并反转 ⊣⊢：绕基准面 x 轴和 y 轴镜像，且反转 x 轴和 y 轴方向。

⑥ 生成相反方位版本 ⋈：通过现有零部件的镜像映像生成新零部件。在零部件列表中选择一个项目，然后单击"生成相反方位版本"按钮 ⋈。

⑦ 零部件方向轴。

- 对齐到零部件原点：通过绕零部件的 x 轴和 y 轴镜像和翻转来计算零部件方向。

- 对齐到所选项：通过绕局部 x 轴和 y 轴镜像和翻转零部件来计算零部件方向。在计算中，x 轴与镜像平面平行，y 轴与在"对齐参考"中选择的面或平面垂直。

- 对齐参考：指定一个实体以对齐方向轴的上半轴。

■ 案例——创建底座装配体 2

微课

本例采用零部件镜像的方法创建底座装配体模型，如图 5-42 所示。

（1）单击"标准"工具栏中的"新建"按钮 ▭，创建一个装配体文件。

案例——创建底座
装配体 2

（2）单击"装配体"工具栏中的"插入零部件"按钮 ⬚，插入已绘制完成的"底座"文件，并调整视图中零部件的方向，底座平板零部件及尺寸如图 5-43 所示。

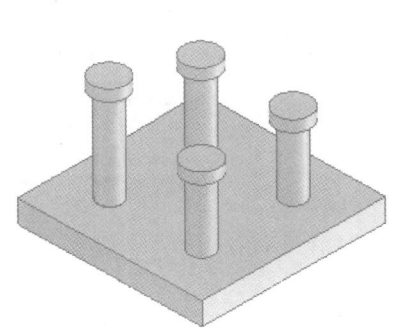

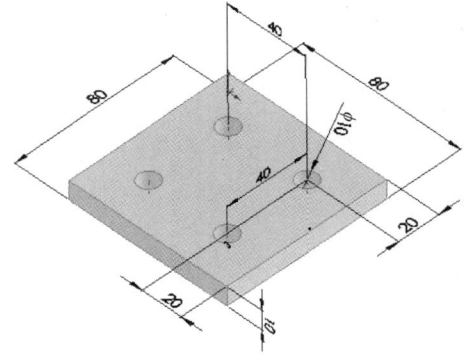

图 5-42　底座装配体模型（2）　　　　图 5-43　底座平板零部件及尺寸

（3）单击"装配体"工具栏中的"插入零部件"按钮 ⬚，插入已绘制完成的"圆柱"文件，圆柱零部件及尺寸如图 5-44 所示。调整视图中各零部件的方向，插入零部件后的装配体如图 5-45 所示。

（4）单击"装配体"工具栏中的"配合"按钮 ◎，系统弹出"配合"属性管理器。

（5）将图 5-45 所示的平面 1 和平面 3 添加为"重合"配合关系，将圆柱面 2 和圆柱面 4 添加为"同轴心"配合关系，注意配合的方向。

（6）单击"确定"按钮 ✔，配合添加完毕。

（7）单击"视图"工具栏中的"等轴测"按钮 ▣，将视图以等轴测方向显示。配合后的底座装配体如图 5-46 所示。

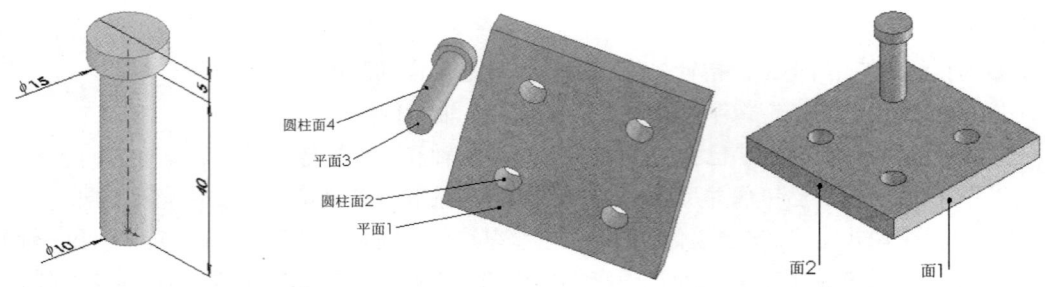

图 5-44　圆柱零部件及尺寸（2）　　图 5-45　插入零部件后的装配体（2）　　图 5-46　配合后的底座装配体（2）

（8）在"特征"控制面板的"参考几何体"下拉列表中选择"基准面"选项 📐，系统弹出"基准面 1"属性管理器。

（9）在"参考实体" 📦 列表框中，选择图 5-46 所示的面 1；设置"偏移距离"为 40mm，注意添加基准面的方向，其他设置如图 5-47 所示，添加图 5-48 所示的基准面 1。同理，添加图 5-48 所示的基准面 2。

（10）单击"装配体"控制面板中的"镜像零部件"按钮 🔳🔳，系统弹出"镜像零部件"属性管理器。

（11）在"镜像基准面"中选择图 5-48 所示的基准面 1；在"要镜像的零部件"列表框中，选择图 5-48 所示的圆柱，如图 5-49 所示。单击"下一步"按钮 ➡，"镜像零部件"属性管理器如图 5-50 所示。

（12）单击"确定"按钮 ✔，零件镜像完毕，镜像后的模型如图 5-51 所示。

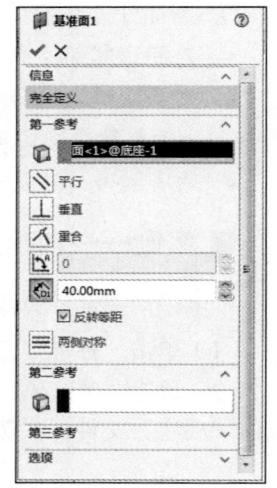

图 5-47　"基准面 1"属性管理器

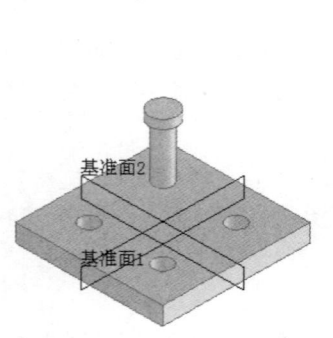

图 5-48　添加基准面

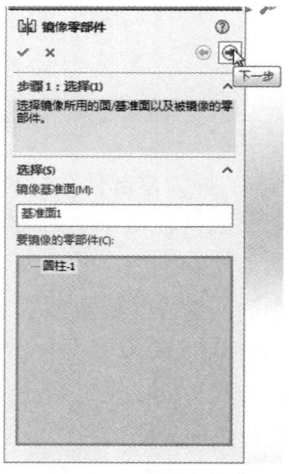

图 5-49　"镜像零部件"属性管理器（3）

图 5-50　"镜像零部件"属性管理器（4）

（13）单击"装配体"控制面板中的"镜像零部件"按钮 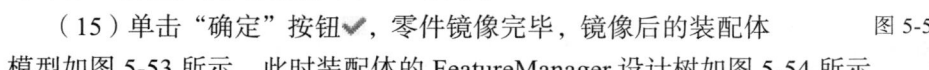，系统弹出"镜像零部件"属性管理器。

（14）在"镜像基准面"中选择图 5-51 所示的基准面 2；在"要镜像的零部件"列表框中，选择图 5-51 所示的两个圆柱，单击"下一步"按钮 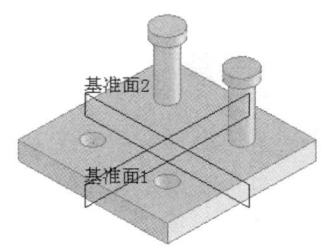，再单击"圆柱 1-1"，然后单击"重新定向零部件"按钮，相关设置如图 5-52 所示。

（15）单击"确定"按钮 ✔，零件镜像完毕，镜像后的装配体模型如图 5-53 所示，此时装配体的 FeatureManager 设计树如图 5-54 所示。

图 5-51　镜像零件

 从上面的案例操作步骤可以看出，不但可以对称地镜像原来的零部件，而且可以反方向镜像原来的零部件，要灵活应用该命令。

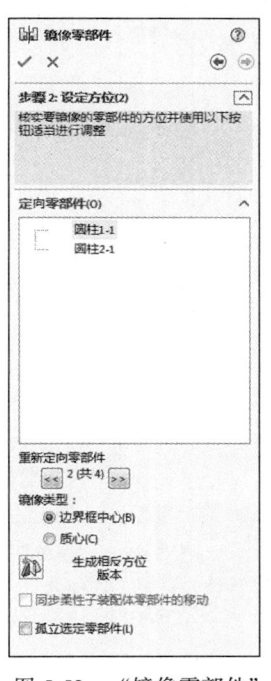

图 5-52　"镜像零部件"
属性管理器（5）

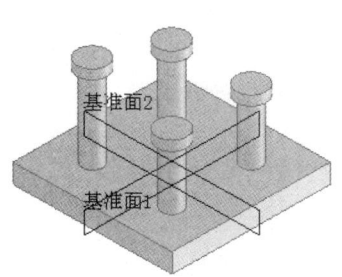

图 5-53　镜像后的装配体模型

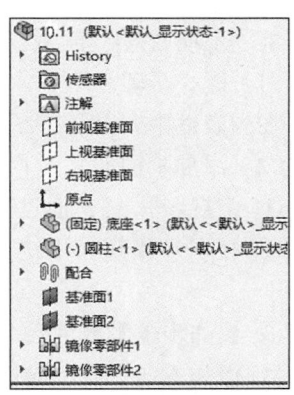

图 5-54　FeatureManager
设计树（2）

任务3　爆炸图功能学习

任务引入

小明完成了装配体，客户看了很满意，还想看一下各个零部件之间的关系，小明就按照配合关系将整个装配体"爆炸"开了，经过查看客户很认可他的设计。那么小明是怎么将装配体"爆炸"开的呢？

知识准备

在零部件装配完成后，为了在制造、维修及销售中直观地分析各个零部件之间的相互关系，将装配图按照零部件的配合关系来产生爆炸视图。装配体爆炸以后，用户不可以对装配体添加新的配合关系。

一、爆炸视图的创建

爆炸视图可以让用户很直观地查看装配体中各个零部件的配合关系，常被称为系统立体图。爆炸视图通常用于介绍零件的组装流程以及放在仪器的操作手册及产品使用说明书中。

1. 执行方式
- 工具栏：单击"装配体"工具栏中的"爆炸视图"按钮 。
- 菜单栏：选择"插入"→"爆炸视图"菜单命令。
- 控制面板：单击"装配体"控制面板中的"爆炸视图"按钮 。

2. 操作步骤

执行"爆炸视图"命令，系统弹出"爆炸"属性管理器，如图 5-55 所示。

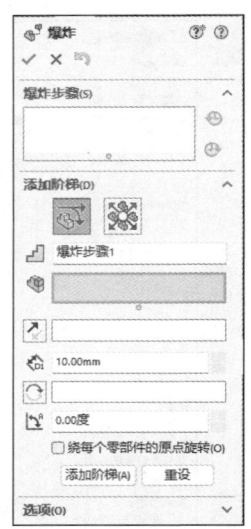

图 5-55 "爆炸"属性管理器

3. 选项说明

（1）爆炸步骤。

在列表框中列出要爆炸的零部件，可以拖动并重新排序。

（2）添加阶梯。

① 常规步骤 ：通过平移和旋转零部件对其进行爆炸。

② 径向步骤 ：围绕一个轴，按径向对齐或圆周对齐方式爆炸零部件。

③ 爆炸步骤零部件 ：选定零部件。

④ 爆炸方向：显示爆炸方向。单击"反向"按钮来反转方向。

⑤ 爆炸距离 ：零部件要移动的距离。

⑥ 旋转轴：对于带零部件旋转的爆炸步骤，指定旋转轴。单击"反向"来反转方向。

⑦ 旋转角度 ：指定零部件旋转程度。

⑧ 绕每个零部件的原点旋转：勾选该复选框，将零部件指定为绕其原点旋转。

■ 案例——移动轮装配体爆炸视图创建

微课

案例——移动轮装配体爆炸视图创建

（1）单击"标准"工具栏中的"打开"按钮 ，打开本书配套资源中的"源文件\项目 5\移动轮装配体.sldasm"图形文件，如图 5-56 所示。

（2）选择"插入"→"爆炸视图"菜单命令，或者单击"装配体"工具栏中的"爆炸视图"按钮 ，系统弹出"爆炸"属性管理器。

（3）在"添加阶梯"选项组的"爆炸步骤零部件" 中选择图 5-56 所示的"底座"零件，此时装配体中被选中的零件被高亮显示，并且出现一个设置移动方向的坐标，选择底座后的装配体如图 5-57 所示。

（4）单击图 5-57 所示坐标轴某一方向，确定要爆炸的方向，然后在属性管理器的"添加阶梯"选项组中设置爆炸的距离，如图 5-58 所示。

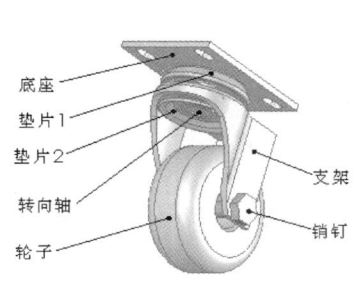
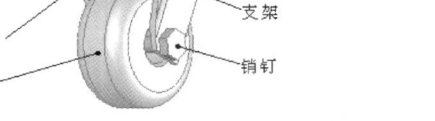

图 5-56　移动轮装配体　　　　图 5-57　选择底座后的装配体　　　图 5-58　"设定"选项组的设置

（5）在"添加阶梯"选项组中，单击"反向"按钮，反方向调整爆炸视图，单击"应用"按钮，预览爆炸效果，单击"完成"按钮，第一个零件爆炸完成，第一个爆炸零件视图如图 5-59 所示，属性管理器的"爆炸步骤"选项组中生成"爆炸步骤 1"，如图 5-60 所示。

（6）重复步骤（3）～（5），将其他零部件爆炸，最终生成的爆炸视图如图 5-61 所示，共有 7 个爆炸步骤。

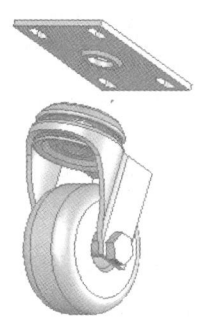

图 5-59　第一个爆炸零件视图　　　图 5-60　生成的爆炸步骤 1　　　图 5-61　移动轮的最终爆炸视图

在生成爆炸视图时，建议对每一个零部件在每一个方向上的爆炸设置一个爆炸步骤。如果一个零部件需要在 3 个方向上爆炸，建议使用 3 个爆炸步骤，这样可以很方便地修改爆炸视图。

二、爆炸视图的编辑

装配体爆炸完成后，可以编辑要添加、删除或重新定位的零部件爆炸步骤。可以在生成爆炸视图时或保存爆炸视图之后编辑爆炸步骤。

（1）打开爆炸视图，如图 5-62 所示。

（2）选择"插入"→"爆炸视图"菜单命令，系统弹出"爆炸"属性管理器。

（3）右击"爆炸步骤"选项组中的"爆炸步骤 1"，在弹出的快捷菜单中选择"编辑步骤"命令，此时"爆炸步骤 1"的爆炸设置显示在"添加阶梯"选项组中。

（4）修改"添加阶梯"选项组中的距离参数，或者拖动视图中要爆炸的零部件，然后单击"完成"按钮，即可完成对爆炸视图的修改。

（5）右击"爆炸步骤 1"，在弹出的快捷菜单中选择"删除"命令，该爆炸步骤就会被删除，零部件恢复爆炸前的配合状态，删除"爆炸步骤 1"后的视图如图 5-63 所示。

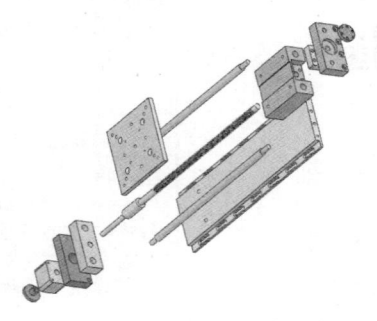

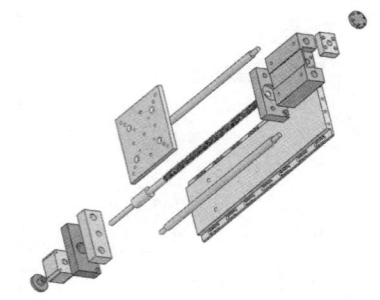

图 5-62　爆炸视图　　　　　　　　　　图 5-63　删除"爆炸步骤 1"后的视图

■ 案例——移动轮装配体爆炸视图编辑

（1）单击"标准"工具栏中的"打开"按钮 📂，打开本书配套资源中的"源文件\项目 5\移动轮装配体爆炸视图"图形文件，如图 5-64 所示。

（2）选择"插入"→"爆炸视图"菜单命令，系统弹出"爆炸"属性管理器。

微课

案例——移动轮装
配体爆炸图编辑

（3）右击"爆炸步骤"选项组中的"爆炸步骤 1"，在弹出的快捷菜单中单击"编辑步骤"命令，此时"爆炸步骤 1"的爆炸设置显示在"设定"选项组中。

（4）修改"设定"选项组中的距离参数，或者拖动视图中要爆炸的零部件，然后单击"完成"按钮，即可完成对爆炸视图的修改。

（5）在对"爆炸步骤 1"右击后弹出的快捷菜单中单击"删除"命令，该爆炸步骤就会被删除，零部件恢复爆炸前的配合状态，删除"爆炸步骤 1"后的视图如图 5-65 所示。

图 5-64　移动轮装配体爆炸视图　　　　图 5-65　删除"爆炸步骤 1"后的移动轮爆炸视图

综合案例　传动装配体

本例将几个已有的零件模型组装成一个传动装配体，如图 5-66 所示。

装配体设计就是按照各零部件的配合关系完成装配体图，会运用到"装配体"工具栏中的相关命令，下面将介绍传动装配体的装配操作，其装配流程如图 5-67 所示。

微课

综合案例　传动装配体

图 5-66　传动装配体

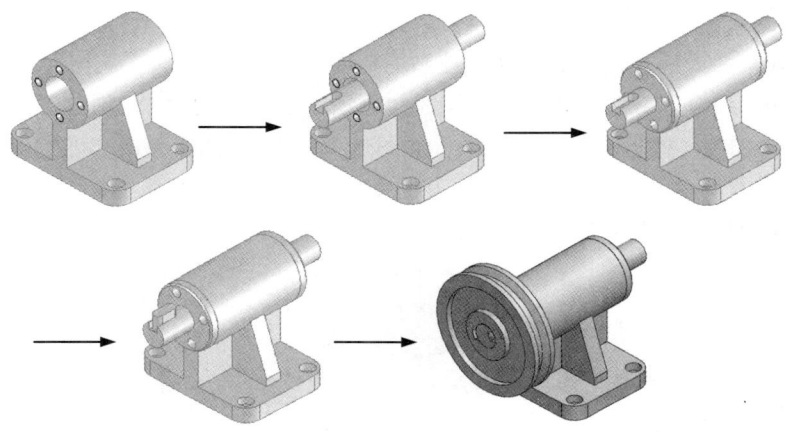

图 5-67　传动装配体的装配流程

1．创建装配体文件

（1）启动软件。单击桌面左下角的"开始"→"所有程序"→"SOLIDWORKS 2020"命令，或者单击桌面快捷方式，启动 SOLIDWORKS 2020。

（2）创建装配体文件。单击"标准"工具栏中的"新建"按钮，创建一个新的装配体文件。

（3）保存文件。单击"标准"工具栏中的"保存"按钮，创建一个文件名为"传动装配体"的装配体文件。

2．插入基座

（1）选择零部件。单击"装配体"工具栏中的"插入零部件"按钮，系统弹出"插入零部件"属性管理器。单击"浏览"按钮，选择需要的零部件，即"基座.sldprt"。选择零部件后的界面如图 5-68 所示。

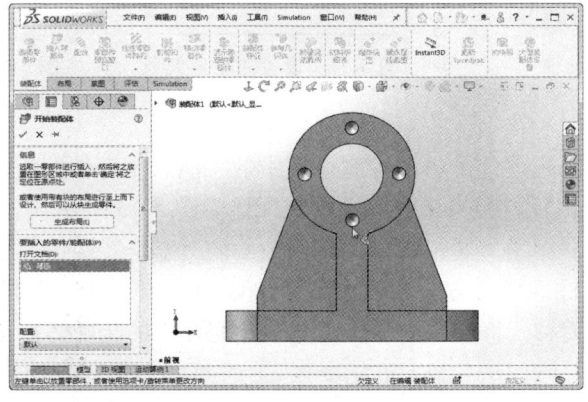

图 5-68　选择零部件后的界面

（2）确定插入零部件位置。在绘图区中合适的位置单击，放置
该零部件。

（3）设置视图方向。单击"视图"工具栏中的"等轴测"按钮 ，
将视图以等轴测方向显示。调整视图后的基座如图 5-69 所示。

3．插入传动轴

（1）插入零部件。单击"装配体"控制面板中的"插入零部件"
按钮 ，插入传动轴。将传动轴插入图中合适的位置，插入传动轴
后的装配体如图 5-70 所示。

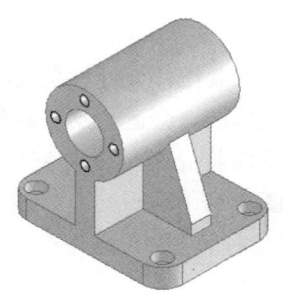

图 5-69　调整视图后的基座

（2）添加配合关系。单击"装配体"控制面板中的"配合"按
钮 ，系统弹出"配合"属性管理器。单击图 5-70 所示的面 1 和面 4，单击"同轴心"按钮 ，
将面 1 和面 4 添加为"同轴心"配合关系，如图 5-71 所示，然后单击"确定"按钮 。重复
该命令，将图 5-70 所示的面 2 和面 3 添加为距离为 5mm 的配合关系，注意轴在轴套的内侧。
基座与传动轴配合后的装配体如图 5-72 所示。

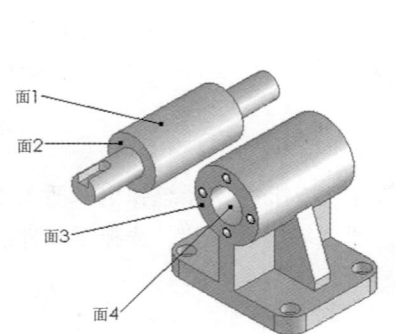

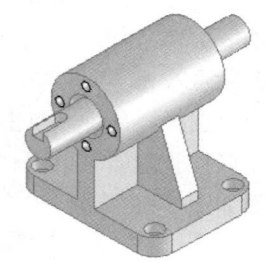

图 5-70　插入传动轴　　　　图 5-71　设置的配合关系　　　　图 5-72　配合基座与传动轴

4．插入法兰盘

（1）插入零部件。单击"装配体"控制面板中的"插入零部件"按钮 ，插入法兰盘。将
法兰盘插入图中合适的位置，插入法兰盘后的装配体如图 5-73 所示。

（2）添加配合关系。单击"装配体"控制面板中的"配合"按钮 ，为图 5-73 所示的面 1
和面 2 添加重合关系，注意配合方向为"反向对齐"。重复该命令，为图 5-73 所示的面 3 和面
4 添加"同轴心"配合关系，将法兰盘和基座同轴心配合后的装配体如图 5-74 所示。

（3）插入并配合另一端的法兰盘。重复步骤（1）～（2），插入并配合基座另一端的法兰盘，
如图 5-75 所示。

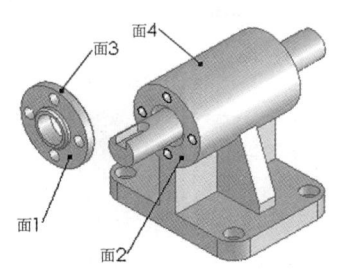

图 5-73　插入法兰盘

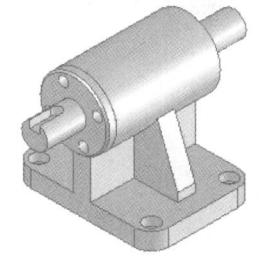
图 5-74　同轴心配合法兰盘和基座

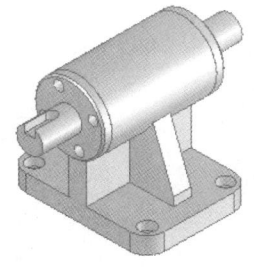
图 5-75　插入并配合另一端的法兰盘

5. 插入键

（1）插入零部件。单击"装配体"控制面板中的"插入零部件"按钮 ，插入键。将键插入图中合适的位置，插入键后的装配体如图 5-76 所示。

（2）添加配合关系。单击"装配体"控制面板中的"配合"按钮 ，为图 5-76 所示的面 1 和面 2、面 3 和面 4 添加重合关系，如图 5-77 所示。

（3）设置视图方向。单击"视图"工具栏中的"旋转视图"按钮 ，将视图以合适的方向显示，如图 5-78 所示。

（4）添加配合关系。单击"装配体"控制面板中的"配合"按钮 ，为图 5-78 所示的面 1 和面 2 添加"同轴心"配合关系。

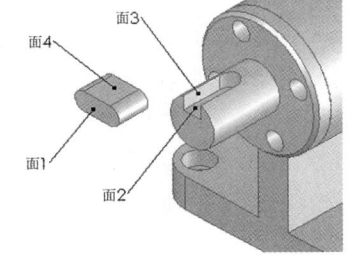
图 5-76　插入键

（5）设置视图方向。单击"视图"工具栏中的"等轴测"按钮 ，将视图以等轴测方向显示，如图 5-79 所示。

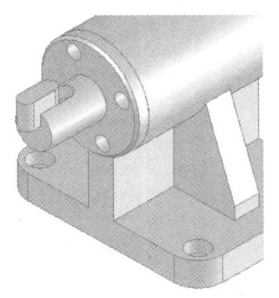
图 5-77　重合配合键和传动轴

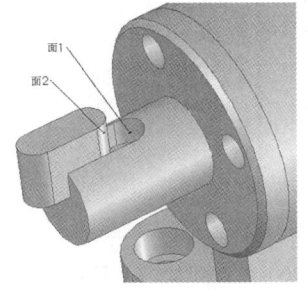
图 5-78　设置视图方向（1）

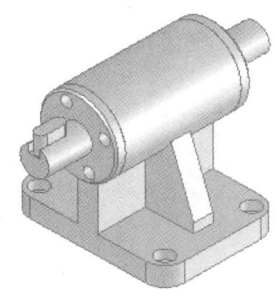
图 5-79　等轴测视图

6. 插入带轮

（1）插入零部件。单击"装配体"控制面板中的"插入零部件"按钮 ，插入带轮。将带轮插入图中合适的位置，插入带轮后的装配体如图 5-80 所示。

（2）添加配合关系。单击"装配体"控制面板中的"配合"按钮 ，为图 5-80 所示的面 1 和面 2 添加重合关系，注意配合方向为"反向对齐"，重合配合后的装配体如图 5-81 所示。重复该命令，为图 5-81 所示的面 1 和面 2 添加重合关系，注意配合方向为"反向对齐"。重合配合后的装配体如图 5-82 所示。

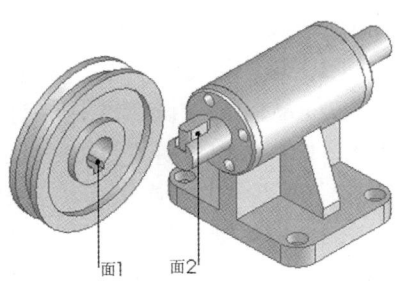
图 5-80　插入带轮

（3）设置视图方向。单击"视图"工具栏中的"旋转视图"按钮 $\mathbb{C}$，将视图以合适的方向显示，如图 5-83 所示。

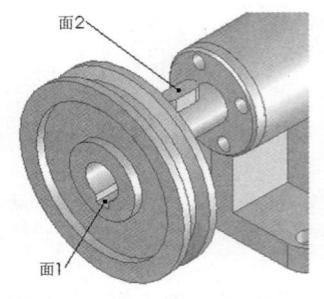
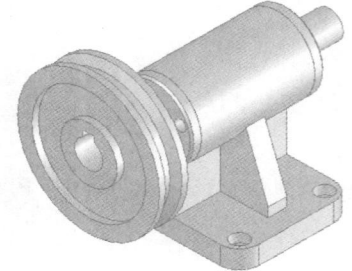
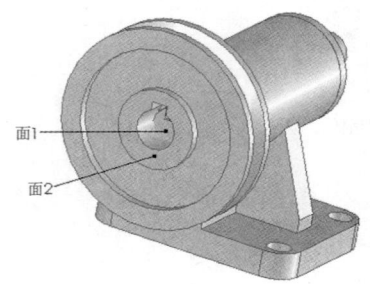

图 5-81　重合配合带轮和键（1）　　图 5-82　重合配合带轮和键（2）　　图 5-83　设置视图方向（2）

（4）添加配合关系。单击"装配体"控制面板中的"配合"按钮 $\mathbb{S}$，为图 5-83 所示的面 1 和面 2 添加重合关系。

（5）设置视图方向。单击"视图"工具栏中的"等轴测"按钮 $\textcircled{}$，将视图以等轴测方向显示。完整的传动装配体如图 5-84 所示，该装配体的 FeatureManager 设计树如图 5-85 所示，装配体配合列表如图 5-86 所示。

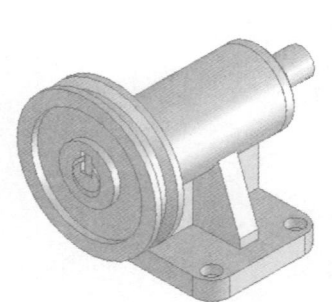
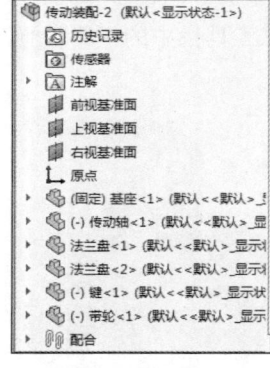
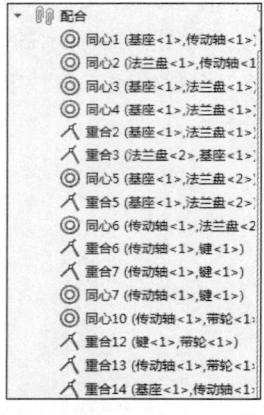

图 5-84　完整的传动装配体　　图 5-85　FeatureManager 设计树　　图 5-86　传动装配体的配合列表

7. 爆炸视图

（1）执行爆炸命令。单击"装配体"控制面板中的"爆炸视图"按钮 $\textcircled{}$，系统弹出"爆炸"属性管理器。

（2）爆炸带轮。单击"爆炸步骤"选项组中的"爆炸步骤零部件" $\textcircled{}$ 列表框，选择绘图区或 FeatureManager 设计树中该装配体的"带轮"零部件，按照图 5-87 所示进行爆炸设置，此时装配体中被选中的零部件高亮显示且能预览爆炸效果，如图 5-88 所示。单击"完成"按钮，对"带轮"零部件的爆炸完成，并生成"爆炸步骤 1"。

（3）爆炸键。单击"爆炸步骤"选项组中的"爆炸步骤零部件" $\textcircled{}$ 列表框，选择绘图区中或 FeatureManager 设计树中该装配体的"键"零部件，在绘图区中调整显示爆炸方向的坐标轴，如图 5-89 所示。

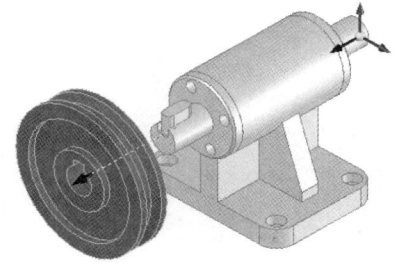

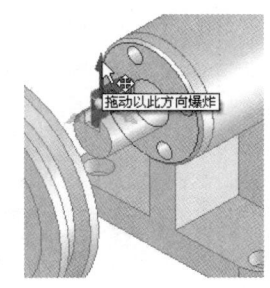

图 5-87 爆炸设置（1）　　　　图 5-88 爆炸的预览　　　　图 5-89 爆炸方向设置（1）

（4）生成爆炸步骤。按照图 5-90 所示进行爆炸设置，然后单击"完成"按钮，完成对"键"零件的爆炸，并生成"爆炸步骤 2"，爆炸后的装配体如图 5-91 所示。

（5）爆炸法兰盘-1。单击"设定"选项组中的"爆炸步骤零部件" 列表框，选择绘图区或 FeatureManager 设计树中该装配体的"法兰盘-1"零部件，在绘图区中调整显示爆炸方向的坐标轴，如图 5-92 所示。

图 5-90 爆炸设置（2）　　　图 5-91 爆炸后的装配体（1）　　　图 5-92 爆炸方向设置（2）

（6）生成爆炸步骤。按照图 5-93 所示进行爆炸设置，然后单击"完成"按钮，完成对"法兰盘-1"零部件的爆炸，并生成"爆炸步骤 3"，爆炸后的装配体如图 5-94 所示。

（7）设置爆炸方向。单击"设定"选项组中的"爆炸步骤零部件" 列表框，选择步骤（6）中爆炸的法兰盘，在绘图区中调整显示爆炸方向的坐标轴，如图 5-95 所示。

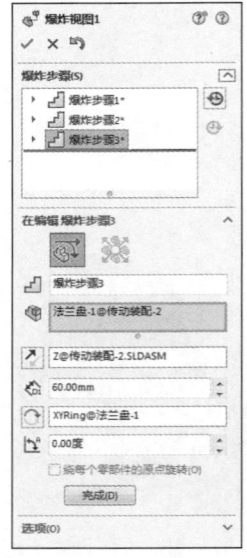

图 5-93　爆炸设置（3）

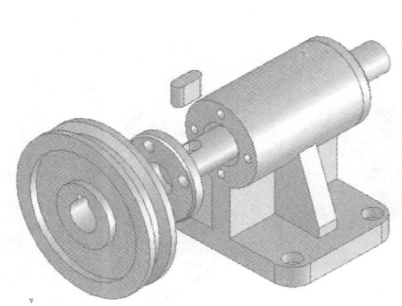

图 5-94　爆炸后的装配体（2）

图 5-95　爆炸方向设置（3）

（8）生成爆炸步骤。按照图 5-96 所示进行爆炸设置，然后单击"完成"按钮，完成对"法兰盘<1>"零部件的爆炸，并生成"爆炸步骤 4"，爆炸后的装配体如图 5-97 所示。

（9）爆炸法兰盘-2。单击"爆炸步骤"选项组中的"爆炸步骤零部件" 列表框，选择绘图区或 FeatureManager 设计树中该装配体的"法兰盘-2"零部件，在绘图区中调整显示爆炸方向的坐标轴，如图 5-98 所示。

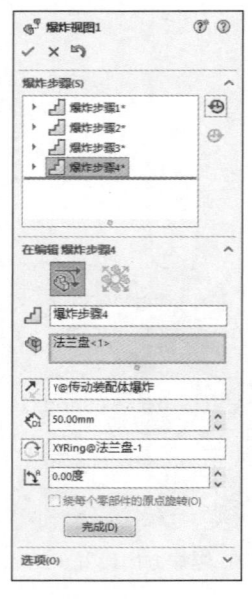

图 5-96　爆炸设置（4）

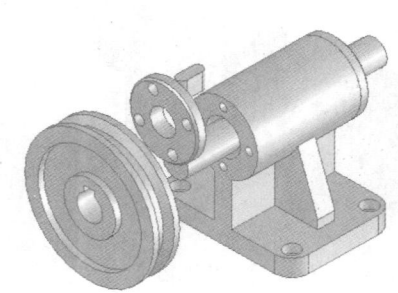

图 5-97　爆炸后的装配体（3）

图 5-98　爆炸方向设置（4）

（10）生成爆炸步骤。按照图 5-99 所示进行爆炸设置后，单击"完成"按钮，完成对"法兰盘-2"零部件的爆炸，并生成"爆炸步骤 5"，爆炸后的装配体如图 5-100 所示。

（11）爆炸传动轴。单击"爆炸步骤"选项组中的"爆炸步骤零部件" 列表框，选择绘图区或 FeatureManager 设计树中该装配体的"传动轴"零部件，在绘图区中调整显示爆炸方向的坐标轴，如图 5-101 所示，并单击"反向"按钮 ↗，调整爆炸方向。

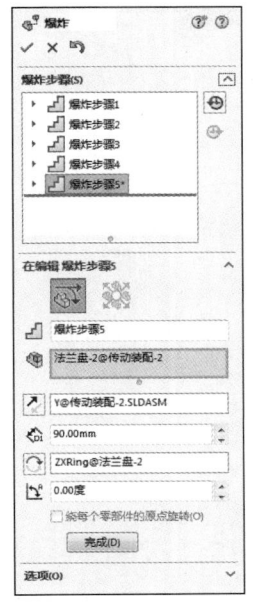

图 5-99　爆炸设置（5）

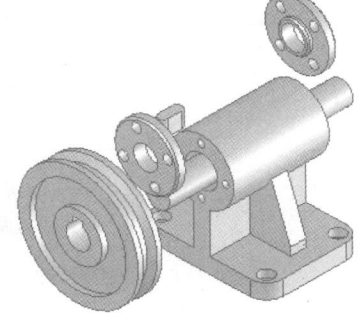

图 5-100　爆炸后的装配体（4）

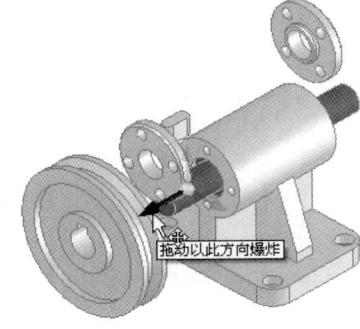

图 5-101　爆炸方向设置（5）

（12）生成爆炸步骤。按照图 5-102 所示进行爆炸设置，然后单击"完成"按钮，完成对"传动轴"零部件的爆炸，并生成"爆炸步骤 6"，爆炸后的装配体如图 5-103 所示。

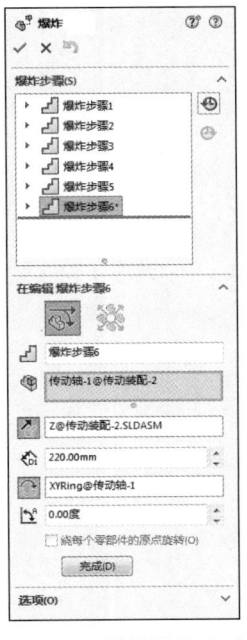

图 5-102　爆炸设置（6）

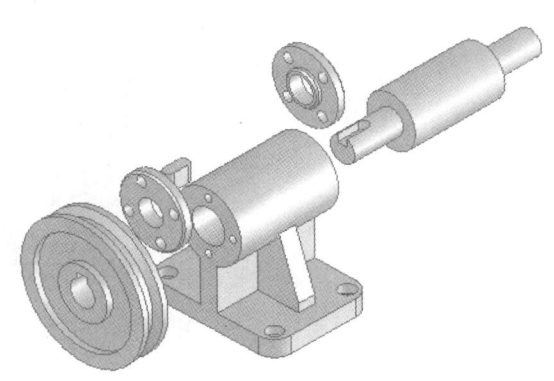

图 5-103　爆炸后的装配体（5）

项目总结

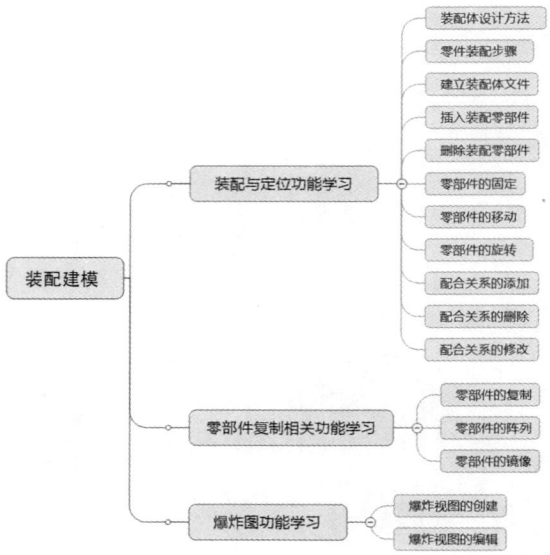

项目实战

实战一　绘制机械臂装配体

练习绘制图 5-104 所示的机械臂装配体。

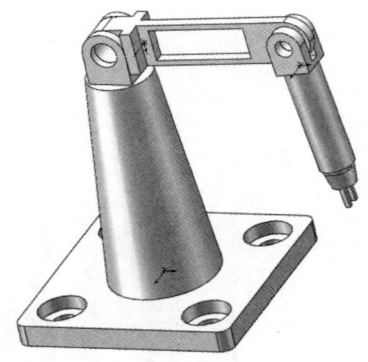

图 5-104　机械臂装配体

（1）新建一个装配体文件。

（2）导入基座并定位。

（3）插入大臂并装配。

（4）插入小臂并装配。

（5）将零部件旋转到合适角度。

实战二　绘制液压杆装配体

练习绘制图 5-105 所示的液压杆装配体。

图 5-105　液压杆装配体

（1）新建一个装配体文件，利用"插入零部件"命令将两个零部件插入装配体中。

（2）利用"配合"命令，为两个零部件的内圆面添加"同轴心"配合关系。

（3）利用"配合"命令，为两个零部件的表面添加"重合"关系，装配的流程如图 5-106 所示。

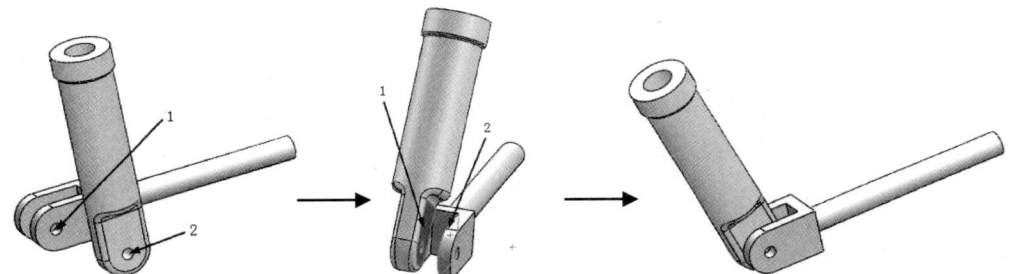

图 5-106　液压杆装配体的装配流程

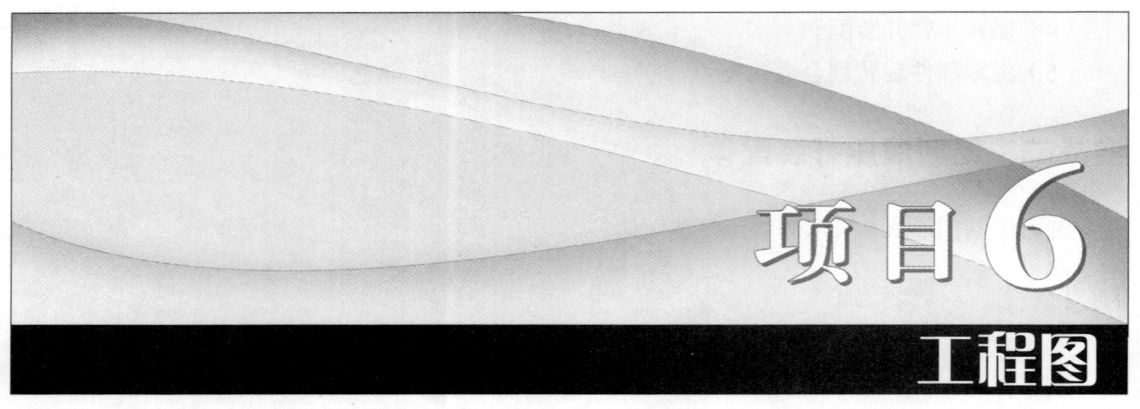

项目导读

工程图不仅能表达设计思想，还具有组织生产及检验最终产品的作用。在手工绘图的时代，最简单的制图方式是将三维物体简化为二维的平面图。这的确能降低表达过程本身的难度，但这可能会使三维物体的一些细节信息丢失，导致表达不全面。

在无纸化设计的时代，设计工作这一活动本身变了，变得活动范围更大、手段更多了，工程图设计在整个设计工作中的比重在下降，难度也在下降，更重要的是设计工作不再从工程制图开始而是从三维造型开始。

素质目标

- 通过对工程图绘制的学习，提升学生对图纸内信息的敏感度和理解能力。
- 工程图中包含大量的信息，通过绘制工程图，培养学生观察细节的能力。

技能目标

- 学会标准三视图的创建。
- 学会剖面视图、投影视图、辅助视图、局部视图和断裂视图的创建。
- 学会对工程视图作标注。

任务1　三视图功能学习

任务引入

领导要求小明根据设计的零件生成工程图，这样可以方便其他设计人员通过零件工程图了解零件所表达的空间形体信息和设计思想，为以后做出更好的设计提供参考。通过对其中部分零件进行观察，小明发现有的只需要用标准的三视图就可以将零件表达清楚，有的还需要剖面视图、局部视图或断裂视图等才能表达清楚。那么怎么生成标准三视图呢？生成标准三视图的方法有几种呢？怎么创建剖面视图、局部视图、断裂视图等？

知识准备

完成了图纸的相关设定后，就可以建立一定格式的工程视图。工程视图包括标准三视图、剖面视图、投影视图、辅助视图及局部视图等。

一、标准三视图

标准三视图是指从三维模型的主视、左视、俯视这3个正交角度投影生成的3个正交视图，如图 6-1 所示。在标准三视图中，主视图与左视图及俯视图有固定的对齐关系。俯视图可以竖直移动，左视图可以水平移动。

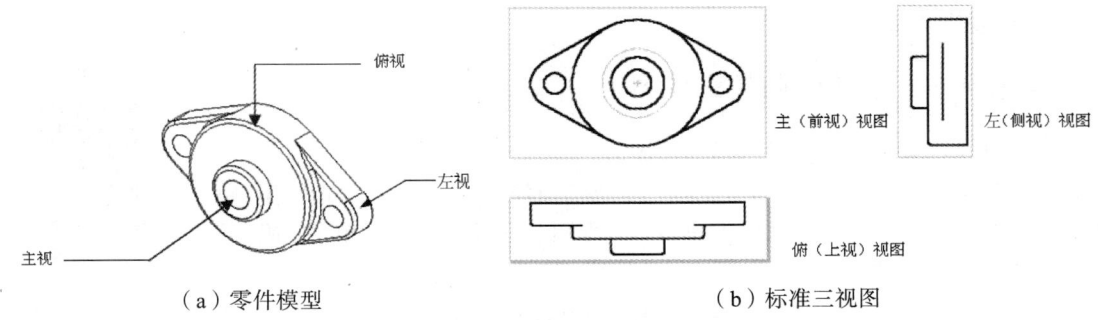

（a）零件模型　　　　　　　　　（b）标准三视图

图 6-1　零件模型及其标准三视图

1. 执行方式
- 工具栏：单击"工程图"工具栏中的"标准三视图"按钮 。
- 菜单栏：选择"插入"→"工程图视图"→"标准三视图"菜单命令。
- 控制面板：单击"工程图"控制面板中的"标准三视图"按钮 。

2. 操作步骤

执行"标准三视图"命令，系统弹出"标准三视图"属性管理器，如图 6-2 所示。同时鼠标指针变为 形状。

SOLIDWORKS 生成标准三视图的方法有多种，这里只介绍常用的3种。

（1）打开零件或装配体模型文件，创建标准三视图。

① 打开零件或装配体文件（若打开包含所需模型视图的工程图文件，②就跳过）。

② 新建一张工程图，并设定所需的图纸格式，或调用预先做好的图纸格式模板。

③ 单击"工程图"工具栏中的"标准三视图"按钮 。

④ 单击"确定"按钮 ，完成标准三视图的创建，如图 6-3 所示。

（2）不打开零件或装配体模型文件，生成标准三视图。

① 新建一张工程图。

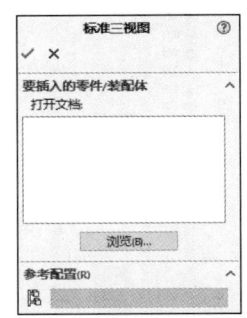

图 6-2　"标准三视图"属性管理器

② 单击"工程图"工具栏中的"标准三视图"按钮 ⊞。

③ 在弹出的"标准三视图"属性管理器中，单击"浏览"按钮。

④ 在弹出的"打开"对话框中找到所需的模型文件，单击"打开"按钮，标准三视图便会放在绘图区中。

（3）用拖动的方法生成标准三视图。

① 新建一张工程图。

② 执行以下操作之一。

● 将零件或装配体文件从"文件探索器"任务窗格拖放到工程图窗口中。

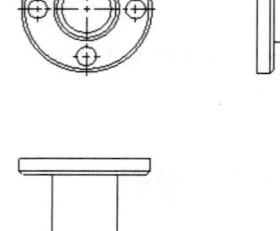

图 6-3　标准三视图

● 将打开的零件或装配体文件的名称从 FeatureManager 设计树顶部拖放到工程图窗口中。

③ 将视图添加在工程图上。

■ 案例——创建转向轴三视图

本例创建图 6-4 所示的转向轴三视图。

（1）新建文件。单击"标准"工具栏中的"新建"按钮 ，在弹出的"新建 SOLIDWORKS 文件"对话框中单击"工程图"按钮 ，然后单击"确定"按钮，创建一个新的工程图文件。

微课

案例——创建转向轴三视图

（2）创建三视图。单击"工程图"控制面板中的"标准三视图"按钮 ⊞，弹出图 6-2 所示的"标准三视图"属性管理器，单击"浏览"按钮，在"打开"对话框中选择"转向轴.SLDPRT"零件，如图 6-4 所示，单击"打开"按钮，系统自动生成三视图，如图 6-5 所示。

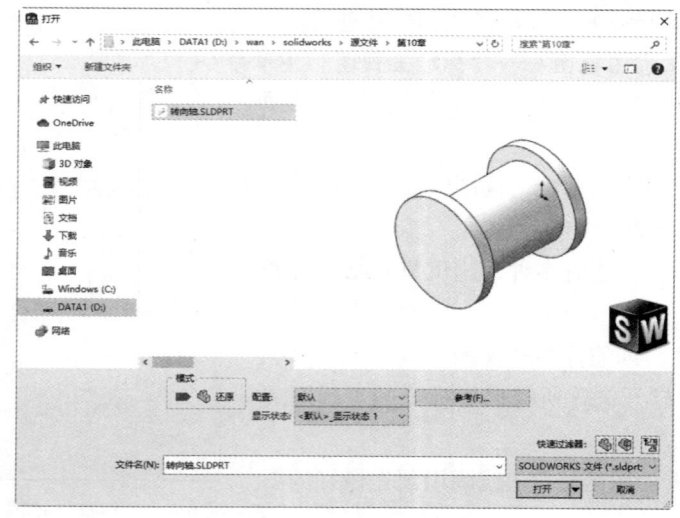

图 6-4　"打开"对话框

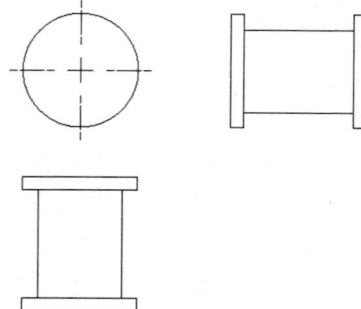

图 6-5　转向轴三视图

二、剖面视图

剖面视图是指用一条剖切线剖切模型，然后从垂直于生成的剖面方向投影得到的视图，如图 6-6 所示。

1. 执行方式

- 工具栏：单击"工程图"工具栏中的"剖面视图"按钮 ⇅。
- 菜单栏：选择"插入"→"工程图视图"→"剖面视图"菜单命令。
- 控制面板：单击"工程图"控制面板中的"剖面视图"按钮 ⇅。

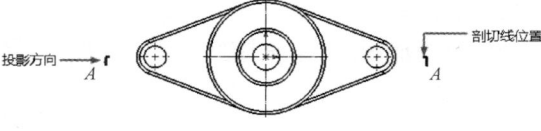

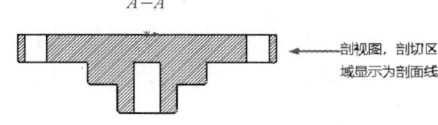

图 6-6　剖面视图（水平）

2. 操作步骤

执行"剖面视图"命令，系统弹出"剖面视图辅助"属性管理器，如图 6-7 所示。选择切割线类型，并将切割线放置到适当位置，弹出"剖面视图"属性管理器，如图 6-8 所示。

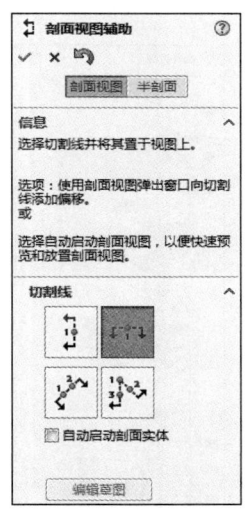

图 6-7　"剖面视图辅助"属性管理器（1）

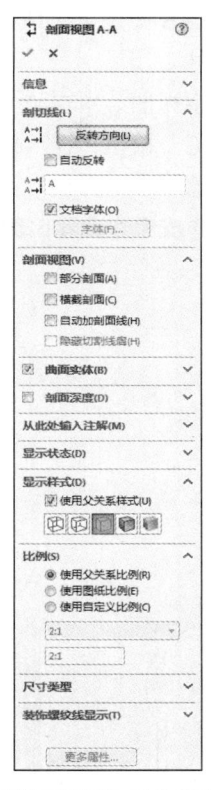

图 6-8　"剖面视图"属性管理器（1）

3. 选项说明

（1）"剖切线"选项组。

① A·⁄⁺ （反转方向）选项：选择以反转分割的方向。

② A·⁄⁺ （标号）选项：编辑与剖面线或剖面视图相关的字母。

③ 文档字体：勾选此复选框，为剖面线标号选择文件字体以外的字体。取消勾选此复选框，然后单击"字体"即可更改剖面线标号字体，并将新的字体应用到剖面视图名称。

（2）"剖面视图"选项组。

① 部分剖面：勾选此复选框，如果剖面线没完全穿过视图，系统会提示剖面线小于视图几

何体，以及是否使之成为局部剖切。

② 自动加剖面线：剖面线样式在装配体中的零部件之间交替，或在多实体零件的实体和焊件之间交替。

（3）"比例"选项组。

① 使用父关系比例：应用父视图所使用的相同比例。

② 使用图纸比例：剖面视图上的剖面线会随着图纸比例的改变而改变。

③ 使用自定义比例：定义剖面视图在工程图纸中的显示比例。

■ 案例——创建支架剖面视图

本例创建图 6-9 所示的支架剖面视图。

（1）新建文件。单击"标准"工具栏中的"新建"按钮 📄，在弹出的"新建 SOLIDWORKS 文件"对话框中单击"工程图"按钮 🖳，然后单击"确定"按钮，创建一个新的工程图文件。

（2）创建主视图。单击"工程图"控制面板中的"模型视图"按钮 ⚙，在弹出的属性管理器中单击"浏览"按钮，在"打开"对话框中选择"支架"零件。弹出图 6-10 所示的"模型视图"属性管理器，在"方向"选项组中选择"前视图" 🄰，在"比例"选项组中单击"使用自定义比例"单选按钮，设置比例为 2∶1，拖动视图到适当位置，单击放置，完成主视图的创建，如图 6-11 所示。

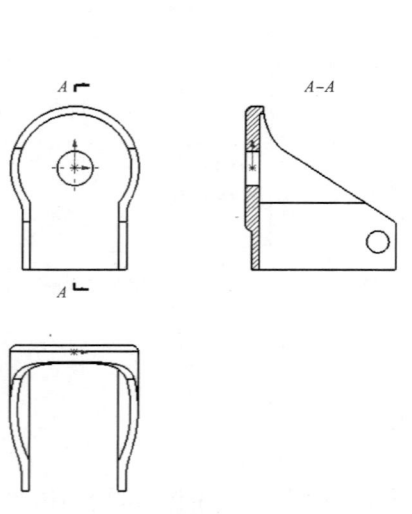

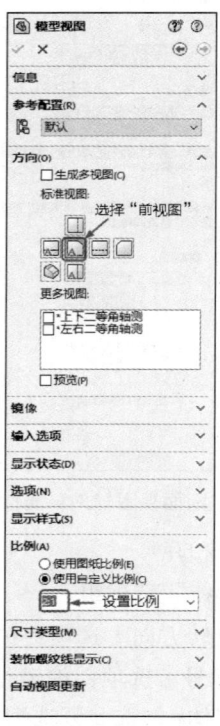

图 6-9 支架剖面视图   图 6-10   "模型视图"属性管理器（1）

（3）创建投影视图。完成主视图创建的同时系统会弹出图 6-12 所示的"投影视图"属性管理器，采用默认设置，拖动视图到适当位置，如图 6-13 所示，单击放置，单击"确定"按钮 ✔。

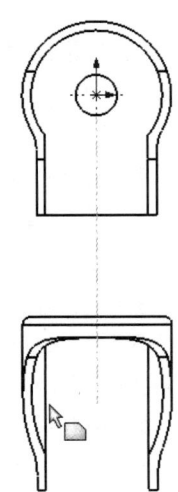

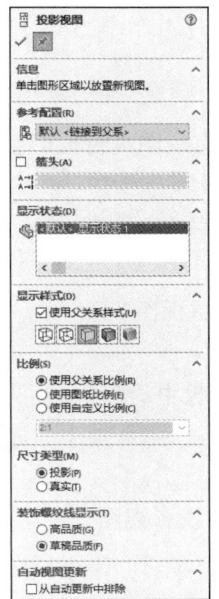

图 6-11　主视图　　　图 6-12　"投影视图"属性管理器（1）　　　图 6-13　拖动投影视图

（4）创建剖面视图。单击"工程图"控制面板中的"剖面视图"按钮 ⇄，弹出图 6-14 所示的"剖面视图辅助"属性管理器，选择"竖直"切割线 ⇅；将切割线放置到主视图中的圆心位置，并单击小工具栏中的"确定"按钮 ✔，如图 6-15 所示；弹出图 6-16 所示"剖面视图"属性管理器，勾选"自动反转"复选框，取消勾选"文档字体"复选框，单击"字体"按钮，设置合适的字高。拖动视图到适当位置，单击放置，单击"确定"按钮 ✔。

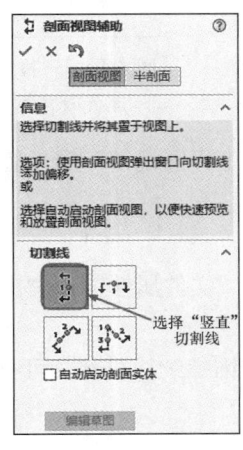

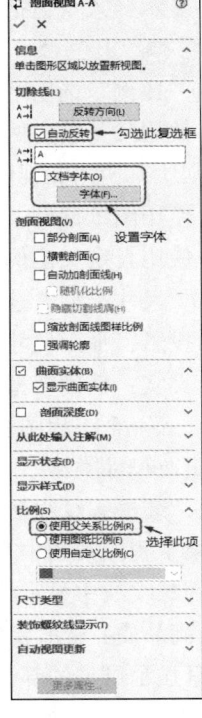

图 6-14　"剖面视图辅助"属性管理器（2）　　　图 6-15　放置切割线　　　图 6-16　"剖面视图"属性管理器（2）

三、投影视图

投影视图是指通过从正交方向对现有视图进行投影生成的视图，如图 6-17 所示。

1. 执行方式

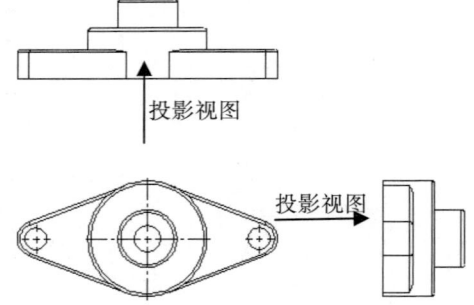

- 工具栏：单击"工程图"工具栏中的"投影视图"按钮🔡。
- 菜单栏：选择"插入"→"工程图视图"→"投影视图"菜单命令。
- 控制面板：单击"工程图"控制面板中的"投影视图"按钮🔡。

2. 操作步骤

执行"投影视图"命令，系统弹出"投影视图"属性管理器，如图 6-18 所示。

图 6-17　零件模型及其投影视图

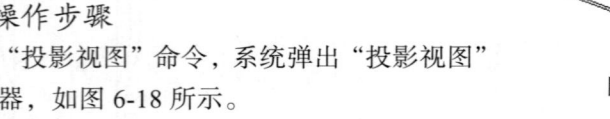

3. 选项说明

（1）"箭头"选项组。

① 箭头：勾选该复选框可以显示表示投影方向的视图箭头。

② 标号：输入要随父视图和投影视图显示的文字。

（2）"显示样式"选项组。

① 使用父关系样式：取消勾选该复选框可以选取与父视图不同的样式和品质设定。

② 显示样式：包括线架图🔲、隐藏线可见🔲、消除隐藏线🔲、带边线上色🔲、上色🔲。

（3）"比例"选项组。

① 使用父关系比例：应用父视图所使用的比例。如果更改父视图的比例，则所有使用父视图比例的子视图的比例将更新。

② 使用图纸比例：应用工程图图样所使用的比例。

③ 使用自定义比例：应用自定义比例。

（4）"尺寸类型"选项组。

① 投影：平面尺寸。

② 真实：精确模型值。

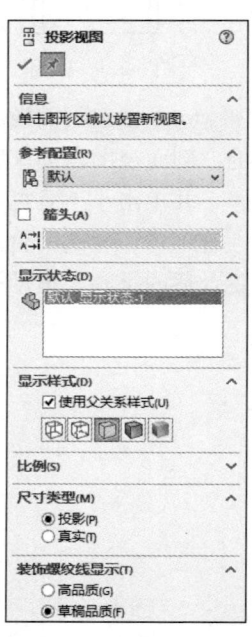

图 6-18　"投影视图"
属性管理器（2）

当插入一个工程图视图时，尺寸类型即被设定，这时可以在"工程图视图"属性管理器中查看并更改尺寸类型。

（5）"装饰螺纹线显示"选项组。

如果工程图视图中有装饰螺纹线，则在"工具"→"选项"→"文件属性"→"出详图"中的装饰螺纹线中显示相关选项。

① 高品质：显示装饰螺纹线中的精确线型字体及剪裁。如果装饰螺纹线只部分可见，则高品质下只显示可见的部分（会准确区分可见和不可见的内容）。

 系统性能在使用高品质装饰螺纹线时下降，建议不选择此选项，直到完成放置所有注解为止。

② 草稿品质：以更少细节显示装饰螺纹线。如果装饰螺纹线只部分可见，则草稿品质下将显示整个特征。

 投影视图也可以不按对齐位置放置。不按对齐位置放置的视图，机械制图标准规定应添加标注，关于添加标注的内容将在后文中进行介绍。

■ 案例——创建机械臂基座模型视图

机械臂基座零件模型如图 6-19 所示。

本例将通过图 6-19 所示机械臂基座模型介绍零件图到工程图的转换及工程图的创建，机械臂基座模型视图如图 6-20 所示。

（1）进入 SOLIDWORKS 2020，选择"文件"→"新建"菜单命令或单击"标准"工具栏中的"新建"按钮，在弹出的"新建SOLIDWORKS 文件"对话框中单击"工程图"按钮，如图 6-21 所示，再单击"确定"按钮，新建工程图文件。

微课

案例——创建机械
臂基座模型视图

图 6-19　机械臂基座模型

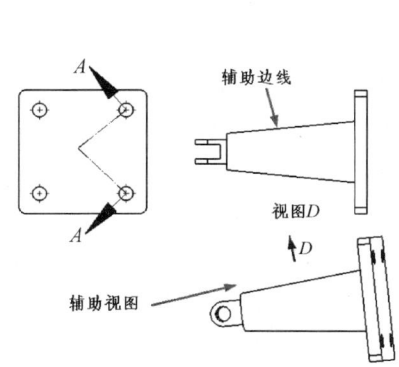

图 6-20　机械臂基座模型视图

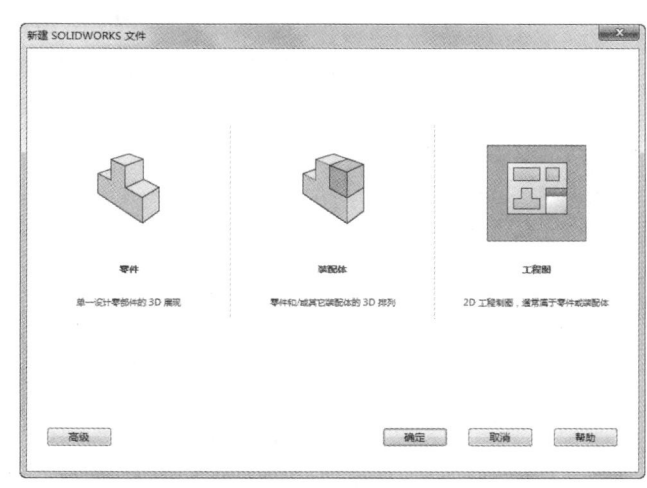

图 6-21　"新建 SOLIDWORKS 文件"对话框

（2）单击"工程图"控制面板中的"模型视图"按钮，或选择"插入"→"工程图视图"→"模型视图"菜单命令。此时在绘图区左侧会出现图 6-22 所示的"模型视图"属性管理器，单击"浏览"按钮，在弹出的"打开"对话框中选择需要转换的"基座"零件图文件，然后单击"打开"按钮，绘图区出现矩形框，如图 6-23 所示；展开"模型视图"属性管理器中的"方向"选项组，设置视图方向为"前视"，如图 6-24 所示，并在图纸中合适的位置放置视图，效果如图 6-25 所示。

（3）选择"插入"→"工程图视图"→"剖面视图"菜单命令，或者单击"工程图"控制面板中的"剖面视图"按钮，弹出"剖面视图辅助"属性管理器，如图 6-26 所示，选择"切割线"选项组中的"对齐"类型，在工程图中的适当位置放置剖切线，系统会在垂直于第一条剖切线的方向显示一个矩形框，表示剖面视图的大小，拖动这个矩形框到适当的位置，将对齐剖面视图放置在工程图中。在"剖面视图"属性管理器中设置各参数，如设置剖面号为"A"，取消勾选"文档字体"复选框，如图 6-27 所示，单击"字体"按钮，弹出"选择字体"对话框，如图 6-28 所示，设置"高度"值，单击"确定"按钮，再单击属性管理器中的"确定"按钮✔，创建的剖面视图如图 6-29 所示。

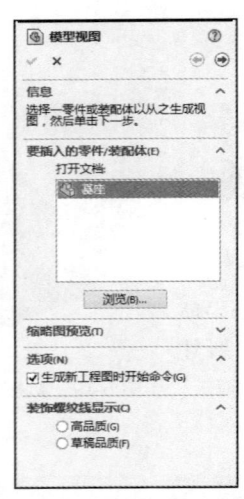

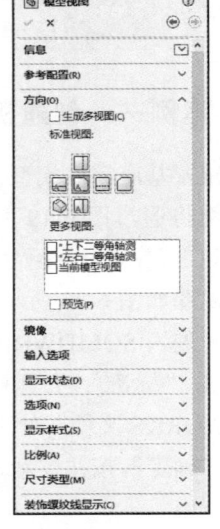

| 图 6-22 "模型视图"属性管理器（2） | 图 6-23 矩形框 | 图 6-24 设置"前视"方向 |

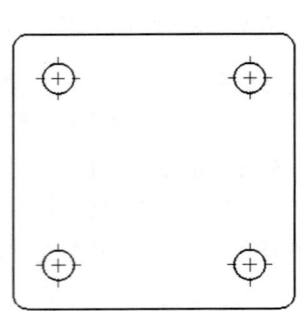

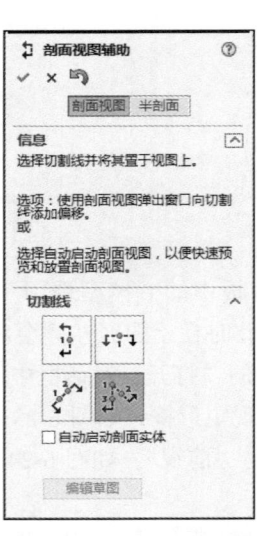

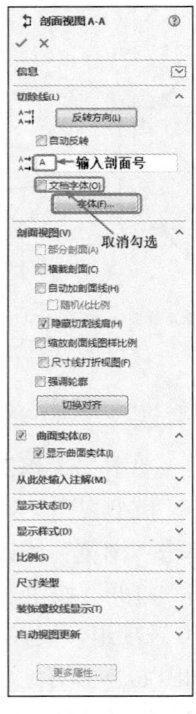

图 6-25 视图模型

图 6-26 "剖面视图辅助"
属性管理器（3）

图 6-27 "剖面视图"
属性管理器（3）

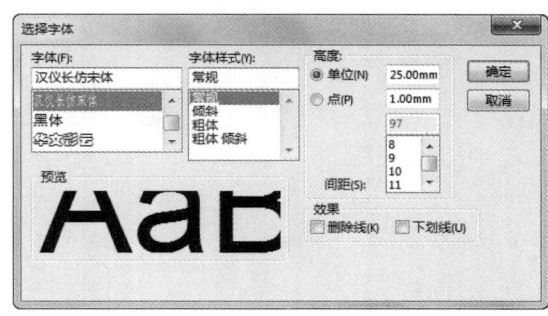

图 6-28　"选择字体"对话框

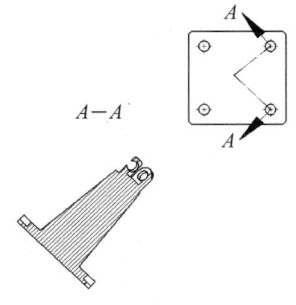

图 6-29　创建剖面视图

（4）依次在"工程图"控制面板中单击"投影视图""辅助视图"按钮，在绘图区放置对应视图，得到的结果如图 6-30 所示。

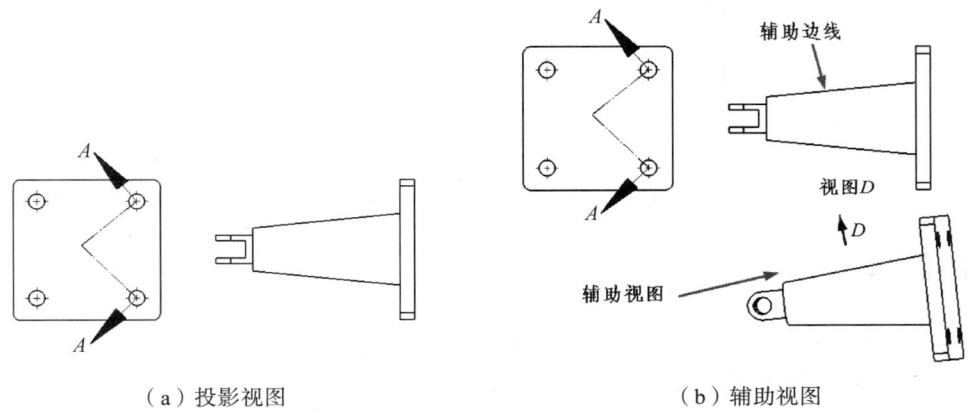

（a）投影视图　　　　　　　　　　　　（b）辅助视图

图 6-30　机械臂基座模型的视图

四、辅助视图

辅助视图类似于投影视图，它的投影方向垂直于所选视图的参考边线，如图 6-31 所示。

1. 执行方式

- 工具栏：单击"工程图"工具栏中的"辅助视图"按钮 。
- 菜单栏：选择"插入"→"工程图视图"→"辅助视图"菜单命令。
- 控制面板：单击"工程图"控制面板中的"辅助视图"按钮 。

2. 操作步骤

当在工程图中生成新的辅助视图，或当选择一个现有辅助视图时，执行"辅助视图"命令，系统弹出"辅助视图"属性管理器，如图 6-32 所示，其内容与"投影视图"属性管理器中的相同，这里不再赘述。

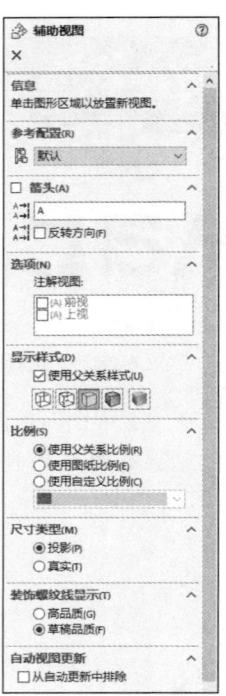

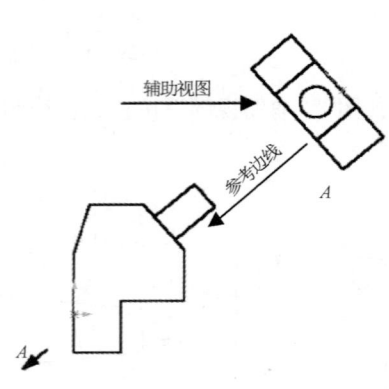

图 6-31　辅助视图　　　　　图 6-32　"辅助视图"属性管理器

五、局部视图

局部视图用来显示现有视图某一局部的形状，常用放大显示比例来实现，如图 6-33 所示。

在实际应用中可以在工程图中生成一个局部视图来显示一个视图的某个部分。此局部视图可以显示正交视图、三维视图、剖面视图、剪裁视图、爆炸装配体视图或另一个局部视图。

1. 执行方式

- 工具栏：单击"工程图"工具栏中的"局部视图"按钮 。
- 菜单栏：选择"插入"→"工程图视图"→"局部视图"菜单命令。
- 控制面板：单击"工程图"控制面板中的"局部视图"按钮 。

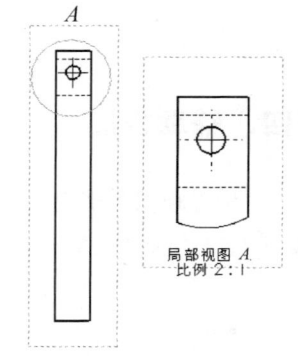

图 6-33　局部视图

2. 操作步骤

执行"局部视图"命令，系统弹出"局部视图"属性管理器，如图 6-34 所示。

3. 选项说明

（1）"局部视图图标"选项组。

"样式"下拉列表提供了局部视图图标的样式，有"依照标准""断裂圆""带引线""无引线""相连"5 种样式。其中依照标准有 ISO、JIS、DIN、BSI、ANSI 几种，每种的标注形式也不相同，默认标准样式是 ISO。要改变默认标准样式，可选择"工具"→"选项"菜单命令，在弹出对话框中单击"文档属性"选项卡的"出详图"项目，再从尺寸标注标准清单中单击要选用的标准代号。

① 圆：若草图绘制成圆，有 5 种样式可供使用，即依照标准、断裂圆、带引线、无引线和相连。

② 轮廓：若草图绘制成其他封闭轮廓，如矩形和椭圆等，样式也有依照标准、断裂圆、带引线、无引线和相连 5 种。如果选择断裂圆，则封闭轮廓将变成圆。如果要将封闭轮廓改成圆，也可单击"圆"单选按钮，此时原轮廓被隐藏，而显示出圆形轮廓。

③ 标号 ：编辑与局部圆或局部视图相关的字母。

④ 字体：如果要为局部视图标号选择文件字体以外的字体，需取消勾选"文件字体"复选框，然后单击"字体"按钮，在弹出"选择字体"对话框中进行设置，将新的字体应用到局部视图名称。

（2）"局部视图"选项组。

① 无轮廓：勾选此复选框，则移除用于创建细节视图的轮廓。

② 完整外形：勾选此复选框，则局部视图轮廓外形会全部显示。

③ 锯齿状轮廓：勾选此复选框，则局部视图轮廓显示为锯齿状。

④ 钉住位置：勾选此复选框，则可以阻止父视图改变大小时，局部视图移动。

⑤ 缩放剖面线图样比例：勾选此复选框，则可根据局部视图的比例来缩放剖面线图样比例。

"局部视图"属性管理器中其他各选项的含义与"投影视图"属性管理器中各选项的含义相同，不再赘述。

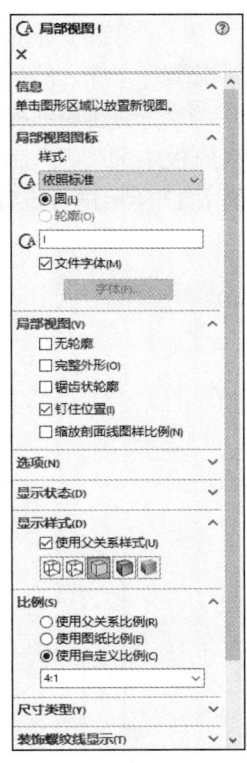

图 6-34 "局部视图"
属性管理器（1）

■ 案例——创建支架局部剖面视图

本例创建支架局部剖面视图，如图 6-35 所示。

微课

案例——创建支架
局部剖面视图

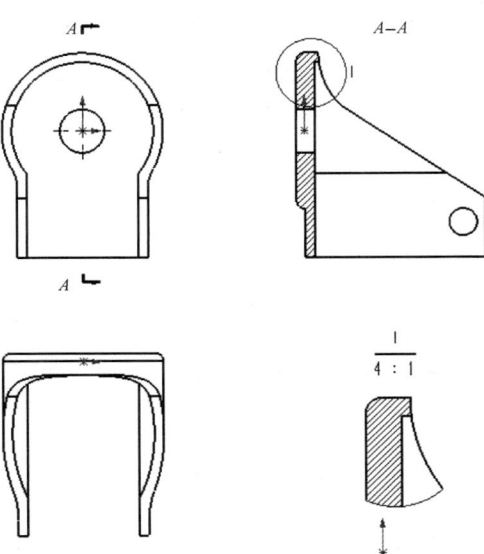

图 6-35 支架局部剖面视图

（1）单击"标准"工具栏中的"打开"按钮，在弹出的"打开"对话框中选择"支架剖面视图"文件，然后单击"打开"按钮，打开工程图文件。

（2）创建局部视图。单击"工程图"控制面板中的"局部视图"按钮，激活"草图"控制面板中的"圆"按钮，在需要创建视图的地方绘制一个圆形区域，如图 6-36 所示，按图 6-37 所示进行设置，拖动视图到适当位置，单击放置，单击"确定"按钮。

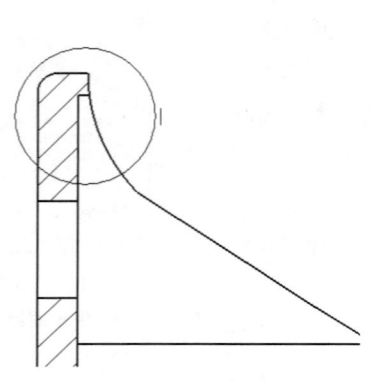

图 6-36 绘制圆形区域

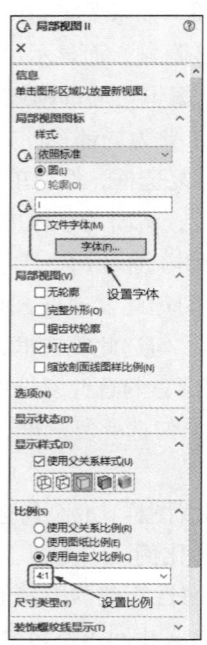

图 6-37 "局部视图"属性管理器（2）

六、断裂视图

工程图中有一些截面相同的长杆件，如长轴、螺纹杆等，这些零件在某个方向上的尺寸比其他方向上的尺寸大很多，而且截面没有变化。因此可以利用断裂视图将零件用较大比例显示在工程图上，且显示后不影响截面形状，如图 6-38 所示。

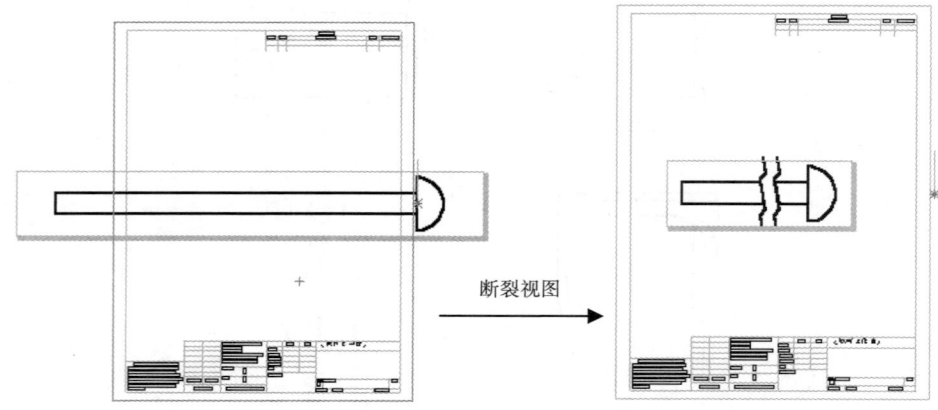

断裂视图

图 6-38 断裂视图

1. 执行方式

- 工具栏：单击"工程图"工具栏中的"断裂视图"按钮 $\textcircled{\textcircled{\text{}}}$。
- 菜单栏：选择"插入"→"工程图视图"→"断裂视图"菜单命令。
- 控制面板：单击"工程图"控制面板中的"断裂视图"按钮 $\textcircled{\textcircled{\text{}}}$。

2. 操作步骤

执行"断裂视图"命令，系统弹出"断裂视图"属性管理器，如图 6-39 所示。

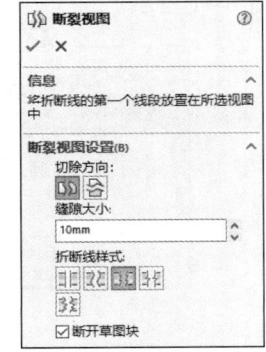

图 6-39 "断裂视图"属性管理器

3. 选项说明

（1）添加竖直折断线 $\textcircled{\textcircled{\text{}}}$：设置添加竖直方向的折断线。

（2）添加水平折断线 $\textcircled{\text{}}$：设置添加水平方向的折断线。

（3）缝隙大小：设置两条折断线之间的距离。

（4）折断线样式：定义折断线类型，包括直线、曲线、锯齿线和小锯齿线等。

折断线之间的工程图都被删除，折断线之间的尺寸变为空状态。如果要修改折断线的形状，可以右击折断线，在弹出的快捷菜单中选择相应的折断线样式：直线、曲线、锯齿线和小锯齿线等。

任务 2　表达视图功能学习

任务引入

小明设计的装配体模型让领导很满意，领导想要知道装配的过程和拆卸的过程，方便日后的研究工作，因此小明准备分解结合动画。那么怎么创建装配体的分解结合动画呢？

知识准备

表达视图是动态显示部件装配过程的一种特定视图，在表达视图中，通过给零件添加位置参数和轨迹，可生成动画，动态地演示部件的装配过程。表达视图不仅说明了模型中零件和部件之间的相互关系，还说明了零部件按什么顺序组成装配体。表达视图还可用在工程图文件中来创建分解视图，也就是俗称的爆炸图。

一、新建运动算例

运动算例是装配体模型运动的图形模拟。可将光源和相机透视图之类的视觉属性融合到运动算例中，但运动算例不更改装配体模型及其属性。

新建运动算例有以下两种方法。

（1）新建一个零件文件或装配体文件，在 SOLIDWORKS 界面左下角会出现"运动算例"

标签。右击"运动算例"标签，在弹出的快捷菜单中选择"生成新运动算例"命令，如图 6-40 所示，自动生成新的运动算例。

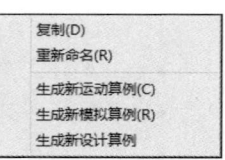

（2）打开装配体文件，单击"装配体"选项卡中的"新建运动算例"按钮，在 SOLIDWORKS 界面左下角自动生成新的运动算例。

单击界面左下角"运动算例 1"标签，打开 MotionManager，如图 6-41 所示。

图 6-40 "运动算例"的快捷菜单

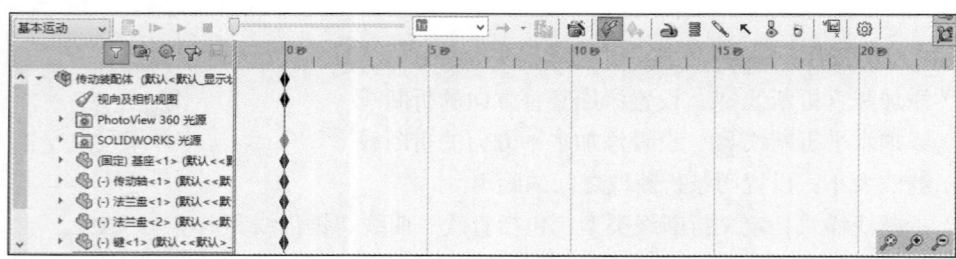

图 6-41 MotionManager

1. MotionManager 工具

（1）算例类型：运动类型的逼真度，包括动画和基本运动两种。

（2）计算：计算当前模拟。如果要更改模拟，在再次播放之前必须重新计算。

（3）从头播放：重设零部件并播放模拟，在计算模拟后使用。

（4）播放：从当前时间位置播放模拟。

（5）停止：停止播放模拟。

（6）播放速度：设置播放速度的倍数或总的播放持续时间。

（7）播放模式：包括正常、循环和往复。正常：一次性从头到尾播放。循环：从头到尾循环播放。往复：从头到尾播放，然后从尾到头播放。

（8）保存动画：将动画保存为 AVI 或其他文件类型。

（9）动画向导：在当前时间位置插入视图旋转、爆炸或解除爆炸等动画。

（10）自动键码：单击此按钮后，在移动或更改零部件时自动放置新键码。再次单击可取消设置。

（11）添加/更新键码：单击以添加新键码或更新现有键码的属性。

（12）马达：在装配体中模拟各种马达类型的效果移动零部件。

（13）弹簧：在两个零部件之间添加一根弹簧。

（14）接触：定义选定零部件之间的接触。

（15）引力：给算例添加引力。

（16）无过滤：显示所有项。

（17）过滤动画：显示在动画过程中移动或更改的项目。

（18）过滤驱动：显示引发运动或其他更改的项目。

（19）过滤选定：显示选择的项目。

（20）过滤结果：显示模拟结果项目。

（21）全屏显示全图：重新调整时间线视图比例，显示整个视图。

（22）放大：放大时间线以将关键点和时间栏定位更精确。

（23）缩小 ：缩小时间线以在窗口中显示更大的时间间隔。

（24）运动算例属性：为运动算例指定模拟属性。

2. MotionManager 界面

（1）时间线：位于 MotionManager 界面右侧。时间线显示运动算例中动画事件的时间和类型，被竖直网格线均分。这些网络线对应表示时间的数字标记，数字标记从 00:00:00 开始。时间线依赖于窗口大小和缩放比例。

（2）时间栏：时间线上的纯黑灰色竖直线即时间栏，它代表当前时间。在时间栏上右击，弹出的快捷菜单如图 6-42 所示。其中，部分选项介绍如下。

① 放置键码：在鼠标指针位置添加新键码点，并拖动键码点以调整位置。

② 粘贴：粘贴先前剪切或复制的键码点。

③ 选择所有：选取所有键码点以将其重组。

图 6-42　"时间栏"的快捷菜单

（3）更改栏：连接键码点的水平栏，表示键码点之间的更改。

（4）键码点：代表动画更改的开始和结束，或者特定时间的其他特性。

（5）关键帧：键码点之间为任意时间长度的区域。其定义装配体零部件运动或视觉属性更改需要的时间。

MotionManager 界面上的更改栏、键码点及其图标和功能，如表 6-1 所示。

表 6-1　MotionManager 上更改栏、键码点及其图标和功能

图标和更改栏	更改栏功能
	显示动画的总时长
	视向及相机视图：可在动画中对模型进行移动和缩放
	选取了禁用观阅键码播放
	驱动运动
	从动运动
	爆炸
	外观
	配合尺寸
	任何零部件或配合键码
	任何压缩的键码
（蓝色）	位置还未解出
（红色）	位置不能到达
	隐藏的子关系

二、动画向导

在当前时间栏位置插入动画并执行动画向导命令（单击 MotionManager 工具栏上的"动画向导"按钮），弹出"选择动画类型"对话框，如图 6-43 所示。

对话框中的主要选项说明如下。

（1）爆炸/解除爆炸：在使用这两个单选按钮之前，必须先生成装配体的爆炸视图。

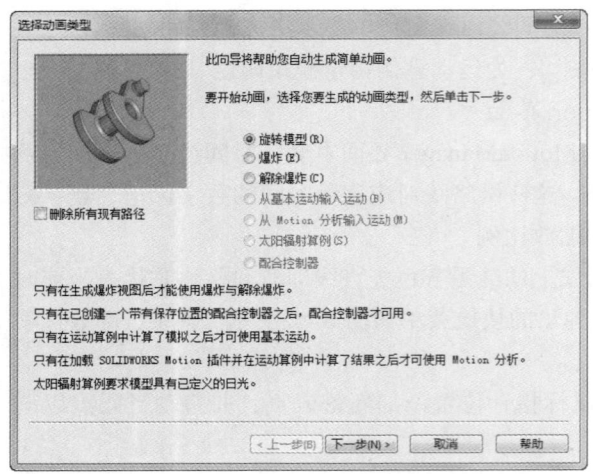

图 6-43　"选择动画类型"对话框（1）

（2）从基本运动输入运动：只有在运动算例中计算了模拟之后才可使用基本运动。

（3）从 Motion 分析输入运动：只有在安装 SOLIDWORKS Motion 插件并在运动算例中计算了结果之后才可使用 Motion 分析。

（4）删除所有现有路径：勾选此复选框，则删除现有的动画序列。

■ 案例——创建传动装配体分解结合动画

（1）打开装配体文件。打开"传动装配体爆炸"文件，如图 6-44 所示。

（2）解除爆炸。单击 ConfigurationManager 按钮，打开图 6-45 所示的"配置"属性管理器，右击"爆炸视图 1"，弹出图 6-46 所示的快捷菜单，选择"解除爆炸"命令，装配体恢复至爆炸前状态，如图 6-47 所示。

微课

案例——创建传动装配体分解结合动画

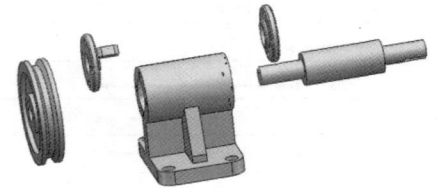

图 6-44　传动装配体爆炸

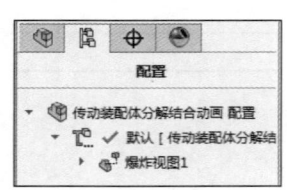

图 6-45　"配置"属性管理器

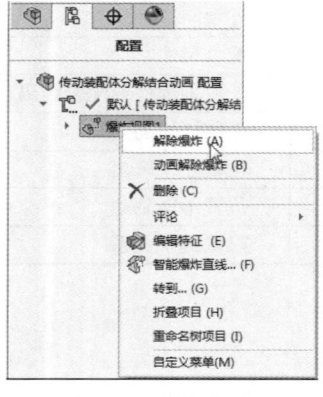

图 6-46　快捷菜单

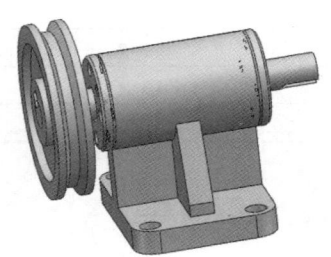

图 6-47　解除爆炸

（3）爆炸动画。

① 单击 MotionManager 中的"动画向导"按钮，弹出"选择动画类型"对话框，如图 6-48 所示。

② 单击"选择动画类型"对话框中的"爆炸"单选按钮,再单击"下一步"按钮。

③ 系统弹出"动画控制选项"对话框,如图 6-49 所示,设置"时间长度(秒)"为 15,"开始时间(秒)"为 0,单击"完成"按钮。

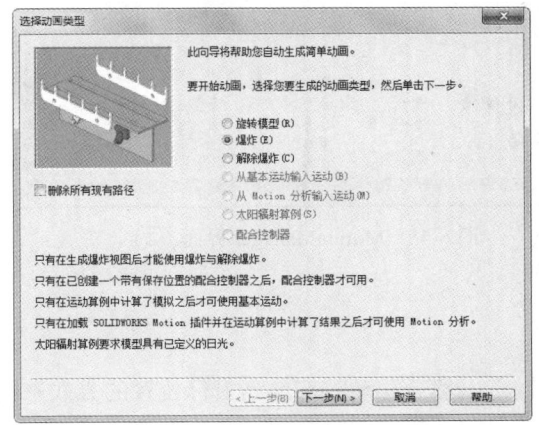

图 6-48 "选择动画类型"对话框(2)

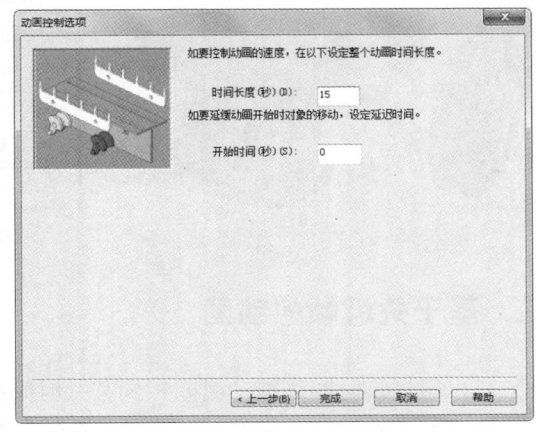

图 6-49 "动画控制选项"对话框(1)

④ 单击 MotionManager 中的"播放"按钮▶,视图中的各个零件按照爆炸图的路径运动。在 6 秒处的动画如图 6-50 所示,相应 MotionManager 界面如图 6-51 所示。

（4）结合动画。

① 单击 MotionManager 中的"动画向导"按钮,弹出"选择动画类型"对话框,如图 6-52 所示。

② 单击"选择动画类型"对话框中的"解除爆炸"单选按钮,再单击"下一步"按钮。

③ 系统弹出"动画控制选项"对话框,如图 6-53 所示。在对话框中设置"时间长度(秒)"为 15,"开始时间(秒)"为 16,单击"完成"按钮。

图 6-50 在 6 秒处的动画

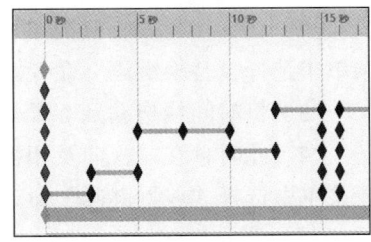

图 6-51 MotionManager 界面(1)

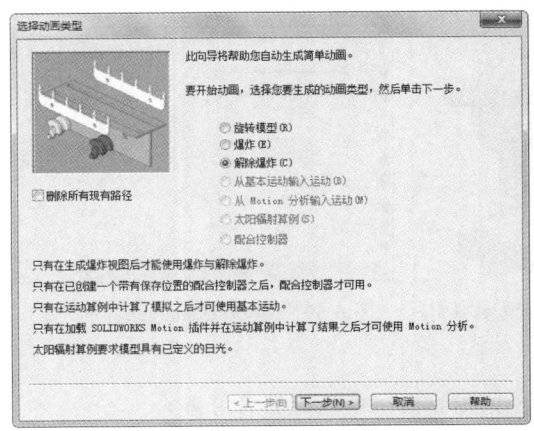

图 6-52 "选择动画类型"对话框(3)

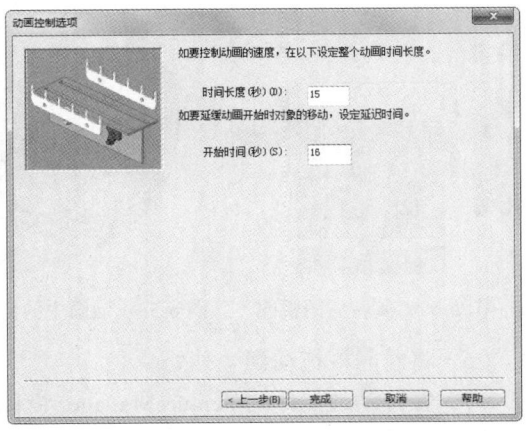

图 6-53 "动画控制选项"对话框(2)

④ 单击 MotionManager 中的"播放"按钮▶，视图中的各个零件按照爆炸图的路径运动。在 21.5 秒处的动画如图 6-54 所示，相应 MotionManager 界面如图 6-55 所示。

图 6-54　在 21.5 秒处的动画

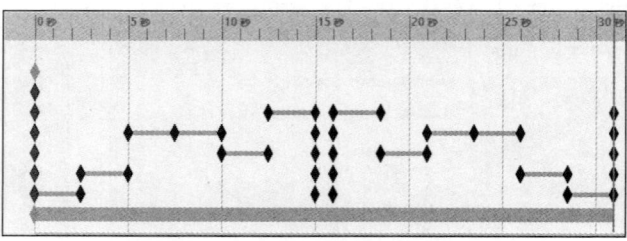

图 6-55　MotionManager 界面（2）

三、基于关键帧的动画

可以通过沿时间线拖动时间栏到某一时间关键点，然后移动零部件到目标位置的方式来创建基本动画。MotionManager 将零部件从其初始位置移动到特定时间所处的位置。

沿时间线移动时间栏，为装配体位置的下一步更改定义时间。

在绘图区中将装配体零部件移动到对应于时间栏键码点处装配体位置处。

微课

■ 案例——创建传动装配体基于关键帧的动画

（1）打开"传动装配体"文件，单击"视图"工具栏中的"等轴测"按钮，将视图以等轴测方向显示，如图 6-56 所示。

（2）在"视向及相机视图"栏时间线 0 秒处右击，在弹出的快捷菜单中选择"替换键码"命令。

（3）将时间线拖动到 2 秒处，旋转视图，如图 6-57 所示。

（4）此时，在"视向及相机视图"栏时间线上右击，在弹出的快捷菜单中选择"放置键码"命令。

案例——创建传动装配体基于关键帧的动画

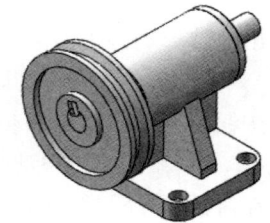

图 6-56　等轴测视图

（5）单击 MotionManager 中的"播放"按钮▶，传动装配体动画的某一时刻画面如图 6-58 所示，MotionManager 界面如图 6-59 所示。

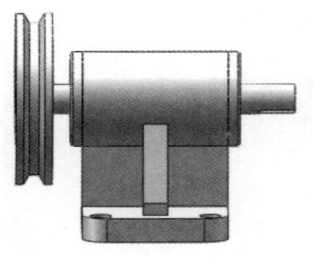

图 6-57　旋转后的视图

图 6-58　动画中的传动装配体（1）

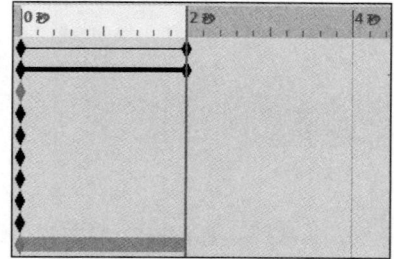

图 6-59　MotionManager 界面（3）

（6）将时间栏拖动到 4 秒处。

（7）在传动装配体的 FeatureManager 设计树（见图 6-60）中删除重合 8 配合。

（8）在视图中拖动带轮，使其沿 z 轴移动，如图 6-61 所示。

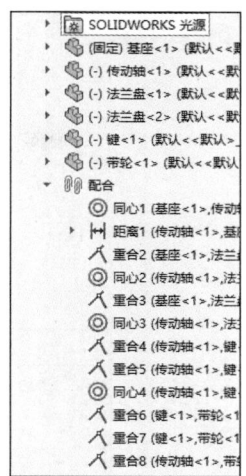

图 6-60　传动装配体的 FeatureManager 设计树

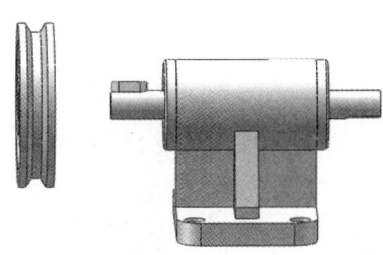

图 6-61　移动带轮

（9）单击 MotionManager 中的"播放"按钮 ▶，传动装配体动画的某一时刻画面如图 6-62 所示，MotionManager 界面如图 6-63 所示。

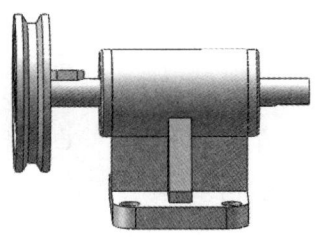

图 6-62　动画中的传动装配体（2）

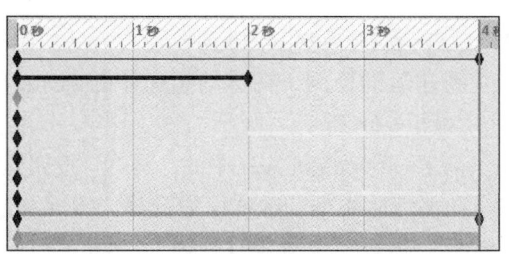

图 6-63　MotionManager 界面（4）

四、基于马达的动画

可以通过"马达"属性管理器创建旋转马达或线性马达。下面结合实例讲述基于马达的动画创建方法。

■ 案例——创建传动装配体基于马达的动画

1. 基于旋转马达的动画

（1）打开"传动装配体"文件，如图 6-64 所示。

（2）将时间栏拖到 5 秒处。

（3）单击 MotionManager 中的"马达"按钮 ⬛，弹出"马达"属性管理器，如图 6-65 所示。

（4）在"马达类型"选项组中选择"旋转马达"，在绘图区中选择带轮表面。

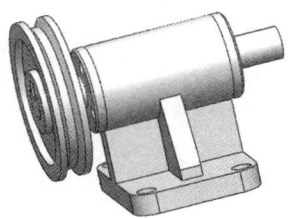

图 6-64　传动装配体（1）

（5）在"运动"选项组中选择"等速"，单击"马达"属性管理器中的"确定"按钮 ✔，完成马达的创建。

（6）单击 MotionManager 中的"播放"按钮▶，带轮通过键带动轴绕中心轴旋转，旋转动画的某一时刻画面如图 6-66 所示，MotionManager 界面如图 6-67 所示。

图 6-65　旋转马达的属性设置

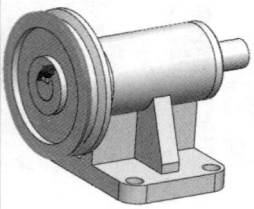

图 6-66　动画中的传动装配体（3）

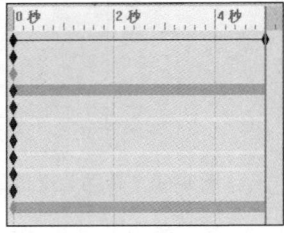

图 6-67　MotionManager 界面（5）

2. 基于线性马达的动画

（1）新建运动算例，在传动装配体的 FeatureManager 设计树中删除所有的配合，如图 6-68 所示。

（2）单击 MotionManager 中的"马达"按钮，弹出"马达"属性管理器。

（3）在"马达类型"选项组中选择"线性马达"，在绘图区中选择传动装配体带轮上的边线，设置线性方向，如图 6-69 所示。

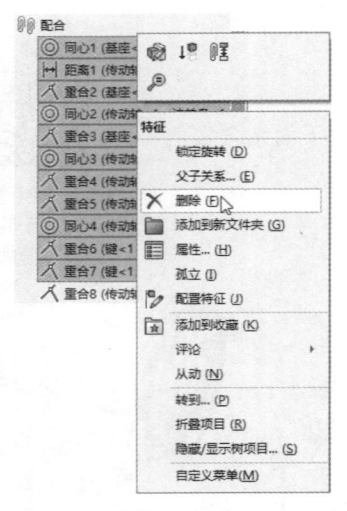

图 6-68　删除传动装配体的所有配合

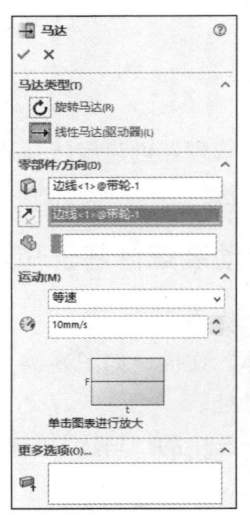

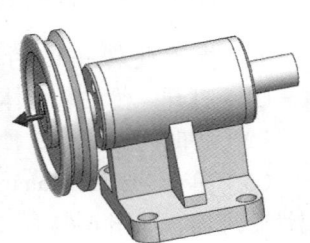

图 6-69　线性马达的属性设置（1）

（4）单击"马达"属性管理器中的"确定"按钮，完成马达的创建。

（5）单击 MotionManager 中的"播放"按钮，带轮沿 z 轴移动，某一时刻的传动装配体画面如图 6-70 所示，MotionManager 界面如图 6-71 所示。

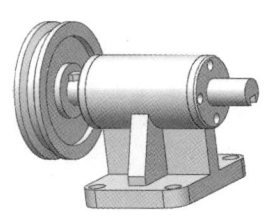
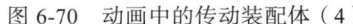

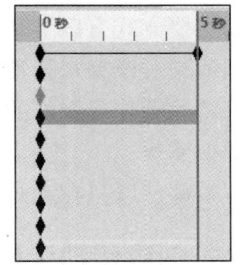

图 6-70　动画中的传动装配体（4）　　　　图 6-71　MotionManager 界面（6）

（6）单击 MotionManager 工具栏上的"马达"按钮，弹出"马达"属性管理器。

（7）在"马达类型"选项组中选择"线性马达"，在绘图区中选择法兰盘上的边线，设置线性方向，如图 6-72 所示。

（8）在"马达"属性管理器的"运动"选项组中选择"距离"，设置距离为 100mm，起始时间为 0 秒，终止时间为 10 秒，如图 6-73 所示。

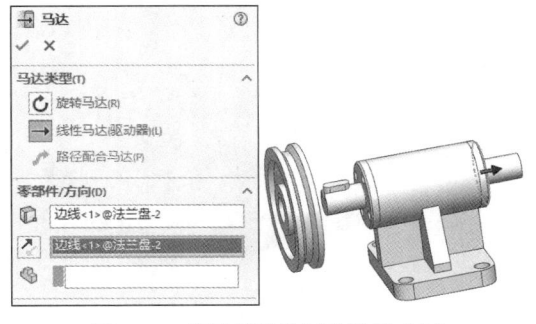

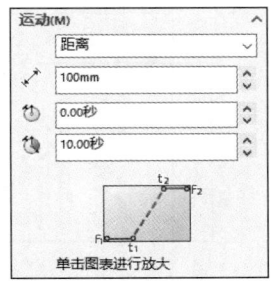

图 6-72　线性马达的属性设置（2）　　　　图 6-73　设置"运动"参数

（9）单击属性管理器中的"确定"按钮，完成马达的创建。

（10）在 MotionManager 中将总动画持续时间拉长到 10 秒，在"线性马达 1"栏第 5 秒的键码处右击，然后在弹出的快捷菜单中选择"关闭"命令，关闭"线性马达 1"。在"线性马达 2"栏将开始时间拉至 5 秒处。

（11）单击 MotionManager 中的"播放"按钮，法兰盘通过键带动轴绕 z 轴旋转，某一时刻的传动装配体如图 6-74 所示。

（12）动画的结束画面如图 6-75 所示，MotionManager 界面如图 6-76 所示。

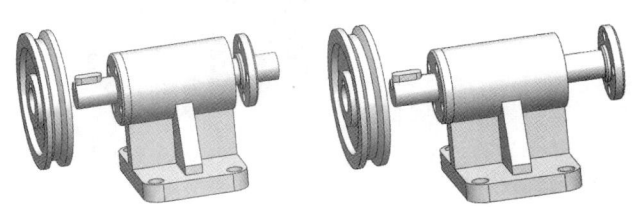
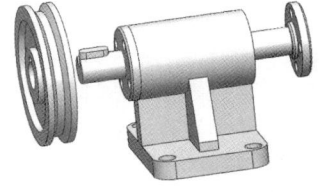
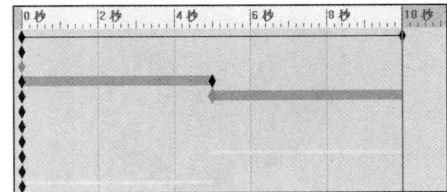

图 6-74　动画中的传动装配体（5）　　图 6-75　动画结束画面　　　图 6-76　MotionManager 界面（7）

五、基于相机橇的动画

通过生成一个假零部件作为相机橇，然后将相机附加到相机橇上的草图实体来生成基于相机橇的动画，其主要方式有以下几种。

（1）沿模型或通过模型来移动相机。

（2）观看已解除爆炸或爆炸的装配体。

（3）导览虚拟建筑。

（4）隐藏假零部件以只在动画过程中观看相机视图。

微课

案例——创建传动
装配体基于相机橇
的动画

■ 案例——创建传动装配体基于相机橇的动画

1．创建相机橇

（1）在 FeatureManager 设计树中选择"上视基准面"作为绘图基准面。

（2）选择"工具"→"草图绘制实体"→"边角矩形"菜单命令，以原点为一个角点绘制一个边长为 60mm 的正方形，结果如图 6-77 所示。

（3）选择"插入"→"凸台/基体"→"拉伸"菜单命令，将步骤（2）绘制的草图拉伸为 10mm 厚的实体，结果如图 6-78 所示。

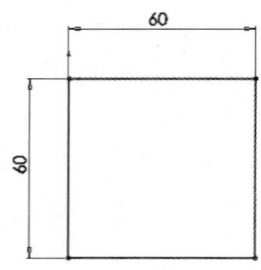

图 6-77　正方形草图

图 6-78　拉伸实体

（4）单击"保存"按钮📧，将文件保存为"相机橇.sldprt"。

（5）打开"传动装配体"文件，调整视图方向，如图 6-79 所示。

（6）选择"插入"→"零部件"→"现有零件/装配体"菜单命令，或者单击"装配体"控制面板中的"插入零部件"按钮🗂。将步骤（1）~（4）中创建的相机橇零件添加到"传动装配体"文件中，如图 6-80 所示。

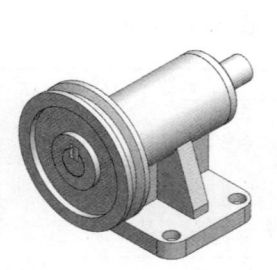

图 6-79　传动装配体（2）

图 6-80　插入相机橇

（7）选择"工具"→"配合"菜单命令，或者单击"装配体"控制面板中的"配合"按钮🖉，弹出"配合"属性管理器。将相机橇正面和传动装配体中的基座正面进行平行装配，如图 6-81 所示。

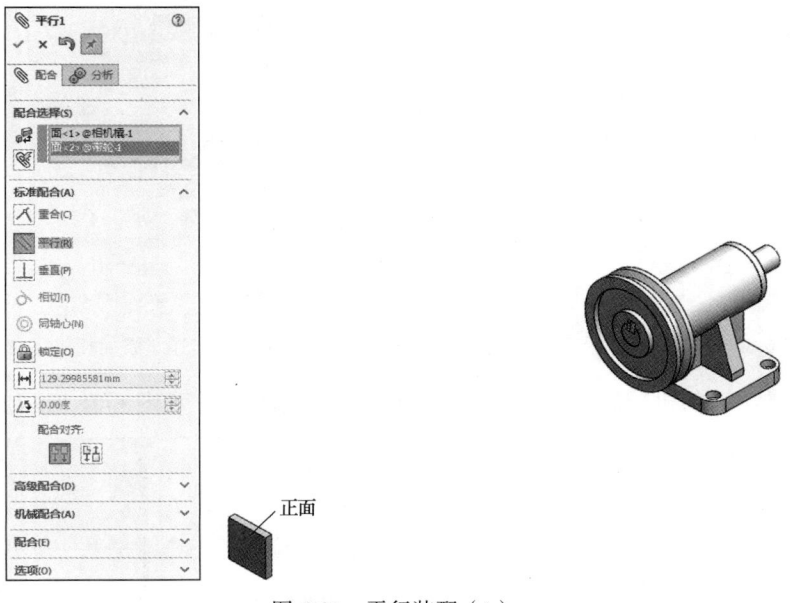

图 6-81　平行装配（1）

（8）将相机橇侧面和传动装配体中的基座侧面进行平行装配，如图 6-82 所示。

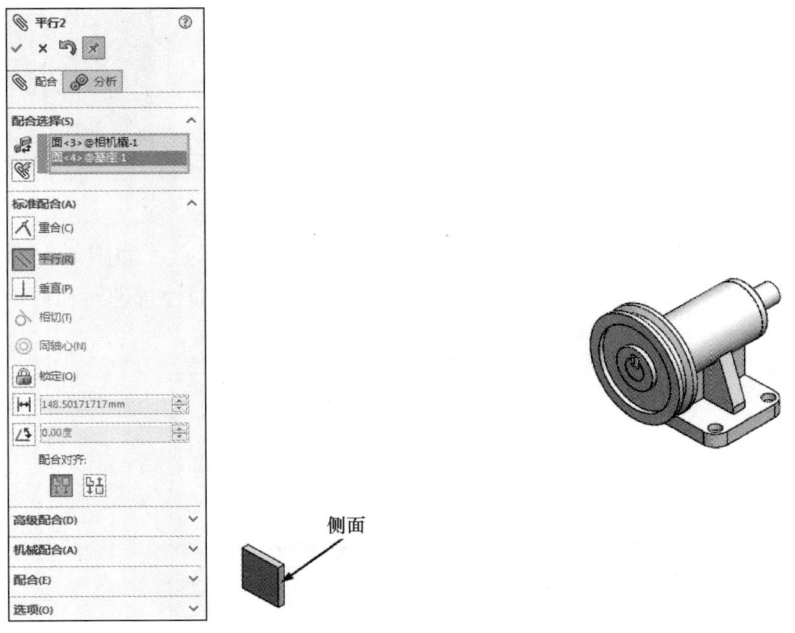

图 6-82　平行装配（2）

（9）单击"视图"工具栏中的"前视"按钮，将相机橇移动到图 6-83 所示的位置。

（10）选择"文件"→"另存为"菜单命令，将传动装配体保存为"相机橇-传动装配.sldasm"。

2.　添加相机并定位相机橇

（1）右击 MotionManager 中的"光源、相机与布景"，在弹出的快捷菜单中选择"添加相机"命令，如图 6-84 所示。

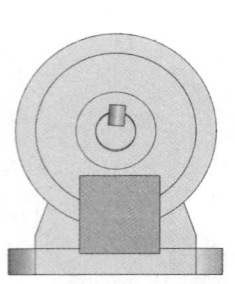

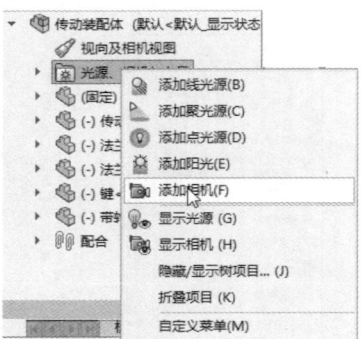

图 6-83　移动相机撬 　　　　　　　　图 6-84　选择"添加相机"命令

（2）系统弹出"相机"属性管理器，视图被分成两个视口，如图 6-85 所示。

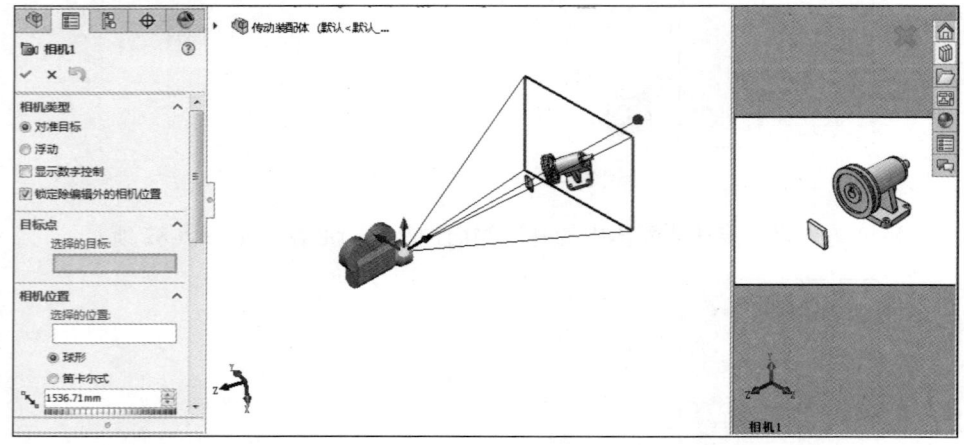

图 6-85　添加相机后的视图

（3）在左边视口中选择相机撬上表面的前边线中点作为目标点，如图 6-86 所示。

（4）选择相机撬上表面的后边线中点作为相机位置。"相机"属性管理器和相机位置如图 6-87 所示。

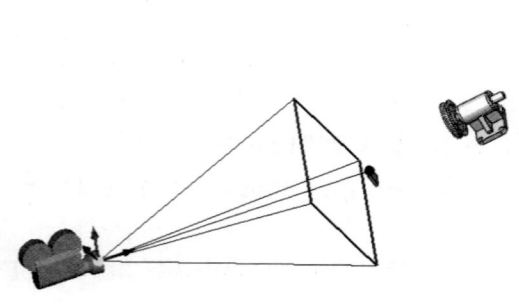

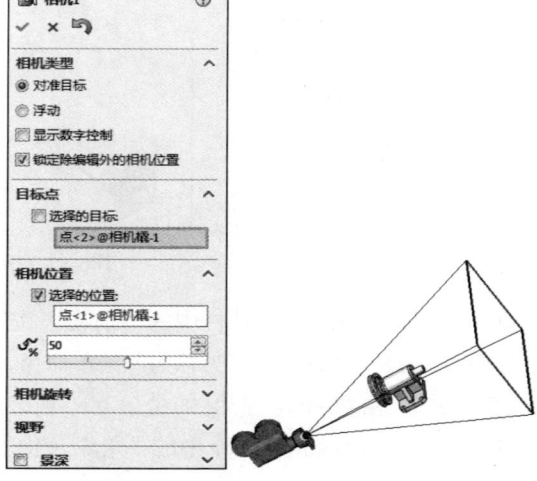

图 6-86　设置目标点 　　　　　　　　　图 6-87　设置相机位置

（5）拖动相机视野，通过右边视口来拍照，右边视口中的图形如图 6-88 所示。

（6）在"相机"属性管理器中单击"确定"按钮 ✔，完成相机的定位。

3．生成动画

（1）单击"标准视图"工具栏中的"右视"按钮 ⊟，左边显示相机撬，右边显示传动装配体零部件，如图 6-89 所示。

（2）将时间栏拖至 6 秒处，将相机撬移动到图 6-90 所示的位置。

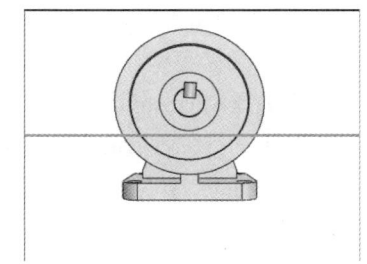

图 6-88　右边视口中的图形

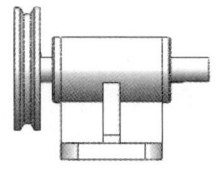

图 6-89　右视图

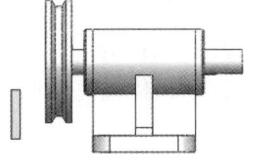

图 6-90　移动相机撬

（3）在 MotionManager 中的"视向及相机视图"上右击，然后在弹出的快捷菜单中选择"禁用观阅键码播放"命令，如图 6-91 所示。

（4）在 MotionManager 界面时间 0～6 秒内右击，在弹出的快捷菜单（见图 6-92）中选择"相机视图"命令，切换到相机视图。

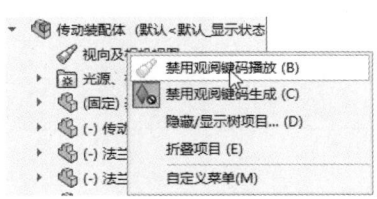

图 6-91　选择"禁用观阅键码播放"命令

图 6-92　弹出的快捷菜单

（5）在 MotionManager 中单击"从头播放"按钮 ▮▶，动画的某一时刻画面如图 6-93 所示。MotionManager 界面如图 6-94 所示。

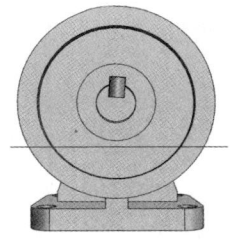

图 6-93　某一时刻动画画面

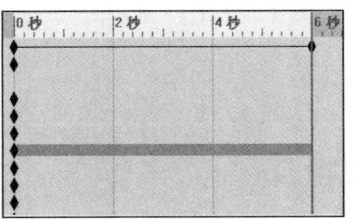

图 6-94　MotionManager 界面（8）

六、保存动画

将动画保存为 MP4 或其他文件类型。单击 MotionManager 中的"保存动画"按钮 ▦，弹出

"保存动画到文件"对话框，如图 6-95 所示。

（1）保存类型。

可选择 Microsoft.AVI 文件、一系列 Windows 位图文件、一系列 Truevision Targas 文件。其中一系列 Windows 位图文件和一系列 Truevision Targas 文件是静态图像系列。

（2）渲染器。

SOLIDWORKS 屏幕：制作动画的副本。

（3）图像大小与高宽比例。

① 固定高宽比例：在变更宽度或高度时，保留图像的原有比例。

② 使用相机高宽比例：在至少定义了一个相机时可用。

③ 自定义高宽比例：选择或输入新的比例。调整此比例可在输出时使用不同的视野显示模型。

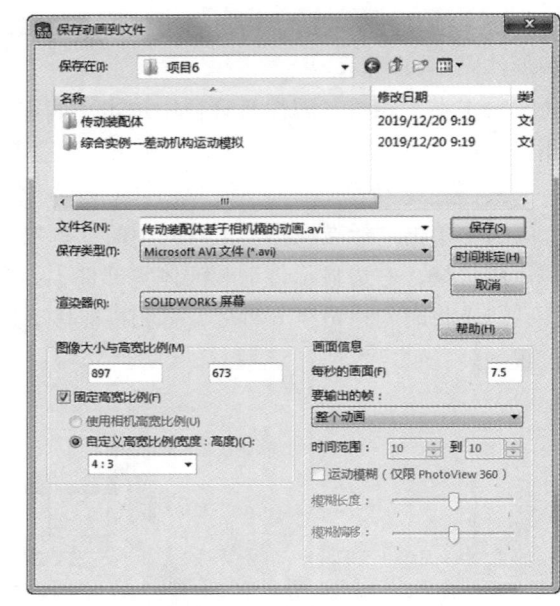

图 6-95　"保存动画到文件"对话框

（4）画面信息。

① 每秒的画面：为每秒动画输入画面帧数。

② 要输出的帧：有整个动画、时间范围和单个帧 3 种输出帧的方式。

③ 时间范围：保存部分动画，选择时间范围并输入开始和结束的秒数（如 3.5～15）。

任务 3　尺寸标注功能学习

任务引入

小明将视图添加好了，还需要标注尺寸公差、形位公差（国家标准中的名称为"几何公差"，这里为了与软件中保持一致，仍称为"形位公差"）、表面粗糙度符号及技术要求等，这样才能算是一张完整的工程视图。那么怎么标注形位公差、表面粗糙度和注释等内容呢？

知识准备

一、模型项目

SOLIDWORKS 工程视图中标注的尺寸是与模型中的尺寸相关联的，模型尺寸的改变会导致工程图中尺寸的改变。同样地，工程图中尺寸的改变也会导致模型尺寸的改变。

1. 执行方式

- 工具栏：单击"注解"工具栏中的"模型项目"按钮 ✍。

- 菜单栏：选择"插入"→"模型项目"菜单命令。
- 控制面板：单击"注解"控制面板中的"模型项目"按钮 。

2. 操作步骤

执行"模型项目"命令，系统会弹出图6-96所示的"模型项目"属性管理器。

3. 选项说明

（1）"来源/目标"选项组。

① 整个模型：插入整个模型的模型项目。

② 所选特征：插入绘图区中所选特征的模型项目。

③ 所选零部件：插入绘图区中所选零部件的模型项目。

④ 仅对于装配体：只插入装配体特征的模型项目。

⑤ 将项目输入所有视图：勾选此复选框，则将项目插入图纸上的所有工程图视图。取消勾选此复选框时，用户必须选取想将模型项目输入的工程图视图。此时"来源/目标"选项组如图6-97所示。

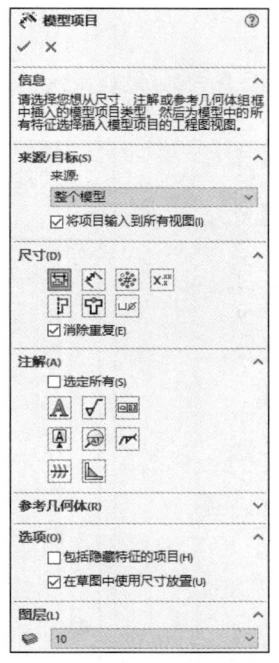

图 6-96　"模型项目"属性管理器（1）

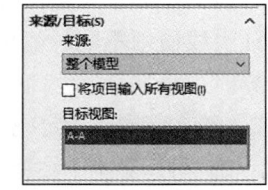

图 6-97　"来源/目标"选项组

⑥ 目标视图：列举将要插入模型项目的工程图视图。此选项在取消勾选"将项目输入所有视图"复选框时可供使用。

（2）"选项"选项组。

① 包括隐藏特征的项目：插入隐藏特征的模型项目。取消勾选此复选框以防止插入属于隐藏模型项目的注解。过滤隐藏模型项目时将会降低系统性能。

② 在草图中使用尺寸放置：将模型尺寸从零件中插入工程图的相同位置。

　插入模型项目时，系统会自动将模型尺寸或者其他注释插入工程图中。当模型特征很多时，插入的模型尺寸会显得很乱，所以在建立模型时需要注意以下几点。

（1）因为只有在模型中定义的尺寸才能插入工程图中，所以，在创建模型

特征时，要养成良好的习惯，并且使草图处于完全定义状态。

（2）在绘制模型特征草图时，仔细地设置草图尺寸的位置，这样可以减少将尺寸插入工程图后需要调整的时间。

二、注释

为了更好地说明工程图，有时要用到注释。注释可以包括简单的文字、符号或超文本链接。

1. 执行方式

- 工具栏：单击"注解"工具栏中的"注释"按钮 **A**。
- 菜单栏：选择"插入"→"注解"→"注释"菜单命令。
- 控制面板：单击"注解"控制面板中的"注释"按钮 **A**。

2. 操作步骤

执行"注释"命令，系统会弹出"注释"属性管理器，如图 6-98 所示。

3. 选项说明

（1）文字格式：设置注释文字的格式。

当取消勾选"使用文档字体"复选框时，单击"字体"按钮打开选择字体对话框，在其中设置新的字体样式、大小及其他文本效果。

（2）引线：选择引导注释的引线和箭头类型。

① 至边界框：选择定位到边界框而非注释内容的引线。

② 应用到所有：勾选该复选框将更改应用到所选注释的所有箭头。如果所选注释有多条引线，可以为每条单独引线使用不同的箭头样式。

（3）边界。

① 样式：给文字周围指定一个几何形状（或设置为"无"）。用户可以对整个注释和部分注释应用边界。对于部分注释，选取注释的任何部分并选择边界。

② 大小：指定文字是否紧密配合、固定字符数，也可以在"用户定义"处设置大小。

③ 添加到标识注解库：可用于数字格式的注释。单击标识注解编号，然后勾选"添加到标识注解库"复选框以将注释添加到标识注解库。

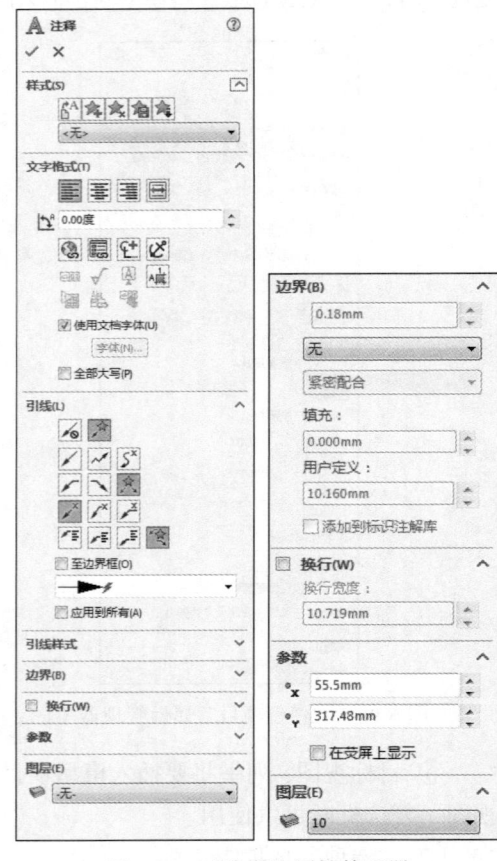

图 6-98　"注释"属性管理器

（4）换行：勾选该复选框，并在"换行宽度"文本框中输入每行注释文本的宽度。

三、表面粗糙度

表面粗糙度用于表示加工表面上的微观几何形状特性，它对机械零件表面的耐磨性、疲劳强度、配合性能、密封性、流体阻力及外观质量等都有很大的影响。

1. 执行方式
- 工具栏：单击"注解"工具栏中的"表面粗糙度"按钮☑。
- 菜单栏：选择"插入"→"注解"→"表面粗糙度符号"菜单命令。
- 控制面板：单击"注解"控制面板中的"表面粗糙度"按钮☑。

2. 操作步骤
执行"表面粗糙度"命令，系统弹出"表面粗糙度"属性管理器，如图6-99所示。

3. 选项说明
（1）符号：设置符号类型。

（2）符号布局：对于ANSI符号及使用ISO和2002年以前相关标准的符号，在符号周围的预定义位置指定文字。

（3）格式：若要为符号和文字指定不同的字体，取消勾选"使用文档字体"复选框后单击"字体"按钮再进行相应设置即可。

（4）角度：为符号设定角度值和旋转方式。旋转方式有竖立、旋转90°、垂直和垂直（反转）4种。

（5）引线：包括始终显示引线、自动引线、无引线、折断引线、智能显示和箭头样式等相关设置。

（6）图层：选择图层，可以将符号移动到指定图层上。

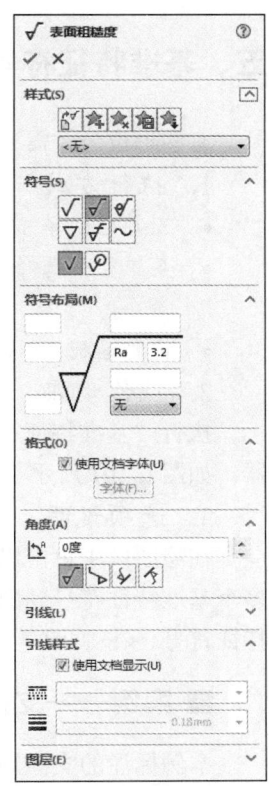

图6-99　"表面粗糙度"
属性管理器（1）

四、形位公差

为了满足设计和加工需要，需要在工程视图中添加形位公差，包括代号、公差值及原则等内容。

1. 执行方式
- 工具栏：单击"注解"工具栏中的"形位公差"按钮。
- 菜单栏：选择"插入"→"注解"→"形位公差"菜单命令。
- 控制面板：单击"注解"控制面板中的"形位公差"按钮。

2. 操作步骤
执行"形位公差"命令，系统弹出"形位公差"属性管理器，如图6-100所示。

3. 选项说明
（1）引线：可用的形位公差符号引线。

（2）文字：形位公差符号自动出现在文本框中，由 <Gtol> 表示。将鼠标指针放置在文本框中的任意位置以插入文本。

（3）引线样式：定义形位公差的箭头和引线类型。

（4）图层：将形位公差符号应用到指定的工程图图层。

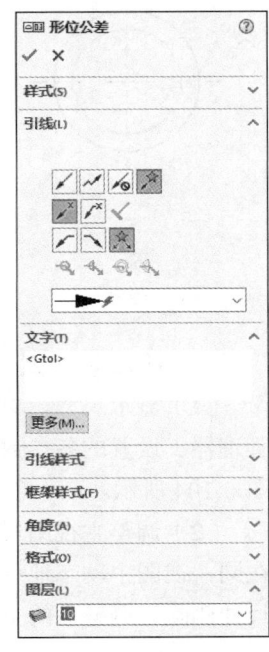

图6-100　"形位公差"
属性管理器（1）

五、基准特征符号

有些形位公差需要参考基准特征，需要指定公差基准。

1. 执行方式

- 工具栏：单击"注解"工具栏中的"基准特征"按钮 Ⓐ。
- 菜单栏：选择"插入"→"注解"→"基准特征符号"菜单命令。
- 控制面板：单击"注解"控制面板中的"基准特征"按钮 Ⓐ。

2. 操作步骤

执行"基准特征符号"命令，系统弹出"基准特征"属性管理器，如图 6-101 所示。

3. 选项说明

在绘图区中单击以放置符号，可以不关闭该属性管理器，设置多个基准特征符号到图形上。如果要编辑基准特征符号，双击基准特征符号，在弹出的"基准特征"属性管理器中修改即可。

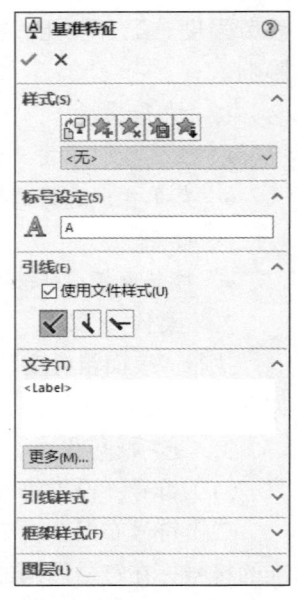

图 6-101　"基准特征"属性管理器（1）

■ 案例——支撑轴零件工程图的标注

本例标注的支撑轴工程图如图 6-102 所示。

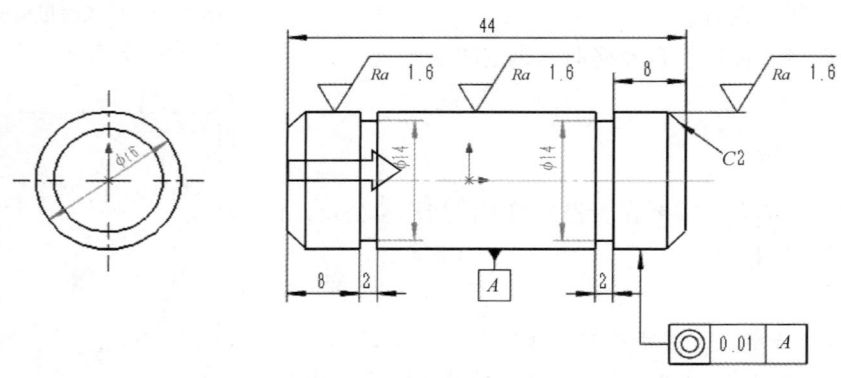

图 6-102　支撑轴工程图标注

1. 标注基本尺寸

（1）显示尺寸。单击"注解"控制面板中的"模型项目"按钮 🖎，弹出"模型项目"属性管理器，设置的各参数如图 6-103 所示。单击"确定"按钮 ✔，这时绘图区自动显示尺寸，如图 6-104 所示。

（2）调整主视图尺寸。在主视图中单击要移动的尺寸，按住鼠标左键移动鼠标指针，即可在同一视图中动态地移动尺寸位置。单击将要删除的多余尺寸，然后按 Delete 键即可将多余的尺寸删除，调整后的主视图尺寸如图 6-105 所示。

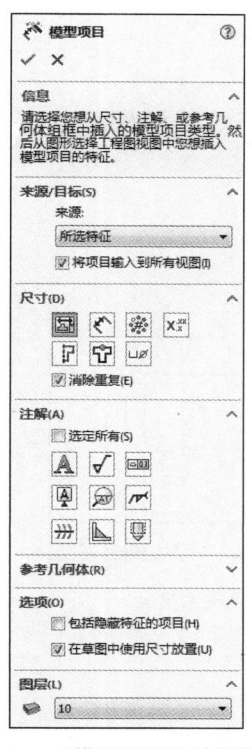

图 6-103   "模型项目"属性管理器（2）

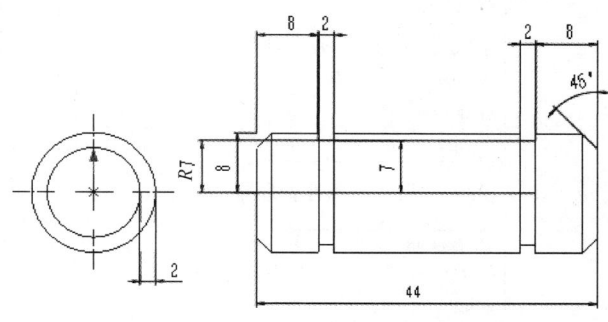

图 6-104   自动显示的尺寸

（3）调整右视图尺寸。利用同样的方法可以调整右视图尺寸，得到的结果如图 6-106 所示。

（4）绘制中心线。单击"草图"控制面板中的"中心线"按钮，在主视图中绘制中心线，如图 6-107 所示。

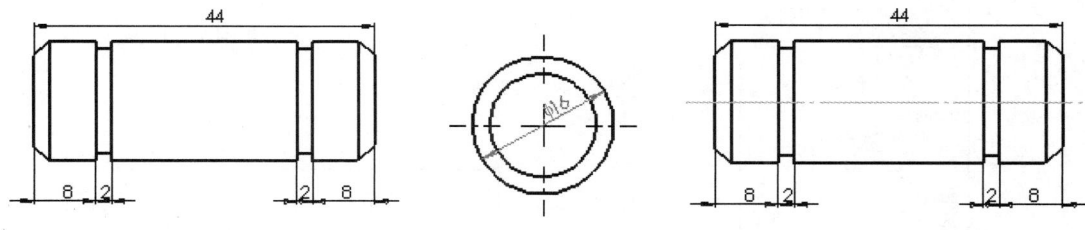

图 6-105   调整后的主视图尺寸   图 6-106   调整右视图尺寸   图 6-107   绘制中心线

（5）标注尺寸。单击"草图"控制面板中的"智能尺寸"按钮和"倒角尺寸"按钮，标注视图中的尺寸，在标注过程中将不符合国标的尺寸删除。在标注尺寸时会弹出"尺寸"属性管理器，如图 6-108 所示，在这里可以修改尺寸的公差、符号等。如要在尺寸前加直径符号，只需在"标注尺寸文字"文本框内的<DIM>前单击，然后单击 ∅ 按钮即可。最终得到的结果如图 6-109 所示。

2．标注表面粗糙度和形位公差

（1）标注表面粗糙度。单击"注解"控制面板中的"表面粗糙度符号"按钮，弹出"表面粗糙度"属性管理器，设置的各参数如图 6-110 所示。移动鼠标指针到需要标注表面粗糙度的位置，单击"确定"按钮，表面粗糙度即可标注完成。下表面的标注需要设置角度为 180°，标注的表面粗糙度效果如图 6-111 所示。

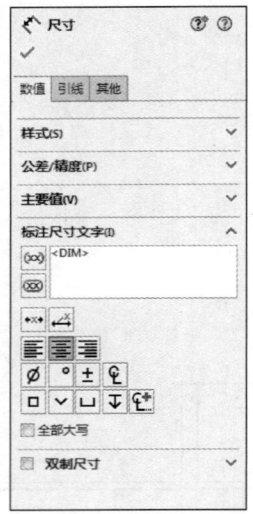

图 6-108　"尺寸"属性管理器

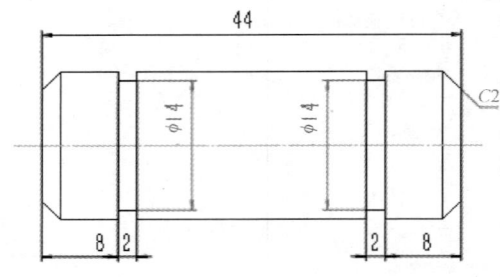

图 6-109　标注基本尺寸

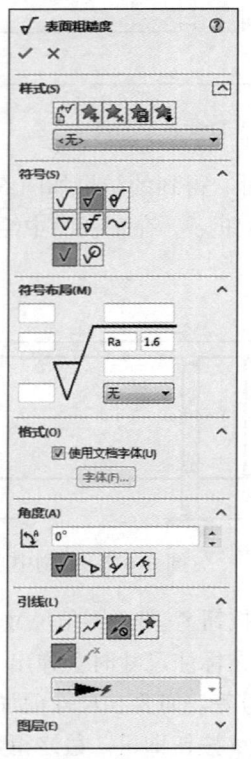

图 6-110　"表面粗糙度"属性管理器（2）

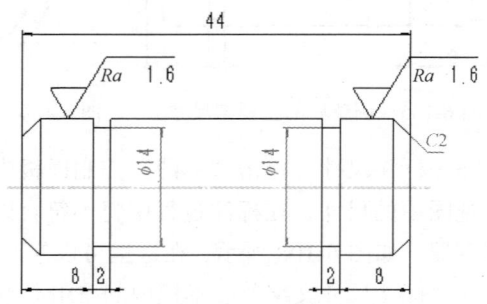

图 6-111　标注表面粗糙度

（2）标注基准特征。单击"注解"控制面板中的"基准特征"按钮，弹出"基准特征"属性管理器，设置的各参数如图 6-112 所示。设置完成后，首先移动鼠标指针到需要添加基准特征的合适位置，单击；其次移动鼠标指针到合适的位置再单击即可完成标注；最后单击"确定"按钮即可在图中添加基准符号，如图 6-113 所示。

（3）标注形位公差。单击"注解"控制面板中的"形位公差"按钮 ，弹出"形位公差"属性管理器及"属性"对话框，设置的各参数如图 6-114 和图 6-115 所示。设置完成后，移动鼠标指针到需要添加形位公差的位置，单击即可完成标注，再单击"确定"按钮 ✓ 即可在图中添加形位公差符号，如图 6-116 所示。

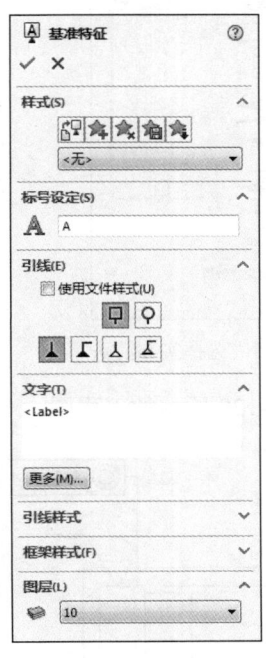

图 6-112　"基准特征"
属性管理器（2）

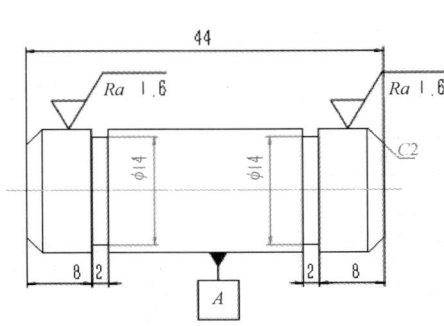

图 6-113　添加基准符号

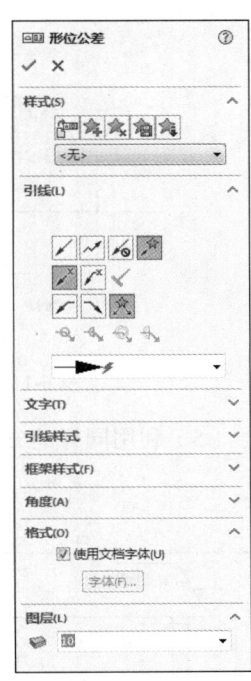

图 6-114　"形位公差"
属性管理器（2）

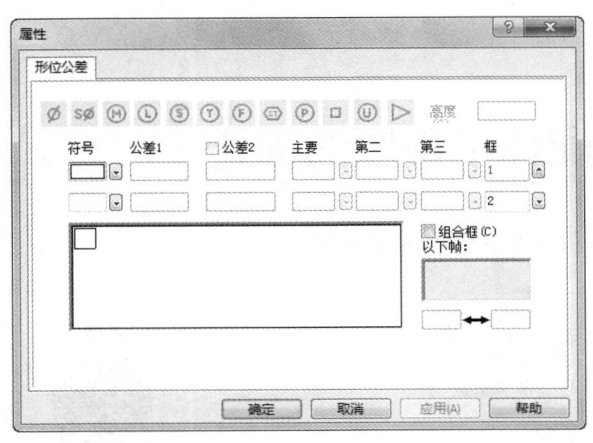

图 6-115　"属性"对话框

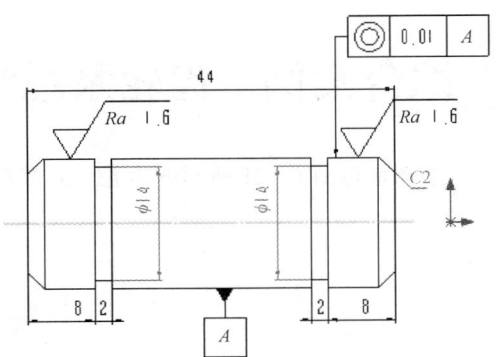

图 6-116　添加形位公差符号

（4）添加箭头。选择主视图中的所有尺寸，如图 6-117 所示，在"尺寸" 属性管理器中的"尺寸界线/引线显示"选项组中选择实心箭头，如图 6-118 所示。单击"确定"按钮 ✓，修改后的主视图如图 6-119 所示。

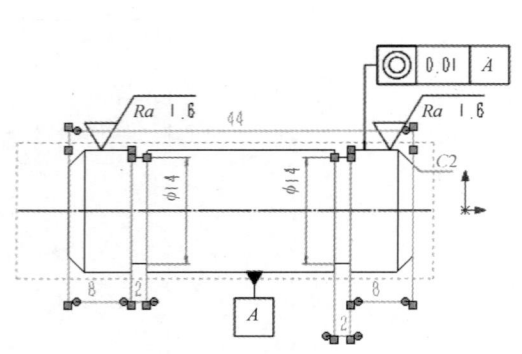

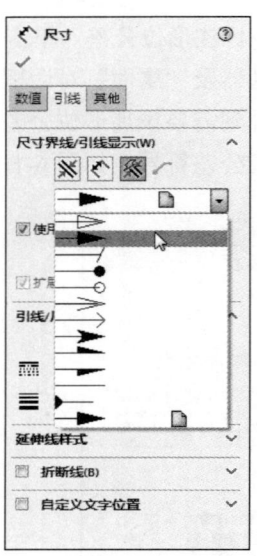

图 6-117　选择主视图中的所有尺寸　　　　　　　图 6-118　选择实心箭头

（5）利用同样的方法修改右视图中尺寸的属性，最终可以得到图 6-120 所示的工程图。

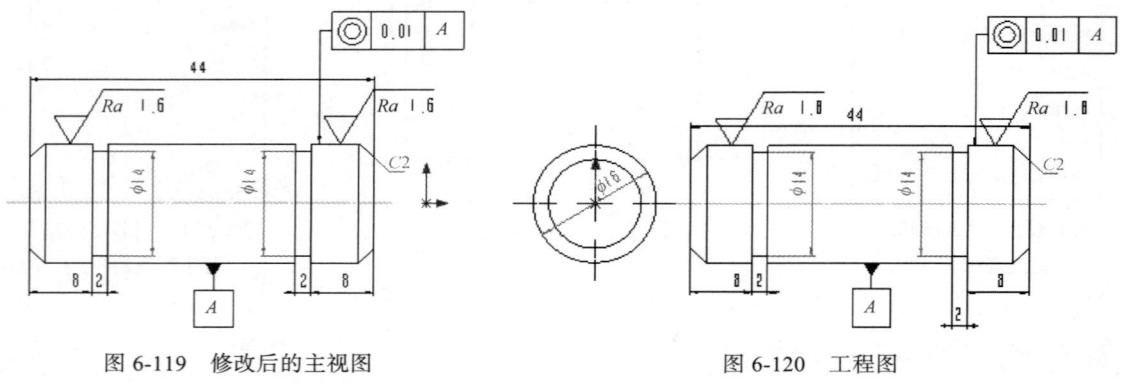

图 6-119　修改后的主视图　　　　　　　　　　　图 6-120　工程图

综合案例　齿轮泵总装配体工程图的创建

本例是将图 6-121 所示的齿轮泵总装配体机械零件转换为工程图。

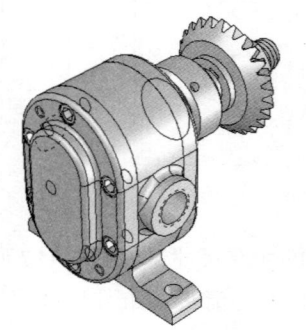

微课

综合案例　齿轮泵
总装配体工程图的
创建

图 6-121　齿轮泵总装配体机械零件

　　装配体工程图是表达机器或部件的图样，通常用来表达机器或部件的工作原理及零件、部件间的装配关系。齿轮泵总装配体工程图的创建过程与支撑轴零件工程图的创建过程基本相同，如图 6-122 所示。

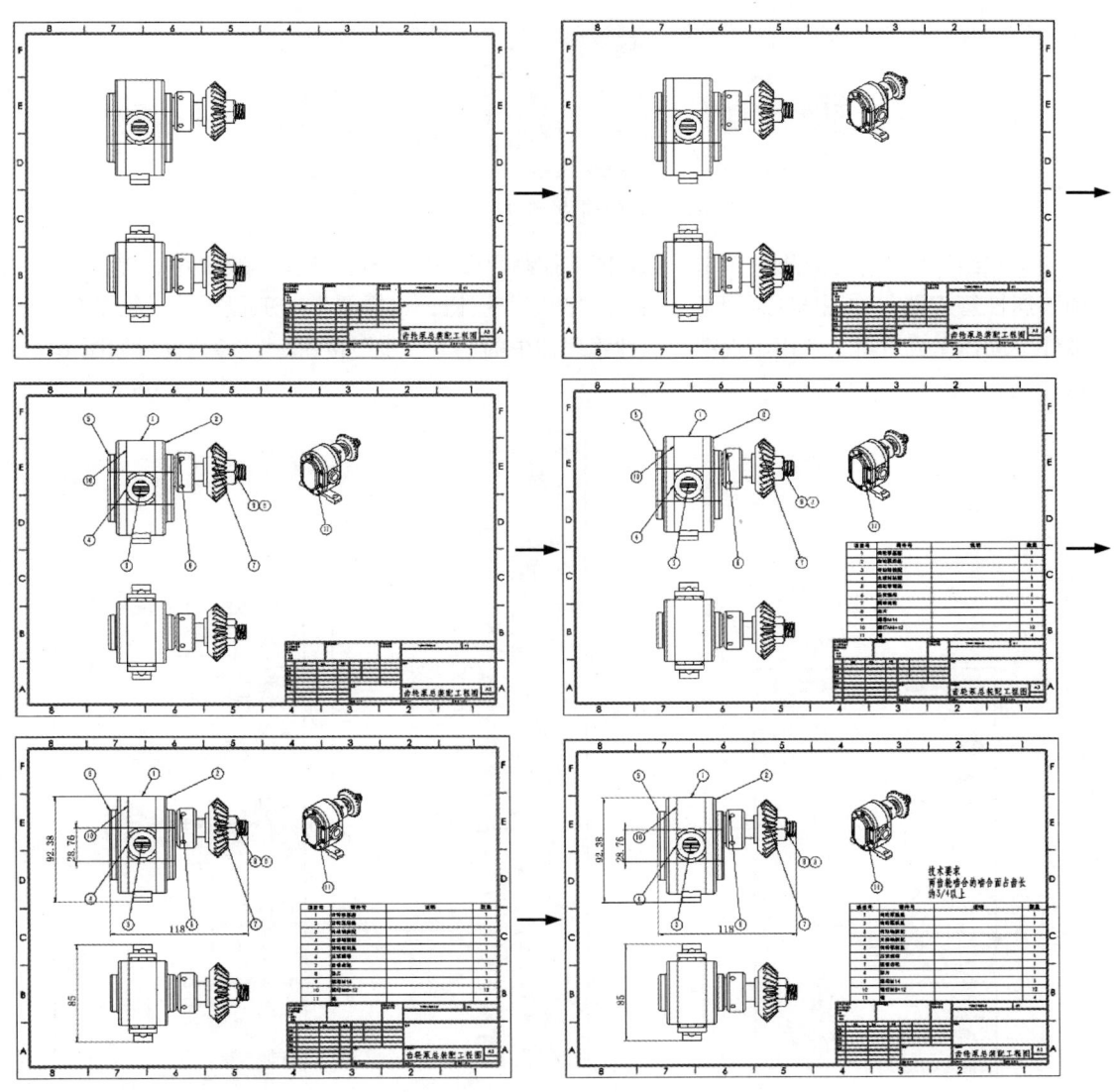

图 6-122　齿轮泵总装配体工程图的创建过程

　　（1）启动 SOLIDWORKS，单击"标准"工具栏中的"打开"按钮，在弹出的"打开"对话框中选择将要转换为工程图的总装配体文件。

　　（2）单击"标准"工具栏中的"从零件/装配图制作工程图"按钮，弹出"图纸格式/大小"对话框，单击"标准图纸大小"单选按钮，并设置图纸尺寸，如图 6-123 所示。单击"确定"按钮，完成图纸设置。

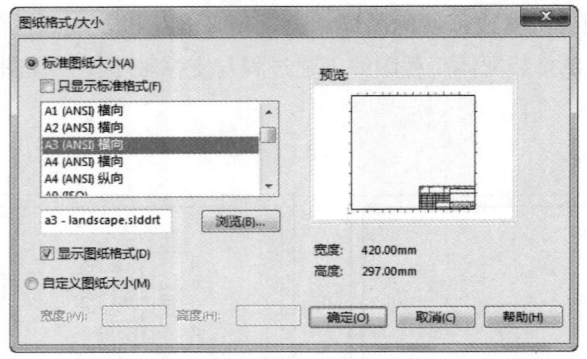

图 6-123　　"图纸格式/大小"对话框

（3）在绘图区放入主视图。单击"工程图"控制面板中的"模型视图"按钮，弹出"模型视图"属性管理器，如图 6-124 所示。单击"浏览"按钮，选择要生成工程图的齿轮泵总装配体文件。选择完成后单击"模型视图"属性管理器中的"下一步"按钮，参数设置如图 6-125 所示。

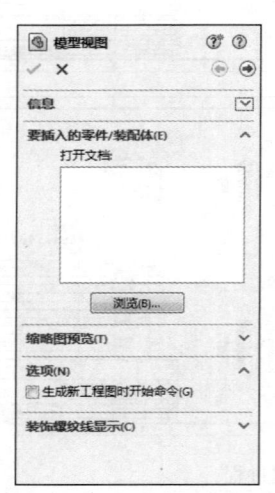

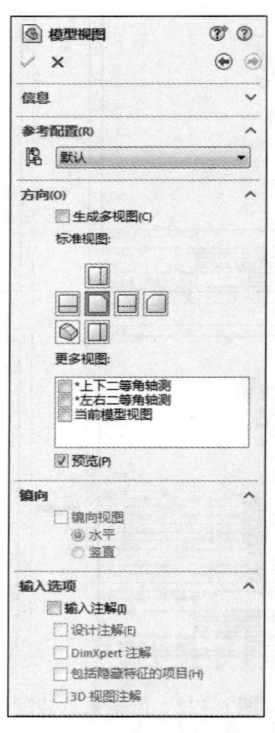

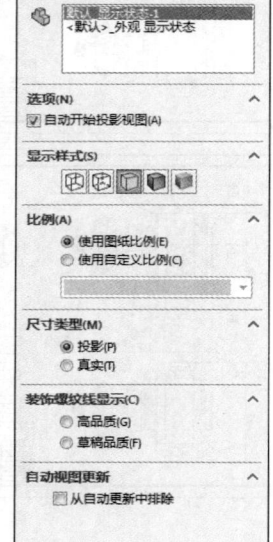

图 6-124　　"模型视图"属性管理器　　　　　图 6-125　　模型视图的参数设置

此时绘图区中会出现图 6-126 所示的放置框，在图纸中合适的位置放置主视图，如图 6-127 所示。在放置完主视图后将鼠标指针下移，会发现俯视图的预览会跟随鼠标指针出现（主视图与其他两个视图有固定的对齐关系。移动它时，其他的视图也会跟着移动。其他两个视图可以单独移动，但是只能水平或垂直于主视图移动）。在合适的位置放置俯视图，如图 6-128 所示。

（4）利用同样的方法，在绘图区右上角放置轴测视图，如图 6-129 所示。

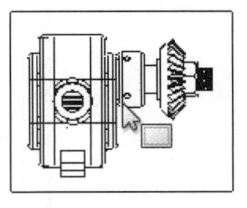

图 6-126　放置框

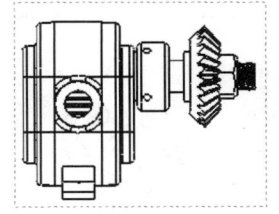

图 6-127　主视图

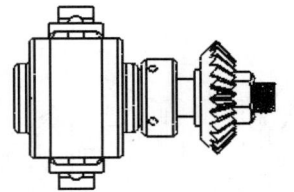

图 6-128　俯视图

图 6-129　轴测视图

（5）单击"注解"控制面板中的"自动零件序号"按钮 ，在绘图区分别单击主视图和轴测视图将自动生成零件的序号，零件序号会插入相应视图中，不会重复。在弹出的"自动零件序号"属性管理器中可以设置零件序号的布局、样式等，具体参数设置如图 6-130 所示，自动生成的零件序号如图 6-131 所示。

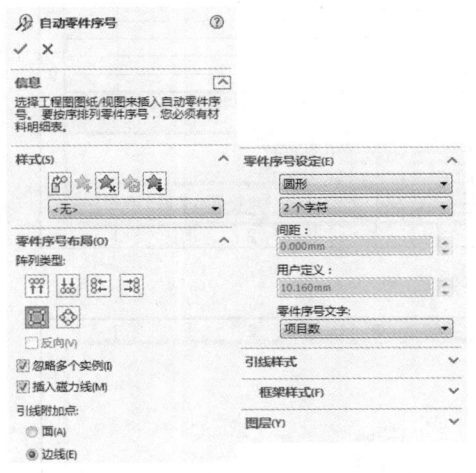

图 6-130　"自动零件序号"属性管理器

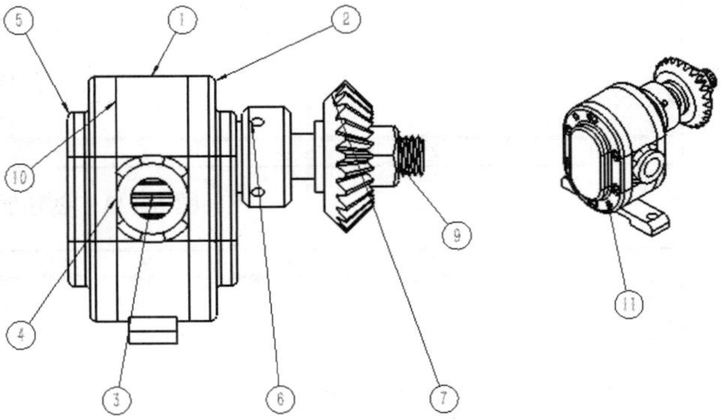

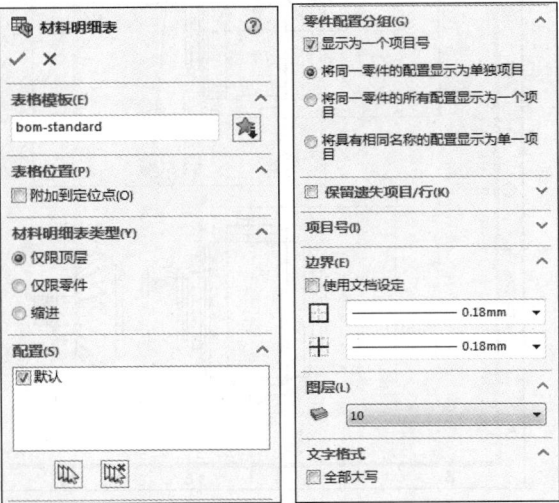

图 6-131　自动生成零件序号

（6）整理零件序号，接下来为视图生成材料明细表，工程图可包含基于表格的材料明细表或基于 Excel 的材料明细表，但不能包含两者。选择"插入"→"表格"→"材料明细表"菜单命令，或者在"注解"控制面板的"表格"下拉列表中选择"材料明细表"选项 ，选择刚才创建的主视图，弹出"材料明细表"属性管理器，设置如图 6-132 所示。单击"确定"按钮 ，在绘图区将出现跟随鼠标指针的材料明细表表格，在图框的右下角单击确定定位点。创建明细表后的效果如图 6-133 所示。

（7）为视图创建装配必要的尺寸。单击"草图"控制面板上的"智能尺寸"按钮 ，标注视图中的尺寸，如图 6-134 所示。

图 6-132　"材料明细表"属性管理器

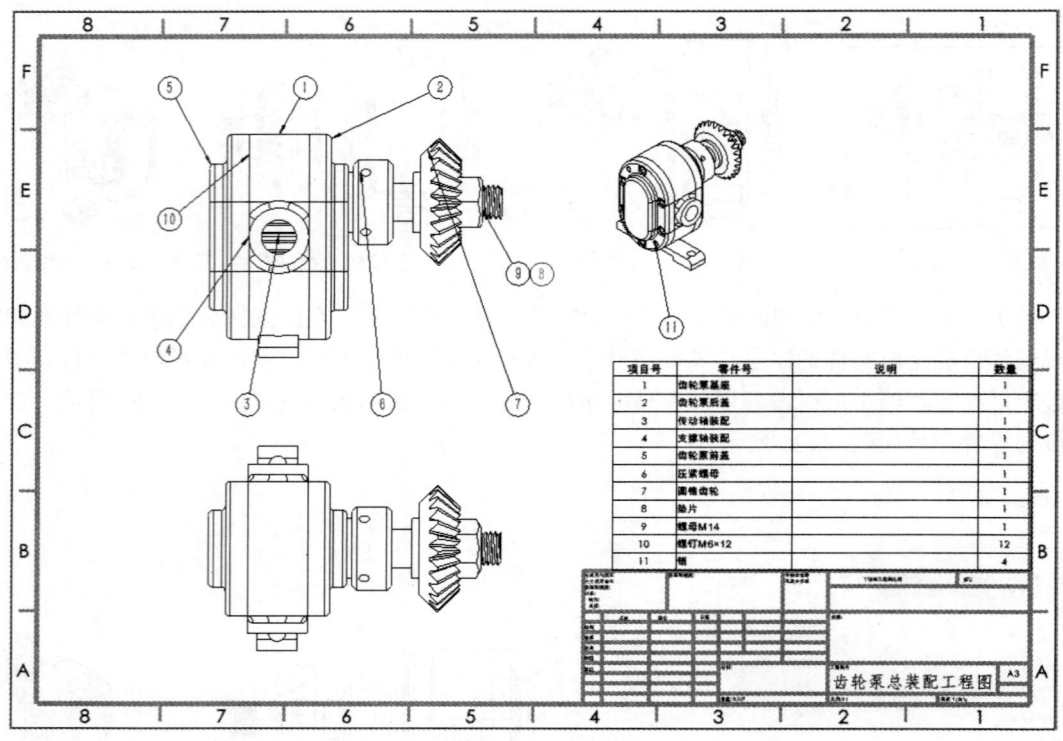

项目号	零件号	说明	数量
1	齿轮泵基座		1
2	齿轮泵后盖		1
3	传动轴装配		1
4	支撑轴装配		1
5	齿轮泵前盖		1
6	压紧螺母		1
7	圆锥齿轮		1
8	垫片		1
9	螺母M14		1
10	螺钉M6×12		12
11	销		4

图 6-133　创建明细表

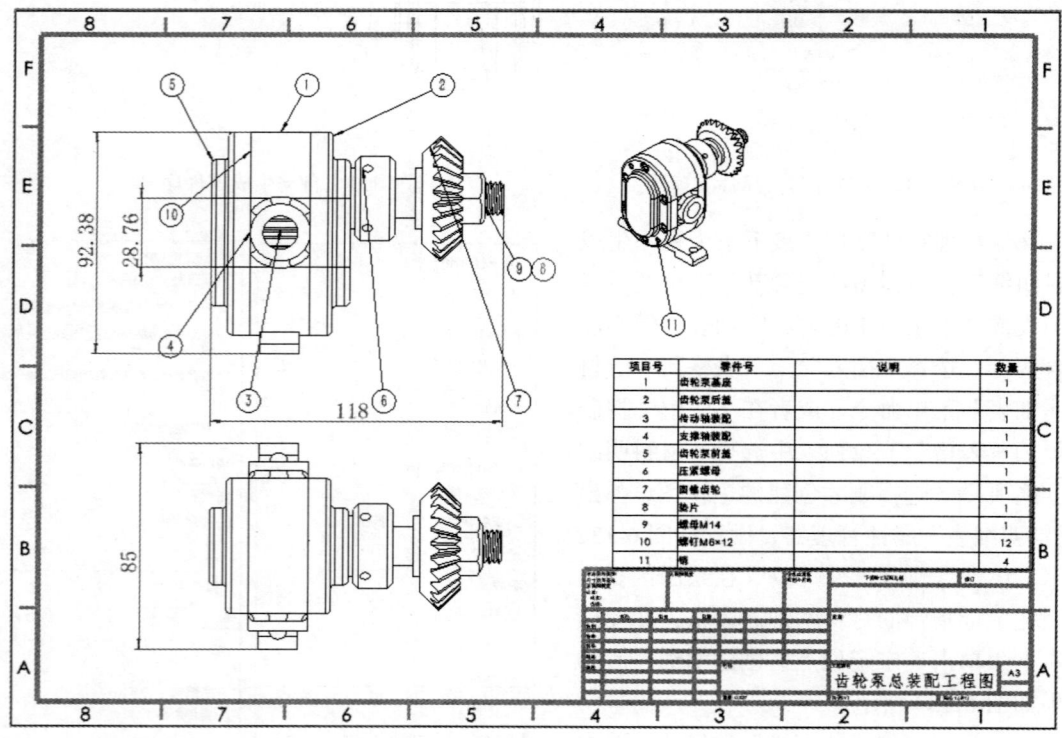

项目号	零件号	说明	数量
1	齿轮泵基座		1
2	齿轮泵后盖		1
3	传动轴装配		1
4	支撑轴装配		1
5	齿轮泵前盖		1
6	压紧螺母		1
7	圆锥齿轮		1
8	垫片		1
9	螺母M14		1
10	螺钉M6×12		12
11	销		4

图 6-134　标注尺寸

（8）选择视图中的所有尺寸，在"尺寸"属性管理器的"尺寸界线/引线显示"选项组中选择实心箭头。单击"确定"按钮 ✅，修改后的视图如图 6-135 所示。

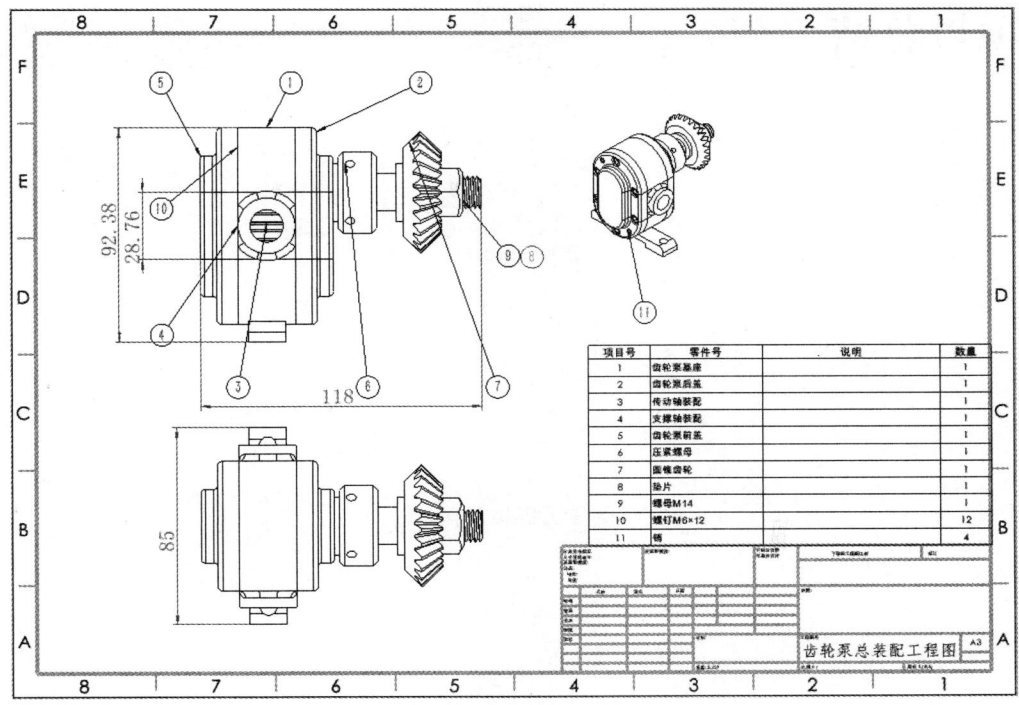

图 6-135　修改后的视图

（9）单击"注解"控制面板中的"注释"按钮 🅰，为工程图添加注释，如图 6-136 所示。

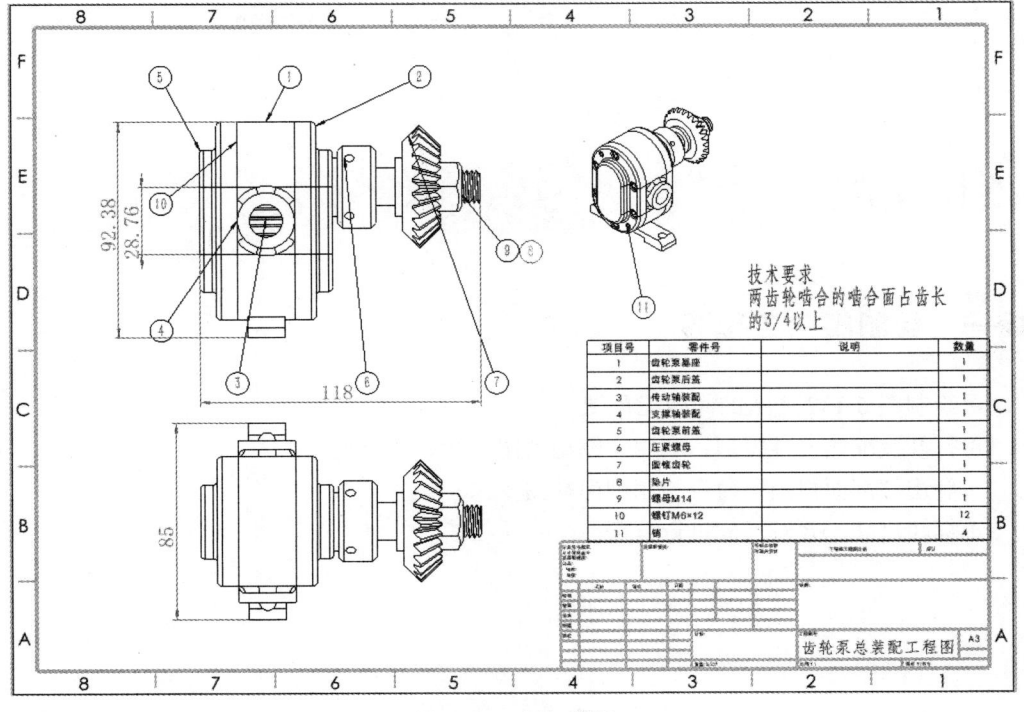

图 6-136　添加注释

项目总结

项目实战

实战一　绘制阀门工程图

练习绘制图 6-137 所示的阀门工程图。

（1）打开装配体三维模型，利用"模型视图"命令生成视图。

（2）利用"剖面视图"命令绘制剖面视图。

（3）标注尺寸，并对尺寸进行整理。

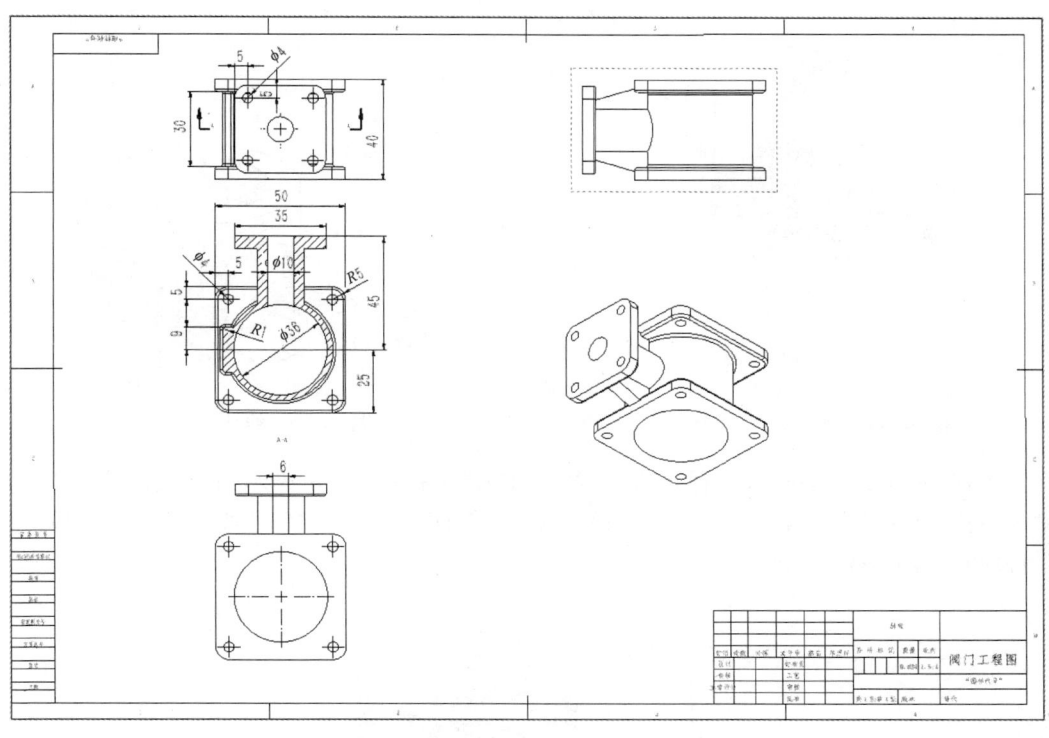

图 6-137　阀门工程图

实战二　创建线性马达的制动器装配体动画

练习图 6-138 所示的制动器装配体的动画创建。

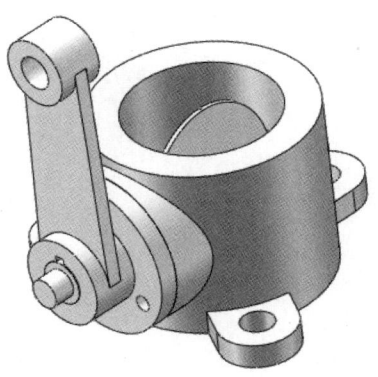

图 6-138　制动器装配体

（1）打开装配体文件，单击"马达"按钮，在弹出的"马达"属性管理器中选择"线性马达"，选择图 6-139 所示的"臂"的边线。在"运动"选项组中设置"等速"速度为 30mm/s。

（2）再次选择"线性马达"，选择图 6-140 所示的面，在"运动"选项组中选择"距离"选项，设置距离为 250mm，起始时间为 5s，终止时间为 10s。

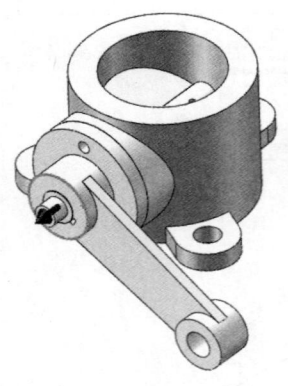

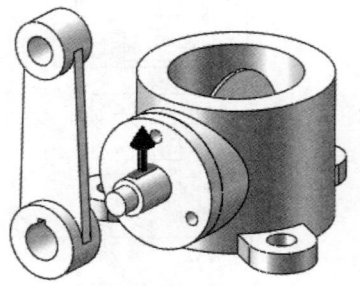

图 6-139　线性马达（1）

图 6-140　线性马达（2）

（3）在 MotionManager 的时间线上将总动画持续时间拉到 10s 处，在"线性马达 1"更改栏第 5s 的键码处右击，在弹出的快捷菜单中选择"关闭"命令，关闭"线性马达 1"。单击"播放"按钮▶，某时刻的运动效果如图 6-141 所示。

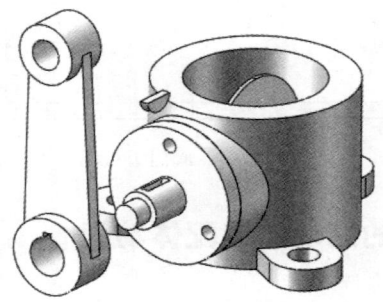

图 6-141　某时刻的运动效果